“融媒体内容制作”
“1+X”职业技能等级证书配套教材

木疙瘩 mugeda 官方推荐
融媒体专业“岗课赛证”融通系列教材

可视化 H5页面与交互动画设计制作

木疙瘩标准教程

彭澎 姜旭——著

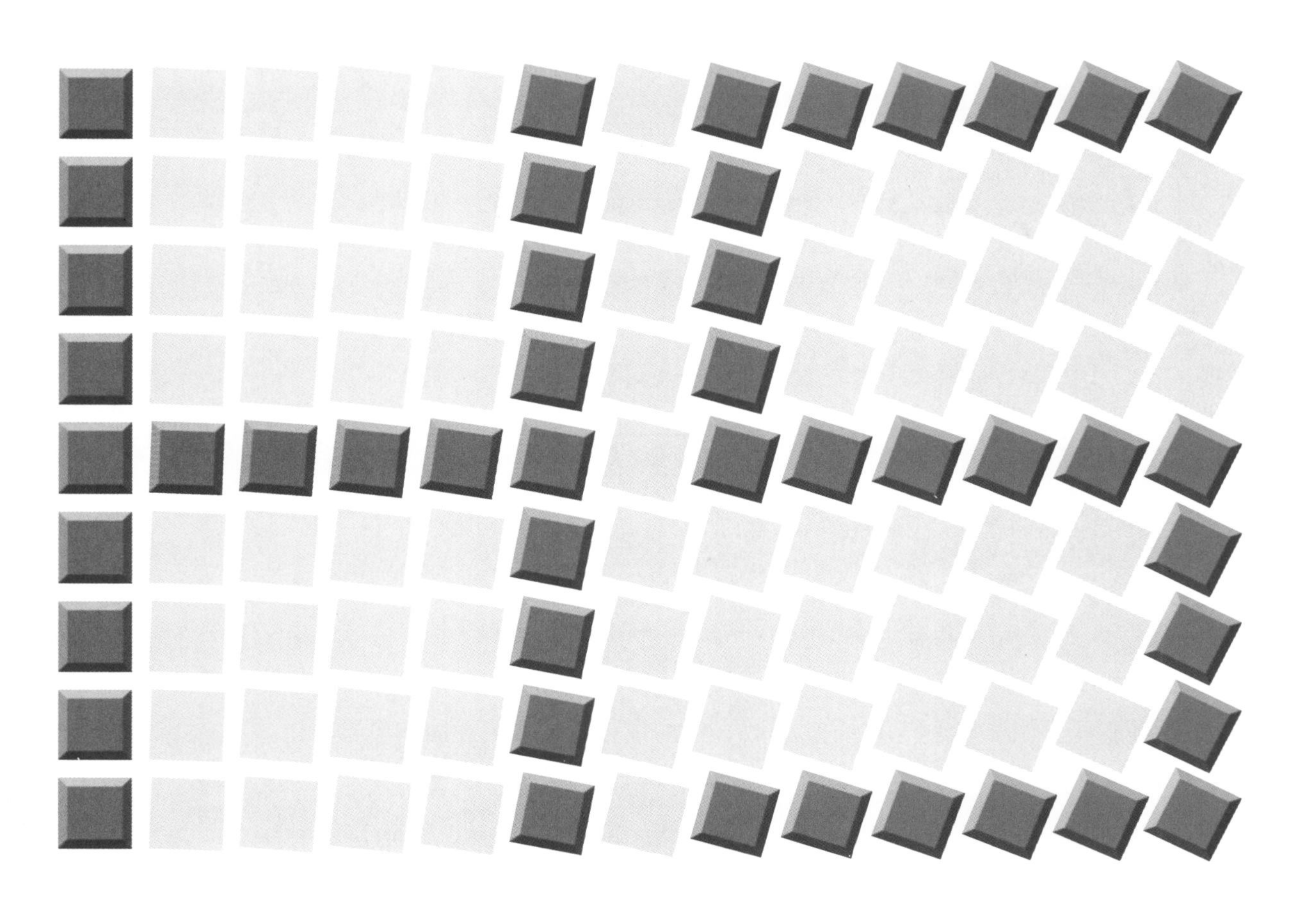

人民邮电出版社
北京

图书在版编目（CIP）数据

可视化H5页面与交互动画设计制作 ： 木疙瘩标准教程 / 彭澎，姜旭著. -- 北京 ： 人民邮电出版社，2022.12
ISBN 978-7-115-59729-8

Ⅰ. ①可… Ⅱ. ①彭… ②姜… Ⅲ. ①网页制作工具 Ⅳ. ①TP393.092.2

中国版本图书馆CIP数据核字(2022)第126052号

内 容 提 要

本书是根据教育部职业技能等级认证考核的要求，为了满足“融媒体内容制作”1+X 职业技能等级证书考核认证的教学和培训需求，以及各类企业、高校关于融媒体技术与应用人才培养的需要编写的。本书结合实际应用案例，以任务为驱动，由浅到深、由简单到复杂地组织内容。技术上，以木疙瘩为平台，系统地介绍了可视化 H5 页面与交互动画的设计思路、设计方法与实现技术。

本书内容涵盖了 1+X 职业技能等级证书的初级和中级标准的全部内容，以及高级标准的部分内容。全书共 7 章，主要内容包括移动通信、信息传播与 H5，木疙瘩平台与专业版 H5 编辑器的基本操作与管理，H5 页面制作基础，行为、触发条件与交互，帧动画设计、制作与应用，特型动画，以及关联动画。附录部分介绍了实用工具及控件的基本操作与使用。

本书为木疙瘩官方标准教程，内容全面、案例丰富，具有很强的可读性和实用性，适用于“融媒体内容制作”1+X 职业技能等级证书考核认证的教学与培训，还适合作为学校相关专业和各类 H5 培训班的教材，也可作为新媒体从业人员自学 H5 页面设计与制作的参考书。

◆ 著　　彭　澎　姜　旭
责任编辑　罗　芬
责任印制　王　郁　胡　南

◆ 人民邮电出版社出版发行　　北京市丰台区成寿寺路 11 号
邮编　100164　　电子邮件　315@ptpress.com.cn
网址　https://www.ptpress.com.cn
北京瑞禾彩色印刷有限公司印刷

◆ 开本：787×1092　1/16
印张：12.75　　2022 年 12 月第 1 版
字数：264 千字　　2022 年 12 月北京第 1 次印刷

定价：69.90 元

读者服务热线：(010)81055410　印装质量热线：(010)81055316
反盗版热线：(010)81055315
广告经营许可证：京东市监广登字 20170147 号

前言

可视化H5页面的设计与制作技术是以HTML5标准为基础的一种具有巨大发展潜力的技术。随着移动通信标准5G的应用，可视化H5页面设计与制作技术的应用和发展空间将更为广阔。

为帮助广大零基础的读者掌握这一门技术，本教材以专业的融媒体内容制作与管理平台——木疙瘩为技术平台，详细且系统地介绍了可视化H5页面与交互动画的设计与制作方法。在编写本教材的过程中，首先就已出版的教材做了细致分析，并认真听取读者的意见与建议，然后组织教学专家，以及对于1+X职业技能等级证书课程教学有丰富经验的一线教师，从事相关工作的一线设计师、技术人员等业内人士对教材编写思路、内容架构等写作事项进行了多次研讨。

经过认真研究与打磨，本教材在编写思路上，采用项目驱动的教学方式，遵循理论结合实际，将复杂问题简单化的编写原则；在案例的选择上，严格贯彻国家课程思政建设文件精神，做到将立德树人、协同育人与专业技术相结合；在内容结构上，紧密联系院校的教学实际及企业的用人需求做了全面的优化调整，进一步提高了教材的系统性，既方便教学，又方便学习。

为了帮助读者快速掌握木疙瘩的操作方法，深刻领会功能实现与视觉表现的关系，本书立足于实际应用，在每个项目中都提供了明确的知识点、项目目标和任务要求。此外，对每个项目案例进行全过程讲解，也是本教材的一个特色，可有效避免所学不知所用现象的发生。

本教材内容完整，实例丰富，不仅强化了要点提示内容，使读者在学习中能够精准地掌握相关操作，还对一些重点内容和难以理解的内容，配套了精心设计的教学视频进行进一步的讲解。除此之外，在配套资源中提供了大量的教学素材，更便于教师教学和学生学习。

教学使用

本教材非常适合教学和学生自学使用。对于各层次的不同专业的教学来说，由于专业不同，培养目标不同，对H5页面设计与应用的需求不同，教师在教学和学时安排上可以根据专业特色和学生水平，在实践环节予以合理的安排。此外，本教材内容也可支撑其他相关课程的教学，例如“用户体验设计”“移动界面设计与应用”“交互动画设计与制作”等课程。

学时分配

本教材内容衔接紧密，环环相扣，配有相应的课堂实训或练习内容。对参加1+X职业技能等级初级考试的学生来说，重点学习的内容为第1章至第5章，以及附录中的部分内容；对参加1+X职业技能等级中级考试的学生来说，重点学习的内容为第1章至第6章，以及附录中的部分内容；对参加 1+X 职业技能等级高级考试的学生来说，也可用作参考教材。

配套资源使用说明及下载方式

本书的配套资源包括教学 PPT 和素材，对于重难点内容则提供相应的案例视频，手机扫码即可观看。扫描下方二维码，关注微信公众号“职场研究社”，并回复“59729”，即可获得整套资源的下载方式。

职场研究社

致谢

本教材是在参加 1+X 职业技能等级证书教学的一线教师，从事相关工作的一线设计师、技术人员、教学专家，以及北京乐享云创科技有限公司教育事业部全体人员指导下完成的。编写过程中，还得到了许多用户的支持，在此向所有单位和个人表示衷心的感谢。

由于编者水平有限，书中不足之处在所难免，敬请广大读者批评指正。我们的联系邮箱为 luofen@ptpress.com.cn。

目 录

第 1 章

移动通信、信息传播与 H5

移动互联网技术的快速崛起，对人们的生产及生活方式产生了巨大的影响。可视化H5页面与交互动画设计制作技术，就是基于移动互联网技术发展起来的、具有巨大发展潜力的技术。本章将从移动通信技术，信息内容与信息传播，融媒体、H5与交互动画的基本概念，H5制作平台与H5案例体验，H5页面设计的基本原则与规范、H5页面设计的基本流程等内容进行介绍，以帮助读者了解为什么要学习H5及交互动画的制作。本章主要内容如图1.1所示。

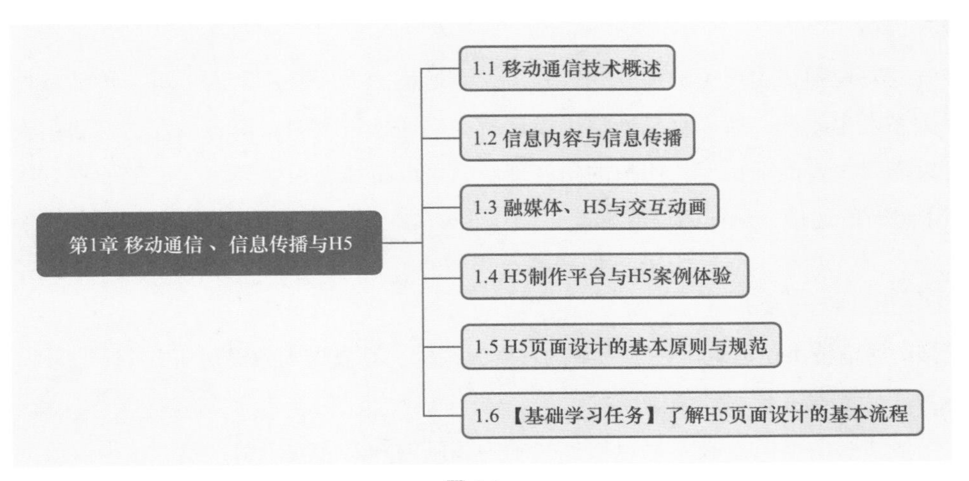

图 1.1

1.1 移动通信技术概述

H5 是以移动通信为基础的应用技术，因此学习和掌握 H5 相关技术，首先应该认识和了解移动通信技术的特点及其发展过程。

1.1.1 通信与移动通信

人类最初的交互活动应该与我们现在所看到和观察到的自然界中的其他各类动物一样，主要通过动作和声音进行信息交流。但人类的进化与其他动物进化的最大区别在于人类不仅进化了自己的大脑，还通过劳动进化出了语言，又进一步创造出了文字，直至如今出现的各种智能技术，使得人类的信息交流不论在内容上还是形式上都越来越丰富，越来越精确，越来越迅速。移动通信就是人类的信息交流发展到一定阶段的产物。

1. 通信的产生与发展

通信（Communication）是用以表达人与人之间通过某种媒体进行的信息交流与传递的专用名词。通信是指把信息从一个地方传送到另一个地方的过程，其目的是传输消息。用来实现通信过程的系统被称为通信系统。

在中国古代，人们就利用烽火台、金鼓、锦旗、消息树等来实现远距离的信息传递。进入 19 世纪后，人们开始利用电信号来实现远距离通信，使信息传递更快更畅达。

2. 移动通信

电磁波的发现和相关理论的建立，打开了无线通信的大门。从字面上讲，移动是物体之间物理位置关系发生改变，所以移动通信可以理解为在通信过程中，信息的发送方和接收方的位置关系可以随时改变的通信。从用户的角度理解，可以将移动通信理解为通信的双方或多方在运动状态下进行的通信，例如微信群聊。

1.1.2 移动通信的发展阶段

现代移动通信技术是以电子技术为基础发展起来的，其发展大致经历了 5 个阶段。

1. 从第 1 代到第 4 代移动通信技术

第 1 代移动通信（1G）技术是以模拟技术为基础的蜂窝无线电话系统，这个阶段的移动通信受网络容量的限制，系统只能传输语音信号，只能实现区域性通信，不能进行移动通信的长途漫游，因而这是一种区域性的移动通信系统。

当移动通信技术发展到第 4 代（4G）时，移动通信系统已经成为集广域网、互联网于一体的通信系统了。4G 系统能够为用户提供与固网宽带一样的网速，下载速度和上传速度分别可以达到 100Mbit/s 和 20Mbit/s，能够传输高质量的视频图像。

2. 第 5 代移动通信技术

第 5 代移动通信（5G）技术将用户体验放在第一位，不仅能为人们提供极大的生活便利，还将深刻改变人们的行为习惯，促进社会各行各业服务方式的转型。与第 4 代移动通信技术相比，5G 技术在网络平均吞吐率、传输速度、3D、互动式游戏等方面的应用获得了极大的提升。

采用 5G 技术的移动通信系统能够提供更强的业务支撑，并强化了“软”配置的研究和开发，运营商可以依据业务流量的变化而随时对网络资源进行调整。

1.1.3 移动通信的优势及应解决的关键问题

就信息传播而言，移动通信具有巨大的优势，特点明显，给人们的工作和生活带来极大的便利。

1. 移动通信的优势

（1）便捷性

用户利用移动设备（如智能手机、笔记本电脑）可随时接入通信网络，享受通信网络所提供的服务。所以从应用者的角度看，便捷性是移动通信最突出的优点和特征，这使得通过移动设备实现信息获取、办公、人与人之间的沟通远比 PC 设备方便。

（2）移动通信服务的广泛性与丰富性

对移动通信用户来说，信息服务是通过移动终端设备获得的。随着移动终端设备的智能化，移动通信为用户提供的服务越来越丰富。如今，用户通过移动终端设备不仅可以随时随地与他人通话、发短信、视频聊天、玩游戏等，还可以实现定位、信息处理、指纹扫描、条码扫描、IC 卡扫描、面部识别及酒精含量检测等功能服务。

移动通信服务的发展给人们的生活带来了很多便利，如在春运期间人们可直接在手机 App 上订票，不必再去火车站彻夜排队，在车站人们刷一下智能车票或身份证就能进站；人们点一点手机就可以呼叫出租车、购物、转账、导航……可见，移动通信技术极大地改变了人们的生活方式。

2. 移动通信中应解决的关键问题

（1）资源的有限性

为了达到使用便捷的效果，移动终端设备通常具有体积小、重量轻、耗能低的特点，并且要求能够在各种环境下稳定工作。正因如此，移动设备受无线信道等资源的制约，在路径选择、安全支持、服务质量等方面受到限制和影响。此外，由于移动终端设备（如智能手机、手提电脑）基本上都是使用自带的电池来供应能量，而每个移动设备中的电池能量是有限的，因此移动终端设备连续使用时间有限。上述这些问题是移动通信技术及其应用中所面临的资源有限问题。

（2）跨平台应用开发

面对不同的移动终端设备、不同的应用平台，需要考虑移动通信应用的兼容性问题。即使是同一个应用，各个“端”独立开发，不仅开发周期长，而且人员成本高，技术人员也往往会处于重复、低能的工作状态。因而为了提高跨平台的互操作性，提高应用开发和用户使用效率，必须要解决好跨平台应用开发这一重要问题。

目前，跨平台应用的技术方案受到越来越多的技术人员和企业的关注。提到跨平台应用，就不能不提 H5。H5 在跨平台应用开发方面具有强大的优势，且相关技术已迭代成熟，甚至已经有了成熟的可视化制作工具，开发成本低，在信息传播方面应用效果好。

（3）其他问题

除上述问题外，移动通信还存在异构网络互连问题、系统的结构问题、信号传播的条件和环境问题、通信安全问题等诸多问题，这些也是移动通信需要解决的基础性问题。

1.2 信息内容与信息传播

信息是消息中有意义的内容，是为了满足用户决策的需要而经过加工处理的数据。信息传播是对信息内容的传播，学习 H5 应用开发技术的主要目的就是实现更有效、更丰富、更便捷的信息传播，所以在学习 H5 应用技术之前还是应该先了解与信息内容紧密相关的信息表达形式及信息传播等相关概念，以及它们之间的关系等。

1.2.1 信息内容及其表达形式

1. 信息内容

内容是与形式相对应的概念，但又与形式密切相关——内容决定形式，形式依赖内容。与此同时，形式还可以反作用于内容，影响内容。

从内容的角度可以把信息理解为内容的表达形式。内容可利用信息传播技术传播出去。例如，一则故事，可以采用文字、图形图像、动画、声音等多种形式表述，对不同的人群，利用何种形式表述是提升信息传播效果的关键。

2. 信息的表现形式

信息的表现形式是随着人类文明和科技水平的发展而不断发展的。例如，石器时代，人类将要传达或记录的内容用图形的形式画在岩壁上，图 1.2 所示的中国云南沧源岩画就是人类记录下的狩猎场景信息。文字的出现进一步丰富了人类对内容的表现形式，图 1.3 所示的是已有约 1000 年历史的纳西族东巴象形文字。

再后来，信息的表现形式发展到可用电信号来表示，图 1.4 是模拟电信号示意图，图 1.5 是数字电信号示意图。

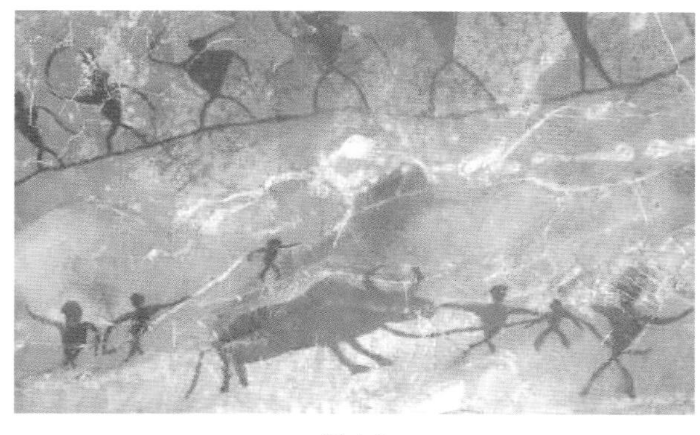

图 1.2

图 1.3

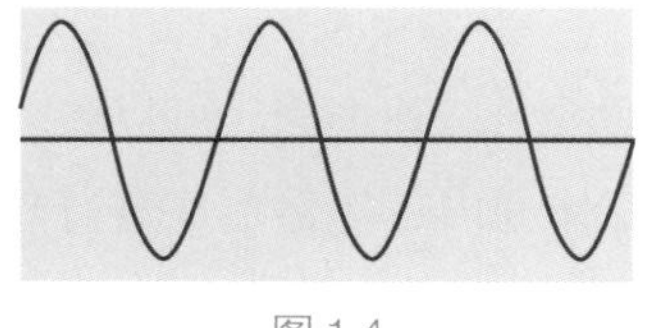

图 1.4

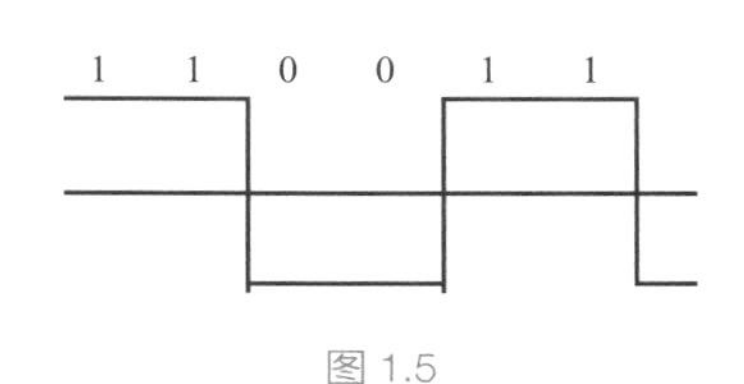

图 1.5

1.2.2 信息传播

信息传播是由通信过程实现的，涉及通信系统的组成、通信方式等多方面的内容，本小节仅对传输途径、传输媒体等内容进行简单的介绍。

1. 信息传输媒体

在日常生活中，人们所说的媒体一般是指承载、传播信息的物质实体，但在信息技术和通信技术领域中，媒体不仅包括储存、呈现、处理、传递信息的物理载体，还包括多媒体计算机中所说的非物质实体，即信息内容传播形式，如文字、声音、图形图像、动画等。信息技术和通信技术领域中的这些所谓的媒体更确切的称呼应该是传输媒体。

随着移动互联网技术的发展，在互联网传播领域相继出现了“新媒体”“融媒体”等媒体概念，以及“H5”“交互动画”等内容传播形式。其中，“新媒体”一词已经出现很多年，并广为人知，但什么是“融媒体”却众说纷纭。根据几大搜索引擎中对“融媒体”的描述，简单地说，融媒体不是指某种独立的实体媒体，它是把传统媒体与新媒体的优势发挥到极致，使单一媒体的竞争力变为多媒体共同的竞争力，从而为“我”所用，为“我”服务。“H5”和“交互动画”则是两种重要的融媒体内容传播形式。

2. 信息传输途径

途径是指一件事物能使另一件事物发生改变的方法。信息传播途径是指将信息从一个地方传到另一个地方的方法。

信息传播途径已经从传统的报纸、邮件、电视等传播方式，发展到利用移动互联网通过微信、微博、博客、短视频、直播等方式。随着人工智能技术、5G 技术，以及 H5 应用为代表的传播技术的发展、成熟和完善，信息传播的内容和形式将会越来越丰富，信息传播的质量和效率会越来越高，信息传播对人们的生产和生活方式所产生的影响也会越来越大。

1.3 融媒体、H5 与交互动画

随着媒体的深度融合发展，融媒体内容设计与制作的需求不断增加，设计制作 H5 和交互动画成为了互联网从业人员的重要技能之一。下面，先了解一下“融媒体”“H5”和“交互动画”的基本概念。

1.3.1 融媒体

融媒体是移动互联网信息时代背景下信息生产、传播发展的一种理念。可以将融媒体理解为，充分利用互联网这个载体，将线上、线下的多种传输媒体和内容传播形式进行整合，将资源、内容、宣传、利益等融合在一起。

此外，还可以将融媒体理解为将文、图、音频、视频、动画、交互等各种媒体传播形式，根据实际需求，合理组织起来展示信息的共同体。H5 和交互动画就是融媒体发展中的重要产物。

1.3.2 H5

H5 从最初的“惊艳亮相”到“井喷式爆发”只有短短几年时间，活跃在微博、微信等媒体平台，给用户带来了不同于传统信息传播方式的体验。

1. H5 的概念

H5 最开始是 HTML5（第 5 代 HTML 规范标准）的简称。人们上网所看到的网页，多数是用 HTML 编写的，而 HTML 是一种“超文本标记语言”。后来，H5 也经常被用来指代包括 HTML5、CSS、JavaScript 等在内的网页互动效果开发技术的集合。然而，在融媒体应用中，H5 则是指利用 H5 技术制作的数字产品，本书介绍的 H5 就是指这类数字产品。

2. H5 的基本特点

H5 最大的特点是可跨平台适配、开发成本低、迭代快速，且用户访问便捷，其基本特点具体表现在以下几个方面。

- **融合多种媒体形式，表现力强：**H5 完美地支持了目前所有常见的媒体形式（见图 1.6）及移动交互方式（见图 1.7），可将内容、创意、设计、影视、音频、游戏、娱乐等融为一体，制作出表现形式丰富且表现力强的数字产品，广泛应用于广告、游戏、动画、教学课件等的制作。

图 1.6

图 1.7

- **开发与应用便捷，技术优势明显：**H5 的开发成本和维护成本低，开发周期短，且支持在线编辑和同步更新，从而免去用户重新下载和升级的麻烦。
- **跨平台兼容，传播力强：**使用 H5 技术开发的数字产品可直接应用于各个平台，并且可支持多平台实时、同步更新内容，这一特点使其成为了融媒体时代信息传播的利器。

3. H5 的行业应用优势

H5 与宣传册、视频广告等传统的宣传方式相比，在内容表现形式、传播速度与效果、投入成本、开发时间、实时性和人员配置等方面都具有自己的优势，如表 1.1 所示。

表 1.1

项目	传统宣传方式	H5
内容表现形式	表现形式受传播媒介的限制性较强，互动性相对较差，与用户有距离感	可融合多种表现形式，综合表现力强；交互性强，且能穿插呈现，能增强对用户的吸引力
传播速度与效果	受时间、空间限制，很难快速实现传播内容的大量分发	有智能手机和网络覆盖，就可快速实现传播；还可进行跨平台传播，整合传播资源，同时发挥不同平台的传播优势，快速实现传播内容的大量分发
投入成本	投入成本较高，包括人员、播放渠道等的投入	投入成本较低，包括人员、播放渠道等的投入
开发时间	开发时间长，需要经历多个开发阶段	开发时间短，开发简单、快捷
实时性	实时性弱	实时性强，开发完成后，可立即发布、传播；还可快速更新内容
人员配置	对开发人员的专业能力要求高，人力投入多	开发技术门槛低，人力投入少

由此不难理解，为什么 H5 能快速发展成为互联网传播领域的重要传播形式，被应用于品牌宣传、产品展示、活动推广、知识分享、新闻报道、会议邀请、教学培训等方面。可以预见，越来越多的企业会需要具备 H5 设计制作能力的人才。

1.3.3 交互动画

交互动画是 H5 中重要的表现形式，因此它也是本书讲述的重点内容之一。

交互，指交流互动。此外，交互也可以理解成“对话”。在信息技术中，交互是指计算机软件用户通过软件操作界面，与软件“对话”，并控制软件活动的过程。

交互动画是数字动画的一种，它与非交互动画的主要区别在于：用户在观看交互动画的过程中可与动画内容进行互动，而不仅仅是单向地接收动画传播的信息。因此，交互动画能给用户带来更好的体验。

1.4 H5 制作平台与 H5 案例体验

H5 既可以通过专业设计软件与编程的配合来制作，也可以通过可视化 H5 制作平台进行制作。本书主要讲解如何运用可视化 H5 制作平台，制作表现形式多样的 H5 作品。所以，不会使用专业设计软件、没有编程基础的读者，也能轻松学习本书内容。

1.4.1 可视化 H5 制作平台

H5 设计与制作的常用平台有易企秀、MAKA、木疙瘩、iH5 等，它们都有各自的特点，具体可以分为大众版和专业版两种类型。其中，以易企秀、MAKA 为代表的平台属于大众版，主要是使用模板套用，也支持自由创作，学习成本低；以木疙瘩、iH5 为代表的平台属于专业版，功能更强，可以完成更为精细和复杂的设计任务，制作更加专业的、个性化的 H5 作品，适合深度用户，但是学习难度相对大众版平台较大。

本书选择使用木疙瘩平台来讲解 H5 与交互动画的设计制作。木疙瘩平台经过多年的优化和发展，成为了一款专业的融媒体内容制作与管理平台，可一站式生成 H5、交互动画、App 图文、微信图文、网页专题等内容，完成对图片、视频、图表等素材的灵活处理，并可对内容进行传播、分析用户浏览行为、支持本地化部署，一站式满足内容生产者的需求。木疙瘩平台的可视化设计界面，可使 H5 的制作变得轻松、便捷。

随着媒体的深度融合发展，未来 H5 的应用会像如今 WPS 等办公软件的应用一样普及。所以，我们要学习如何使用 H5 制作平台，掌握 H5 制作技术。

1.4.2 H5 案例体验

H5 的类型丰富多样，不同类型的 H5 可实现不同的交互方式，用于表现不同特点的主题内容。通过常见的可视化 H5 制作平台，可实现长图交互、交互图表、陀螺仪、文字互动、图片互动、绘画互动、全景 VR 等的应用，深受用户的喜爱。表 1.2 提供了一些采用不同交互方式设计制作的 H5 案例供读者体验、欣赏。

表 1.2

案例类型	长图交互	交互图表	陀螺仪	文字互动	图片互动	绘画互动
案例概述	3代人55年荒漠变林海	世界无烟日	端午吃粽子小游戏	生成你的名片	九九重阳晚报头版留给你	Pig 送福
出品单位	人民日报客户端	木疙瘩	木疙瘩	木疙瘩	乌鲁木齐晚报全媒体	人民日报客户端
二维码						

1.5　H5 页面设计的基本原则与规范

本节通过实例介绍 H5 页面设计与制作的基本原则与要求。了解和掌握 H5 页面设计基本原则，可以为后续学习打好基础。

1.5.1　H5 页面设计的基本原则

1. 明确设计与制作目标原则

H5 页面设计与制作的目的是实现信息传播。信息传播意图不同，则 H5 页面的设计风格、交互形式和手段，以及素材和制作技术的选择等都会不同。为了更好地实现信息传播，明确设计与制作目标，要考虑以下几个方面。

- **明确出发点：**明确 H5 页面制作的价值和意义。例如，制作展览预告 H5 页面，目的是清晰描述展览主题、内容、地点、开展与闭展时间等信息，吸引和引导大众前来参观；制作活动邀请函 H5 页面，目的是预告活动主题、内容、地点和时间等信息，并体现出举办方对被邀请者的尊重；制作企业新闻 H5 页面，目的是高效率、低成本地宣传企业及其产品，帮助企业实现宣传或盈利目标。
- **明确目标受众：**在规划设计时，要根据出发点分析目标受众，明确服务对象。例如，制作幼儿保育方法介绍 H5 页面，面向的群体有可能是幼儿家长，也有可能是保育员，还有可能是幼儿园教师或是幼教专业的学生，所以在设计与制作 H5 页面时，需要根据目标受众的不同，来考虑内容和表达方式等的选择；制作婚庆请柬 H5 页面，需考虑新人双方的职业、年龄、民族、地区等特点，以及被邀请人的各种情况来进行设计。
- **明确需要解决的问题：**在规划设计时，要根据制作的出发点和目标受众，来分析 H5 页面设计与制作需要解决的主要问题，特别是像广告、新闻、产品促销、电商引流等类型的制作任务，必须解决好诸如发布和结束时间、推进进度、传播渠道选择及人员配置等问题。
- **明确应用场景：**H5 的应用场景主要是指产品发布及传播渠道（如微信、微博、今日头条及其他媒体发布平台），事先明确应用场景对实现设计与制作目标非常重要，因为应用场景不同，H5页面的设计与制作要求也会不同。

2. 内容决定形式原则

在H5页面设计与制作中，根据不同的内容选择合适的表现形式，能够实现更好的传播效果。例如，新闻专访，可以采用视频形式，也可以采用图文形式，还可以通过虚拟现实或具有较强交互体验的形式；新产品既可以采用视频形式进行发布，也可以采用视频与图文、交互动画结合的方式发布，甚至还可以采用有趣的小游戏方式发布。总之，H5页面的表现形式多种多样，但从根本上来说，内容是基础，内容决定形式，形式依赖于内容。

3. 一致性原则

在设计H5页面时，需要考虑设计内容与风格的一致性，这样制作出的H5才能更准确和高效地传达信息，给用户带来更好的体验。缺乏一致性的H5页面，会使信息传播的效果大打折扣。H5页面设计的一致性可以重点从以下几个方面进行考虑。

- **色彩：**色彩是H5页面设计的重要内容，也是影响用户对H5页面阅览体验的重要元素，因此，如果H5页面的色调不一致，用色混乱，不仅会影响用户的阅览体验，还无法很好地传达信息。
- **结构与页面布局：**一致的结构和页面布局可以帮助用户快速获取所需的信息；相反，如果结构和页面布局混乱，前后不一致，用户在浏览时就犹如走进了一座迷宫，很难理解H5页面要传达的信息，甚至还会因阅览体验太差而放弃阅读。
- **页面风格与元素搭配：**H5页面的风格多种多样（如科技、水墨、复古、卡通等风格），不同风格的页面应该选择相应风格的元素进行搭配，如果将元素随意混搭，就会使页面看起来混乱、不协调，失去美感。

例如，图1.8所示的两个图书详情页面，其主体颜色与图书封面的颜色搭配得很好，两个页面在色彩、页面布局、页面风格和元素搭配方面，都很好地考虑了一致性原则，所以体现出了鲜明的风格特点及和谐的视觉效果。

4. 交互设计合理原则

在设计H5页面时，应该站在目标用户的角度，来设计合理的交互效果，应尽量做到页面设计简洁，用户易操作，这样才能给用户带来很好的体验。例如，图1.9所示的“非遗文创”H5页面中的交互操作引导准确、简明，图标与说明文字相搭配，能很好地提示用户进行正确的操作。

图1.8

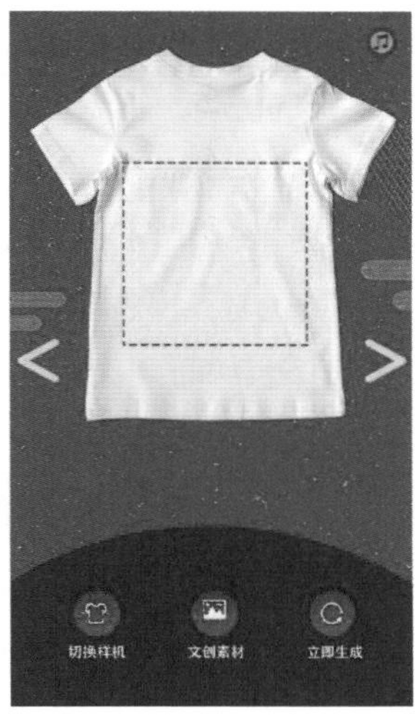

图 1.9 （作者：王非）

5. 创新原则

创新是设计的灵魂，是产品竞争力的核心。在互联网上，每天都有成千上万个融媒体产品发布出来，所以仅能完整传达信息的设计显然是不够的，还需要进行创新，巧妙构思，让自己设计的H5能在众多融媒体产品中脱颖而出。在进行创新设计时，要注意：不要为了创新而创新，不要违背设计的初衷，脱离目标受众，要将形式与内容相融合。

例如，人民日报联合网易有道词典设计的 H5 页面“以你之名，守护汉字”，通过巧妙的创意，将用户的名字与汉字结合起来，不仅介绍了汉字文化与历史，还起到了呼吁人们一起守护濒临失传的古汉字、守护文化星河的意义，很好地对形式与内容的融合进行了创新，如图 1.10 所示。

图 1.10 （出品：人民日报 & 网易有道词典）

1.5.2 H5页面设计的基本规范

H5页面设计的基本规范包括页面尺寸、页面适配、素材文件压缩及浏览器的选择这几个方面。

1. 页面尺寸

在进行H5页面设计时，需要根据将要发布的终端来考虑页面尺寸的设置。以手机端为例，手机型号不同，屏幕尺寸就可能不同。因此，制作H5页面时需要根据用户终端的屏幕尺寸来设置页面尺寸。

目前，H5的主要浏览终端是手机，设计H5普遍采用的尺寸是根据iPhone 5的手机屏幕尺寸而来的：在iPhone 5的手机屏幕尺寸640px × 1136px的基础上，减去微信或浏览器观看时导航栏和状态栏的128px，得到最终的H5页面尺寸是640px × 1008px。此外，还有的H5页面尺寸设置是根据华为Mate40、iPhone 5/6/7Plus、iPhone 12等型号手机屏幕尺寸，减去导航栏和状态栏的尺寸后来确定的。

2. 页面适配

H5的页面适配主要包括H5制作平台的自动适配和页面安全区的设置。为了满足H5能在不同屏幕尺寸的手机上实现页面的完美适配，H5制作平台一般会提供自动适配功能。但因为各型号手机屏幕的长宽比例有差异，所以自动适配后还是有可能出现部分页面边缘区的信息无法完整显示的问题。因此，较为稳妥的处理方式是设置安全范围，即将页面背景设计得大一些，并将页面中的重要内容置于安全范围内，如图1.11所示。

图1.11

3. 素材文件压缩

用户在浏览H5时，经常会遇到页面加载缓慢，甚至页面加载失败等问题。在网速正常的情况下，这类问题通常是素材处理不到位造成的，如素材文件过大。由于H5多数是在屏幕较小的移动终端应用，因此在进行H5页面制作时，适当地将图片、视频、音频等文件进行压缩后使用，不仅不会影响显示效果，还可使页面的加载速度更快，从而提升用户体验。

4. 浏览器的选择

对于H5的制作与传播来说，选择合适的浏览器非常重要，因为不同的浏览器对H5的支持与兼容程度不同。例如，IE浏览器较早的版本对H5的兼容性就不太好，IE10版本对H5的兼容性相对较好。目前，Chrome浏览器和360浏览器能兼容大部分H5。因此，建议制作H5时选用这两款浏览器。

1.6　【基础学习任务】了解 H5 页面设计的基本流程

【任务描述】通过学习比较全面地了解和掌握H5页面设计基本流程。

【目的和要求】通过学习能够将所掌握的设计与制作流程灵活应用在H5创作中。

1.6.1　策划与页面设计

1. 策划

策划主要指带有创造性思维的谋划，是策划者对未来需要完成的任务目标进行预测并规划实现该目标的计划。通俗地说，策划就是出点子，然后想办法实现这个点子。

就 H5 页面设计与制作任务的策划来说，其目的是通过策划，在预设的时间期限内完成能够达到最佳信息传播效果的作品的全部创作工作。

（1）影响 H5 策划的基本因素

影响 H5 策划的基本因素：策划者的爱好、策划者掌握知识的程度、预见性、创新能力、艺术审美、对任务理解的程度、对市场和环境的判断等。因此，H5 策划对策划人员的综合能力要求是比较高的。

（2）H5 策划的基本要求

需要策划者能够根据任务内容特点进行策划。策划不仅要以内容为中心、主题突出，还要结合用户心理、针对性强，而且要有所创新。除此之外，策划要坚持可行性原则（完成时间可行、技术实现可行、人员技术水平可行、资金投入可行、社会价值和可接受度可行、创意可行）和信息原则（真实、可靠、及时、准确）。

（3）H5 策划的主要内容

H5 策划的主要内容：确定任务内容、确定目标群体、交互设计、视觉设计、动效设计、音效设计、创新设计等。策划过程中需要考虑的主要因素：任务内容特点，目标人群心理、阅读习惯、偏好，以及适合的传播渠道和传播时间等。例如：企业产品宣传 H5 策划需要根据企业文化、产品特征、产品用户群特征、已有传播渠道和目标传播区域、时间要求等，确定内容制作的复杂度、结构、动效、音效、视觉表达方式、交互方式、页面风格等；节庆公益广告 H5 的策划则需要根据节庆特点、传播区域特征等，确定受众人群、传播渠道、视觉表现形式、交互方式、音效、页面风格等。

总之，H5 策划看似简单，却是一项综合性很强的工作。对策划人员来说，要做好融媒体内容制作策划工作应具有创新意识，有较强的预见力和想象力，能把握用户的心理、阅读习惯特点，以及用户需求，并且要对 H5 技术有所了解和掌握。

2. 页面规划与设计

当策划完成后，需要着手完成规划与设计工作。规划，简单地说就是计划安排，即对未来一段时间的任务目标进行分解和安排，通过对任务整体的工作安排来实现任务目标。对于设计，在这里可以将其理解为是对策划中提出的点子进行审视和选择，之后用语言、文字、图形图像或模型等手段具体化为一种 F 方案的过程。H5 中最核心、最重要的设计部分是视觉设计与交互设计。

（1）视觉设计

视觉设计的目的是以准确传达信息为前提，通过巧妙构思，对文字、图形图像、色彩、动画进行艺术处理，以及进行具有创造性的编排，达到提高用户的阅读兴趣，便于用户识别和记忆的信息的传播效果。

（2）交互设计

用户与作品互动是用户“应答”终端界面上各种“请求”的过程。交互设计的目的就是创造和建立用户与界面之间“请求”与“应答”的关系，引导用户建立阅读体系或结构，提升用户的阅读兴趣，使用户产生良好的参与感。

交互设计人员在进行交互设计过程中需要考虑的主要因素：目标人群特征、交互需求、用户心理，以及用户的操作习惯等。目前，移动终端中常用的交互方式除表 1.2 所示的方式外，还包括点击、滑动、拖动、摇一摇、翻页、长按、擦玻璃等。

1.6.2 设计案例介绍

1. 任务要求

客户要求制作一款简明、生动、有说服力、贴近小学生生活，并能够起到提醒小学生要努力学习及警示作用的作品。

2. 分析

根据客户要求，分析如下。

① 明确受众群体。这一点非常重要。后续的策划是紧紧围绕小学生这个群体进行的。

② 研究小学生心理活动。对于提醒小学生努力学习，并能够起到警示作用的内容来说，用什么方式才能够达到这个效果，主要取决于小学生喜欢和接受事物的偏好。

③ 视觉表现分析。要求作品既生动又简洁，选择相贴合的艺术表现形式。

④ 主题分析。思考确立什么主题能够很好地起到提醒小学生要努力学习及警示的作用。

⑤ 场景分析。任务要求作品需贴近生活。小学生的生活丰富多彩，场景多样，选择什么场景表达才能满足客户提出的所有条件，达到客户要求制作这个作品的目的，这是一个需要解决好的关键问题。

3. 策划

通过分析，策划结果如下。

① 作品以卡通漫画形式呈现。

② 虚构一个淘气的小男孩的形象。

③ 归纳出课堂不认真学习的常见行为，如上课睡觉、吃东西、玩手机、说话、听音乐等。

④ 用考试不及格和不能毕业作为警示，起到提醒小学生努力学习的作用。

⑤ 用小男孩掉眼泪表示其后悔，以后要努力学习之意。

4. 规划

根据策划结果，完成任务创作规划。

① 确定题目。根据策划创意，将题目确定为“为什么不及格”。这个题目不仅能引起小学生的好奇心，题目本身也是一种警示。另外，小学生对“不及格”也非常敏感。

② 确定场景和小男孩形象。用简单的一张书桌和一个坐在书桌前的小男孩作为画面，每一个画面有一句说明性的简短语句。

③ 确定行为场景。根据对小朋友上课常有的行为，选择上课吃东西、上课说话、上课玩手机、上课睡觉几个场景，每个场景用一个页面呈现。

④ 强调页。为了达到较理想的效果。在行为场景页之后，制作一个将行为场景和结果场景进行分割的页，用以强调，起到强化警示作用。

⑤ 警示页。用两页分别展示考试不及格和没有毕业场景，并以没有毕业场景页作为结束页。

5. 设计

设计内容：页面（横向或竖向）、翻页方式、封面、男孩造型、场景、页面布局、色彩、行为动作、动画等。

6. 制作

制作需要解决和处理好的工作主要包括明确作品版式（横屏、竖屏、屏幕适配）、视觉呈现方式（图文、视频、动画、全景 /VR、游戏、综合等）、交互方式（点击、连击、滑动、拖曳、长按、翻页、摇一摇、声音交互等），以及采用的技术（按钮技术、全景 /VR 技术、陀螺仪技术、逻辑判断技术、声音识别技术等）等，并以此选择制作平台，应用相应的技术。

本例的“为什么不及格”作品制作效果截图如图 1.12 所示。

图 1.12

扫码看案例演示

1.6.3 素材收集与整理

不论是编写文章、软文、制作网页，还是进行 H5 页面制作，素材的收集与整理都是必不可少且非常重要的一个环节。

1. 素材收集与准备

（1）明确所需素材

素材收集与准备是每个 H5 页面制作人员都应该具备的基本技能。在制作作品页面之前，制作人员要根据制作要求对素材需求进行分析，明确需要什么素材。比如，需要乡村风景，但仅仅停留在乡村风景层面是不够的，要确切地知道所需风景风格、具体场景等。在收集与整理素材过程中，制作人员要了解自己的素材库中有没有可以直接采用的素材，有没有通过编辑加工能够采用的素材。制作人员要明确哪些是需要原创的素材、哪些是需要转载的素材等。只有明确需要什么素材后，才能有针对性地进行素材收集，提高素材收集效率。

（2）素材的收集

素材的来源非常多，特别是互联网中的素材资源非常丰富，但正因为互联网中的资源过于丰富，所以，只有善用、会用搜索引擎才能达到事半功倍的效果。否则，即使花费比别人更多的时间，也不一定能搜索到想要的素材。比如：端午节之前，需要创作一个以“端午节”为主题的页面，用搜索引擎搜索素材时，除用关键词“端午节”进行搜索外，还可以从饮食，习俗等角度，用“粽香”“赛龙舟”“端午”等关键词来搜索素材。

（3）素材的积累

“兵马未动，粮草先行”是指在出兵之前，应该先准备好粮食和草料，其比喻在做一件事情之前要做好充分准备。素材是融媒体页面制作的基础资源，是制作融媒体页面的“粮草”。所以，对制作者来说，长期积累素材，打造完善、优质的素材资源库是非常有必要的。如果每次制作 H5 页面都需要到网上去搜索素材，制作效率是非常低的。这是因为互联网中，素材多，“垃圾资料”也多，即使会善用搜索引擎，也往往很难在较短的时间内搜索到满意的素材。能够又快、又好地完成 H5 页面设计和制作的技术人员，基本上都建立了属于自己的素材资源库。

提示：互联网中的素材资源，不论是图片、视频，还是文字，很多素材都是有版权的。建议仅选用无版权问题，可商用下载的素材。另外，素材收集要根据自身的实际工作需要来决定收集什么。

---

2. 素材整理

素材整理要根据实际工作需要进行。素材整理的具体内容主要包括两个方面。

（1）筛选

对所获得的资料进行筛选是非常重要且首要的环节。日常中所收集到的素材，不是都有使用价值的，要根据工作需要，筛选出可用的素材，否则，素材虽然不少，但夹杂有大量的不可用素材，这就会影响查找使用素材的效率，甚至影响素材使用效果。

（2）分类整理

筛选后的素材需要进行分门别类的细化整理。这是由于素材收集，不仅收集有大量的文字、图片、音频、视频、按钮、特效、组件等素材，还有版式、配色方案，以及有独特创意的 H5 作品案例素材。如果不进行细分，就会影响使用。例如：卡通形象素材。卡通形象非常多，人物、动物、建筑、风景、服饰等各类卡通形象数不胜数。其中每类卡通素材，还可以被细分，比如动物卡通素材。经常需要使用的动物卡通素材就有猫、狗、兔等图案。如果不细分，都混杂在一起，当素材量较大时，就会影响使用了。

这里需要特别强调的是素材分类要简洁、合理，符合用户对素材的认知习惯。例如，融媒体内容制作平台木疙瘩，在 H5 编辑器的素材库中，就将素材分层次、分类别呈现，便于用户挑选素材，如图 1.13 所示。

图 1.13

第 2 章

木疙瘩平台与专业版 H5 编辑器的基本操作与管理

木疙瘩是一款拥有自主知识产权的、高效的、可视化的H5页面与交互动画制作平台，其在新闻、出版、教育、办公、商业宣传、科普、艺术等领域已得到广泛的应用。本章主要内容如图2.1所示。

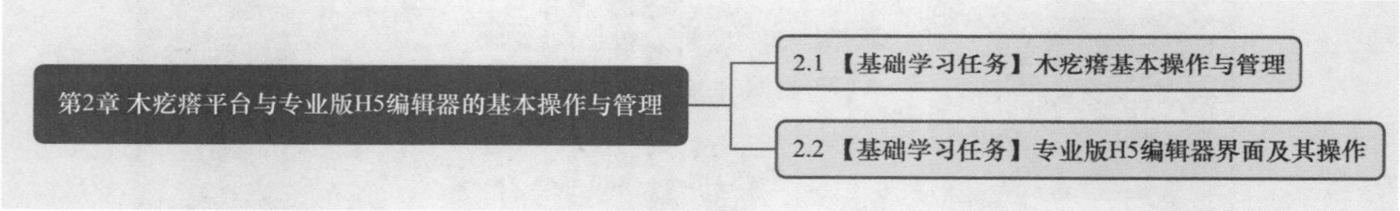

第2章 木疙瘩平台与专业版H5编辑器的基本操作与管理
- 2.1 【基础学习任务】木疙瘩基本操作与管理
- 2.2 【基础学习任务】专业版H5编辑器界面及其操作

图 2.1

2.1　【基础学习任务】木疙瘩基本操作与管理

【任务描述】主要是介绍木疙瘩的基本操作流程、文件夹管理、文件管理、资源管理、教学管理等。

【目的和要求】认识木疙瘩的界面，掌握其界面特点，掌握任务中所介绍的各种操作方法，为后续学习打好基础。

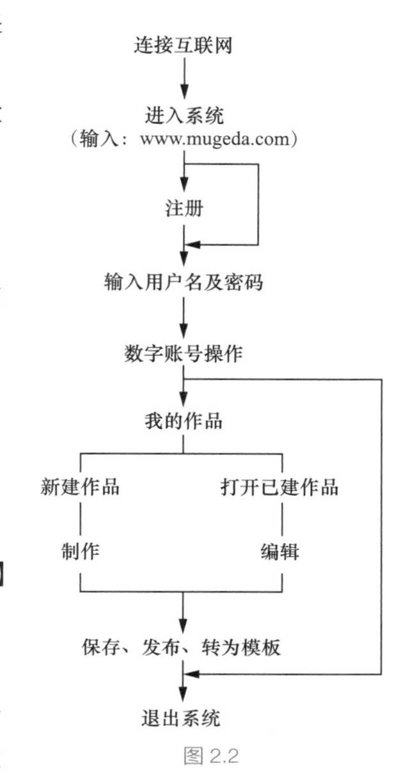

图 2.2

2.1.1　注册、登录与退出木疙瘩操作

木疙瘩的操作基本流程如图 2.2 所示。本小节将主要介绍注册、登录与退出木疙瘩的操作方法。

1. 注册木疙瘩账号

（1）登录环境

连接互联网，打开浏览器，建议使用 Chrome 浏览器。

（2）进入主页面

在浏览器的地址栏中输入“www.mugeda.com”，按【Enter】键进入木疙瘩的主页面，如图 2.3 所示。

（3）登录 / 注册账号

① 单击木疙瘩主页面右上角的【登录】按钮，跳转至登录 / 注册账号页面，如图 2.4 所示。用户可以选择微信扫码注册、手机注册或邮箱注册。

图 2.3

② 下面以选择手机注册为例进行介绍。单击图 2.4 所示的【手机注册】按钮，弹出注册账号页面，如图 2.5 所示，在页面中输入手机号码，并根据页面提示输入图形验证码，然后单击【发送验证码】按钮。

③ 在手机接收到验证码后，输入验证码，并设置密码，最后单击【注册】按钮。注册成功后，用户即可获得一个免费的木疙瘩账号。

图 2.4

图 2.5

2. 登录账号

注册成功后，可以随时打开浏览器，并在浏览器的地址栏中输入“www.mugeda.com”进入木疙瘩官网，登录注册的账号。登录成功后，进入工作台首页，如图 2.6 所示。

图 2.6

①导航区，②商业客户服务区，③作品管理区，④编辑器列表区，⑤作品列表区

提示：工作台首页（见图2.6）是进行素材处理、创作新作品和编辑已有作品的通道，是木疙瘩中最基本和最重要的页面。

导航区中包括【案例】【模板】【设计师】【教程】【离线版】【报价】等功能，以及用户账号。

【案例】中列出了大量的木疙瘩用户自荐推广并经木疙瘩后台管理员审核通过的 H5 作品；【模板】中包含大量各类商业 H5 模板；【设计师】中推荐了一些有优秀 H5 作品的设计师；【教程】中提供有视频课程、文档教程等内容；【报价】是针对商业用户的，包括商业用户的收费标准、问题解答等。

商业客户服务区中包括充值和升级的功能，显示了当前数字账户的空间容量、服务到期时间等信息。

编辑器列表区中列出了木疙瘩推出的所有编辑器，本书将依据专业版编辑器进行介绍。

作品管理区主要用于作品与模板的查找与管理。

3. 退出木疙瘩平台

单击导航区最右边的用户账号后的“﹀”按钮，在弹出的菜单中单击【退出】命令，如图 2.7 所示。退出后就会返回木疙瘩的主页面。

图 2.7

2.1.2　新建作品与作品文件管理操作

作品管理区中包括【新建作品】【首页】【我的作品】【我的模板】【团队模板】【作品回收站】【素材库】【动态数据】等。（由于账号权限不同，此处界面功能与读者的可能略有差异，但不影响学习。）

1. 新建作品

单击【新建作品】按钮 ，弹出编辑器选择对话框，如图 2.8 所示。通过该对话框可进入相应的编辑器，本书选用的是 H5（专业版编辑器）。

2. 作品管理与“我的作品”

在工作台首页的左侧导航窗格中单击【作品管理】/【我的作品】按钮，进入作品管理与作品文件列表界面，如图 2.9 所示。

图 2.8

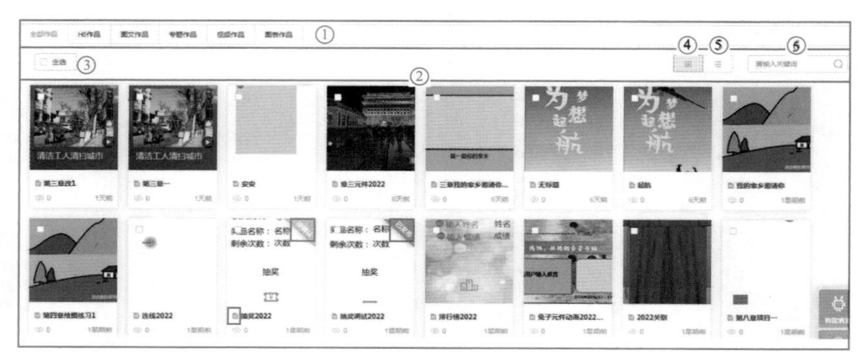

图 2.9

①作品分类管理区，②作品列表区，③全选作品按钮，④作品列表按钮，
⑤列出作品清单按钮，⑥查询作品文件名输入框

作品列表区中，作品缩略图左下角标有的作品属于 H5 作品，作品缩略图右上角有绿色【已发布】提示的表示作品已经发布过，待发布的作品有黄色【待确认】提示。

图 2.10

3. 作品分类管理区与移动作品操作

作品分类管理区中列出了不同类型作品的选择按钮，这里单击【H5 作品】按钮，弹出图 2.10 所示的界面。

（1）新建文件及新建、删除文件夹的操作

分别单击图 2.10 所示界面中的【新建 H5】按钮、【新建文件夹】按钮，就会分别新建一个 H5 作品和一个新文件夹。将鼠标指针移至文件夹图标上，其右上角会出现【删除】按钮，单击该按钮，可将该文件夹删除。

（2）移动文件操作

在图 2.10 所示界面中，可将文件移动到某个文件夹中。

① 在作品缩略图的左上角有一个方形的选择框，单击该选择框，则会选中该作品，如图 2.11 所示。此时该选择框变为黄色勾选状态，如图 2.12 所示。与此同时，图 2.10 所示界面中，在【稿件状态】按钮后面会显示出【删除】【标记发布】和【移动到】按钮，如图 2.13 所示。

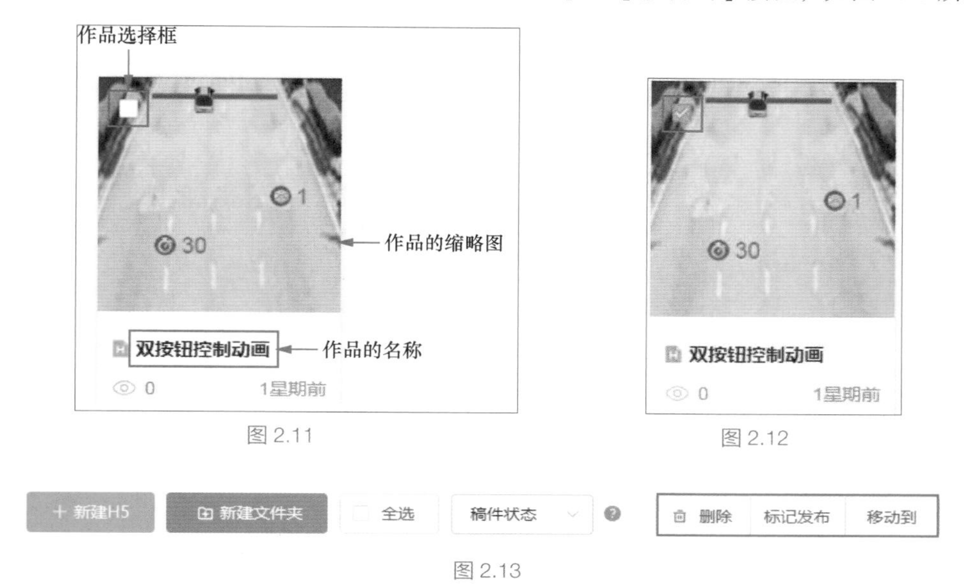

图 2.11

图 2.12

图 2.13

② 移动文件操作。单击图 2.13 所示的【移动到】按钮，弹出图 2.14 所示界面。选中其中的一个文件夹后，单击【确定】按钮，即可将选中的作品文件移至该文件夹中。

图 2.14

（3）编辑作品的文件名

将鼠标指针移至图 2.11 所示作品的文件名上，在作品文件名后会显示编辑文件名按钮，如图 2.15 所示。单击该按钮，可编辑该作品的文件名。

（4）发布作品

发布作品其实就是要对作品本身进行编辑操作，这需要先调出编辑作品的界面。下面以图 2.11 所示作品为例进行讲解。

将鼠标指针移至图 2.11 所示作品缩略图的任意位置，该缩略图上就会显示出图 2.16 所示的作品编辑界面，其中提供了 5 种编辑操作按钮：①【发布】按钮，②【数据】按钮，③【转为模板】按钮，④【推广】按钮，⑤【删除】按钮。

在工作台首页的【我的作品】列表中，只要将鼠标指针移至作品缩略图上，都可显示图 2.16 所示的界面。

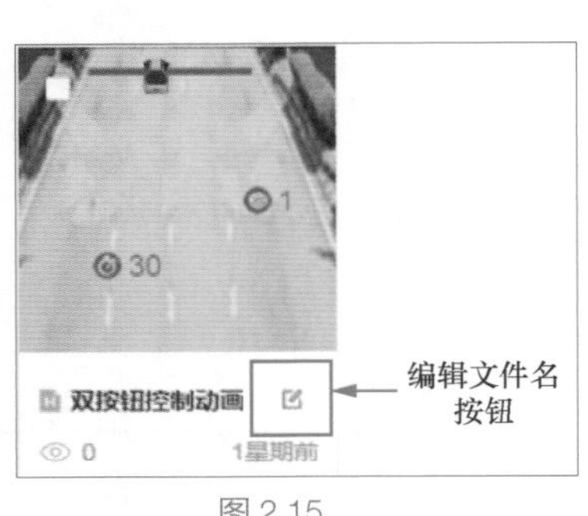

图 2.15

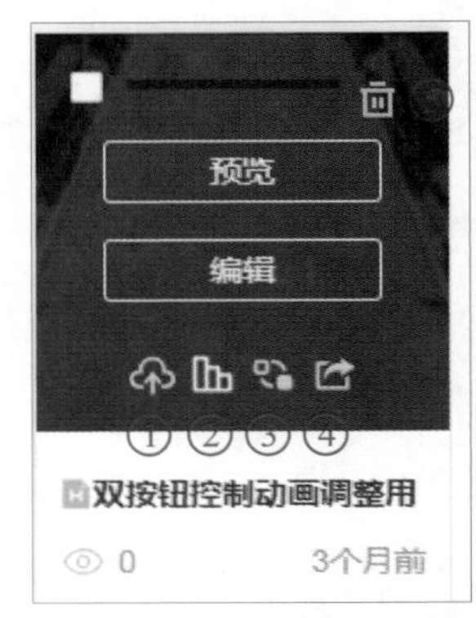

图 2.16

在图 2.16 所示界面中单击【发布】按钮，页面会跳转至发布动画页面，如图 2.17 所示。此时，作品左上角显示出黄色的“待确认”提示，页面右侧除了显示有发布地址、分享二维码、发布时间、文件大小等信息外，还有一个【确认发布】按钮。单击【确认发布】按钮后，如果发布成功，页面右上方会显示出【操作成功】提示，并会在【发布地址】栏中显示出作品的发布地址。

图 2.17

提示：这里所谓的发布，是指为作品在互联网中建立起一个“地址”。单击【复制】按钮后，将复制的地址粘贴到PC端浏览器的地址栏中并按【Enter】键，即可在PC端可观看作品；单击【删除】按钮后，发布地址被删除；单击【发布地址】栏上方的【重新发布】按钮后，系统将为作品重新分配“地址”。用手机扫描二维码，可将作品转发到微信中。对于已经发布过的作品，在作品列表中有显示。

（5）查看作品数据

在图 2.16 所示界面中单击【数据】按钮，页面跳转至作品数据页面，页面中会显示出作品的统计数据、用户数据、内容分析等信息，如图 2.18 所示。

（6）将作品转换为模板

在图 2.16 所示界面中单击【转为模板】按钮，按钮下方会弹出下拉菜单，菜单中提供【转为私有模板】和【售卖模板】两个选项，如图 2.19 所示。单击【转为私有模板】选项，会弹出模板转换成功提示对话框。

图 2.18

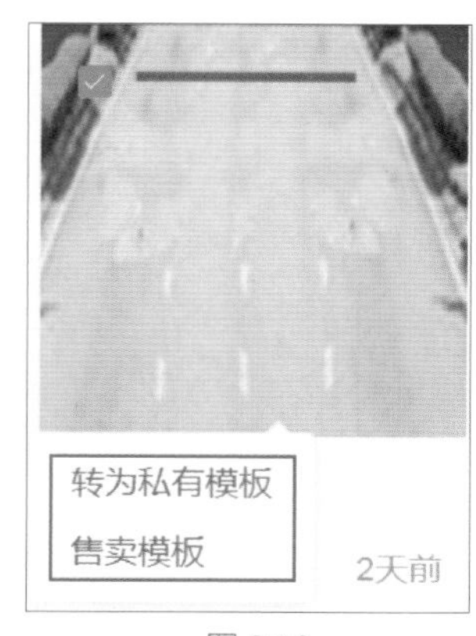

图 2.19

如果要售卖自己的作品，则需要具备两个条件：一是准备售卖的作品已成功发布，二是在“我的账户”中进行了设计师认证。满足了上述两个条件后，单击【售卖模板】选项，即可在弹出的售卖模板申请单中填写相关内容。

（7）推广

用户可通过木疙瘩推广作品。能进行推广的作品必须是已经发布了的。在已发布作品的缩略图上单击【推广】按钮，在弹出的菜单中按要求填写信息并提交审核。只要经后台管理员审核通过，所推广的作品就会出现在木疙瘩工作台首页（见图 2.6）导航区的【案例】菜单中。

（8）回收站

在工作台首页单击【作品回收站】按钮，弹出删除作品页面。删除的作品会在回收站内保留 30 天，到期之后将被彻底清除。

2.1.3 模板管理与素材管理操作

1. 模板管理

在工作台首页左侧的【作品管理】栏中，单击【我的模板】按钮，弹出模板管理列表页面，如图 2.20 所示。用户创建或使用过的模板，均会在该模板管理列表页面中呈现。

（1）预览与编辑

选中模板，该模板的缩略图上就会出现【预览】和【使用】两个按钮，如图 2.21 所示。

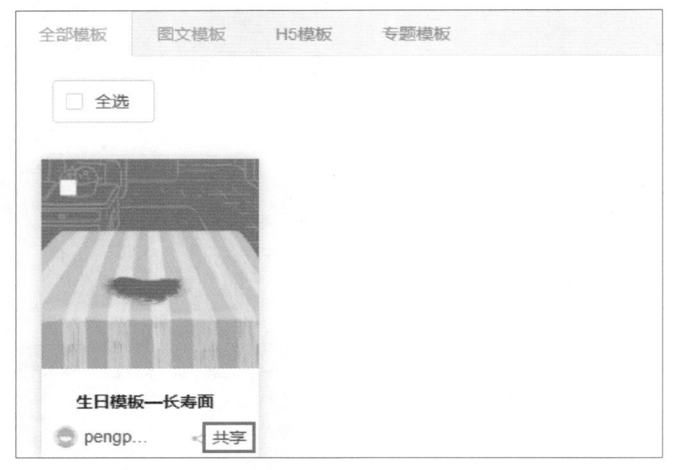

图 2.20

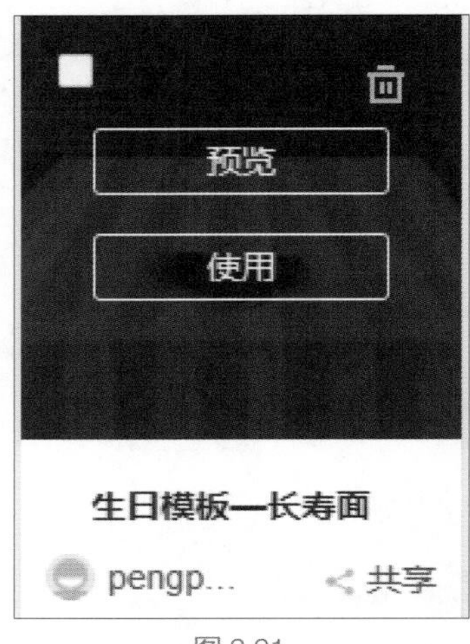

图 2.21

单击【预览】按钮，弹出预览页面，如图 2.22 所示。在预览页面中可以预览作品，此外，单击页面右上方的【编辑模板】按钮，该模板会被直接导入编辑界面以便用户编辑。

图 2.22

（2）共享

模板管理列表页面中的模板能够满足团队与企业账号用户内部成员之间对模板共享的需要。打开模板管理列表页面后，选中要共享的模板，单击该模板右下角的【共享】按钮（见图 2.20），可进行共享设置。

2. 素材管理

在工作台首页左侧的【素材管理】栏中单击【素材库】按钮，弹出素材管理页面，如图 2.23 所示。在素材管理页面可以对素材进行选择、移动、删除等操作。

图 2.23

（1）素材的属性

在素材管理中，素材的属性分为【个人】和【共享】两类。【个人】中的素材，属于用户私有，其他用户看不到；【共享】中的素材，是木疙瘩免费为用户提供的素材。

（2）浏览素材

通过单击界面左上方素材分类栏中的【图片】【音频】【视频】等选项，页面将列出相应的素材供用户浏览；单击界面右上方的【全选】【移动】和【删除】按钮，可以全选、移动和删除素材，如图 2.23 所示。

（3）新建与共享文件夹

在素材管理页面中单击【新建文件夹】按钮，可创建一个新文件夹。

若要共享文件夹，则在素材管理页面中选中该文件夹，然后执行以下操作。

① 单击被选中文件夹右侧的按钮⋮，弹出文件夹管理级联菜单。

② 在弹出的级联菜单中选择【共享文件夹】选项，即可将该文件夹中的所有素材共享给与自己关联过的用户。

2.1.4　班级管理与作品分享操作

班级管理功能主要是提供给教师使用的，教师可以利用此功能掌握学生完成作业的情况、评判学生作品、统计学生提交作业的数量等。班级管理的相关操作与主要功能如下。

1. 生成班级账号

单击【班级管理】按钮，在跳转的页面中单击【生成】按钮，如图 2.24 所示。系统自动分配一个班级码，如图 2.25 所示。

图 2.24

图 2.25

提示：分配班级码后，在码后会出现【复制】按钮和【停用】按钮。单击【停用】/【确定】按钮后，不仅班级码被取消，同时所关联的学生也一同失效。如果需要再次与学生关联，则需要重新生成班级码，并重新与学生建立关联。由于每次生成的班级码都不一样，所以要谨慎停用班级码。

2. 学生账号与教师账号的关联设置

① 教师把班级码发给需要关联的学生。

② 学生登录木疙瘩账号后，单击界面右上角账号（或微信）名称下的【我的账户】按钮，弹出图 2.26 所示的对话框。

图 2.26

③ 单击【账号服务】按钮，在弹出的界面中找到“教师账号管理服务”项，单击下面的【关联班级】按钮，弹出图 2.27 所示的对话框。在【关联班级码】输入框中输入班级码，然后单击【确定】按钮，即可完成关联设置。

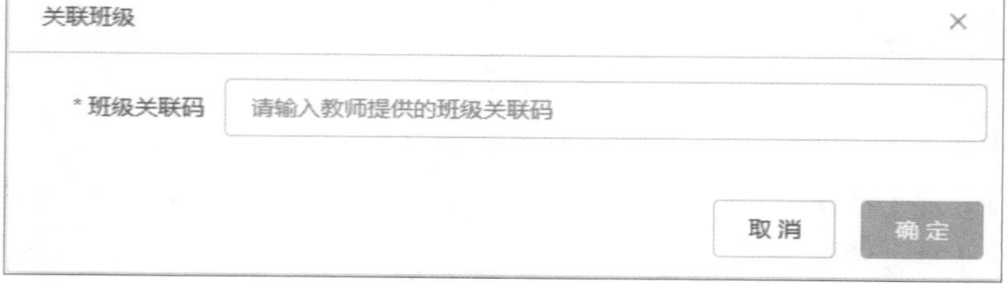

图 2.27

3. 班级管理的主要功能

① 学生分享教师推送的作品。

② 学生分享教师推送给学生的素材。

③ 学生提交作品给教师。

④ 其他辅助功能。

具体操作用户可根据系统提示完成。

2.2　【基础学习任务】专业版 H5 编辑器界面及其操作

木疙瘩平台的界面设计得简单、明确，用户通过界面操作很容易创作出各种精美的 H5 作品。下面具体介绍木疙瘩平台的 H5 编辑界面中的菜单栏、工具栏、时间轴、工具箱、页面栏、页面编辑区、舞台和属性面板。

【任务描述】选中专业版H5编辑器后，单击【新建H5】按钮，便进入到H5编辑界面，如图2.28所示。

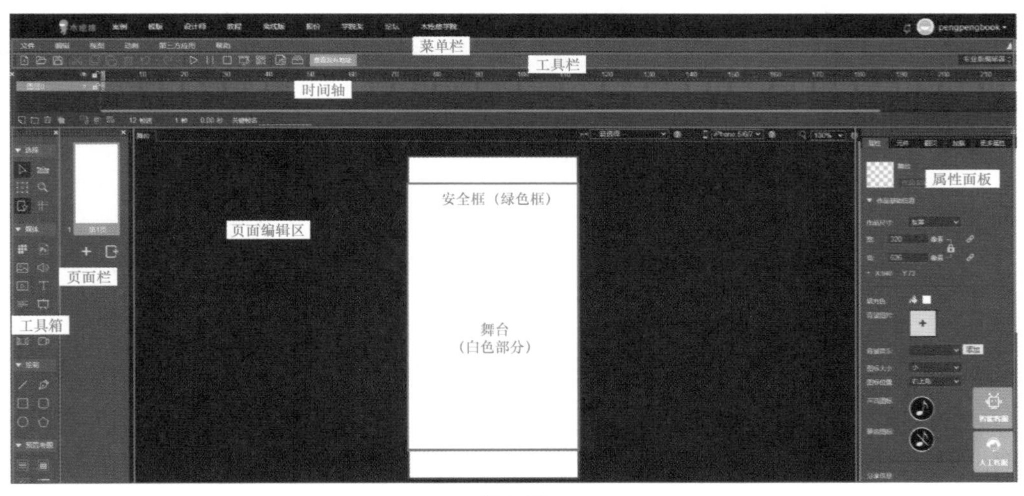

图 2.28

本任务是根据下文的介绍，了解专业版 H5 编辑器界面的菜单栏、时间轴、工具栏、工具箱、页面栏、页面编辑区、舞台和属性面板，以及图层、安全框、屏幕适配等概念。

【目的和要求】本任务的目的是通过学习掌握专业版H5编辑器界面的结构、具有的功能及其基本操作，为制作H5作品打好基础。

2.2.1　菜单栏

菜单栏包含【文件】【编辑】【视图】【动画】【帮助】等菜单。下面主要介绍前三个菜单。

1.【文件】菜单

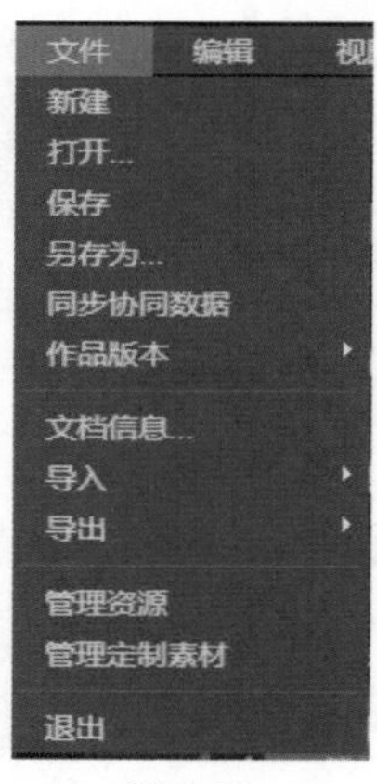

图 2.29

【文件】菜单中包括对作品文件进行管理和对作品文件资源进行基本处理的一些命令。单击【文件】菜单，弹出图 2.29 所示的下拉菜单。

下面分别介绍【文件】菜单中的几项重要但多数用户不是特别熟悉的命令。

（1）作品版本

【作品版本】命令用于记录作品修改的情况，用户从作品版本中可以看到所有修改的版本。在菜单栏中执行【文件】/【作品版本】命令，会显示出最新版本信息，如图 2.30 所示。可以看出，该作品有两个版本——修改时间不相同，单击即可切换到相应的版本。例如，单击选中作品保存时间为“2022/1/29 下午 7:22:25”的版本，舞台上会弹出图 2.31 所示的提示对话框。单击【取消】按钮，该版本作品将被导入舞台。

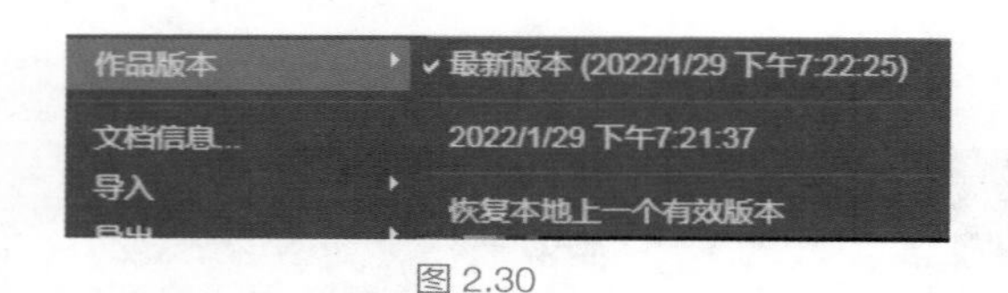

图 2.30

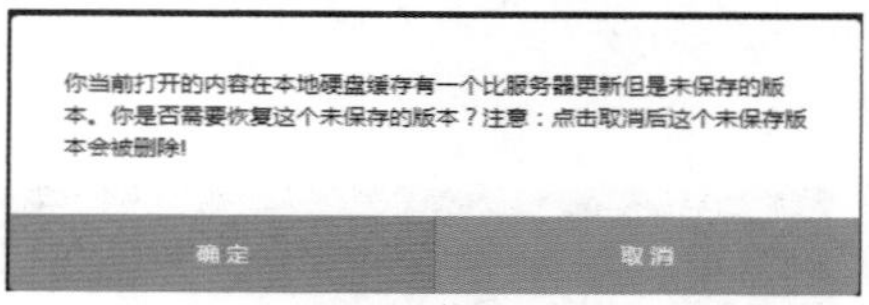

你当前打开的内容在本地硬盘缓存有一个比服务器更新但是未保存的版本。你是否需要恢复这个未保存的版本？注意：点击取消后这个未保存版本会被删除!

确 定　　取 消

图 2.31

（2）文档信息

在菜单栏中执行【文件】/【文档信息】命令，弹出【文档信息选项】对话框。可在该对话框中设置信息分享、适配等。

① 设置文档信息。可设置的文档信息主要包括转发标题、转发描述、内容标题、预览图片，如图 2.32 所示。其中，预览图片建议导入大小为 128 像素 ×128 像素的图片。

文档信息设置完成后，单击图 2.32 所示的【编辑元信息】按钮，【编辑元信息】的填写内容被展开。向下拖曳对话框右侧的下拉条，显示出图 2.33 所示的需要用户填写的信息。这些信息用于创作者后台管理分析，观看作品的用户是无法看到的。

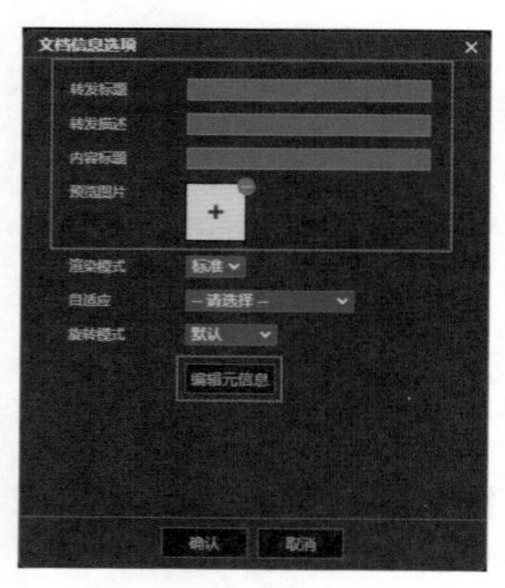

图 2.32

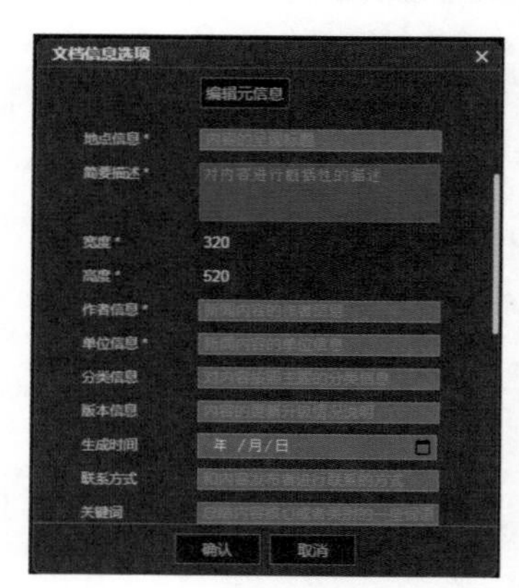

图 2.33

文档信息填写完成后，保存、发布作品，用户用手机扫描发布对话框中的二维码。转发到微信，转发后作品显示的信息包括转发标题、转发描述和预览图片，如图 2.34 所示。微信用户点开作品后，即可看到内容标题和作品内容，如图 2.35 所示。

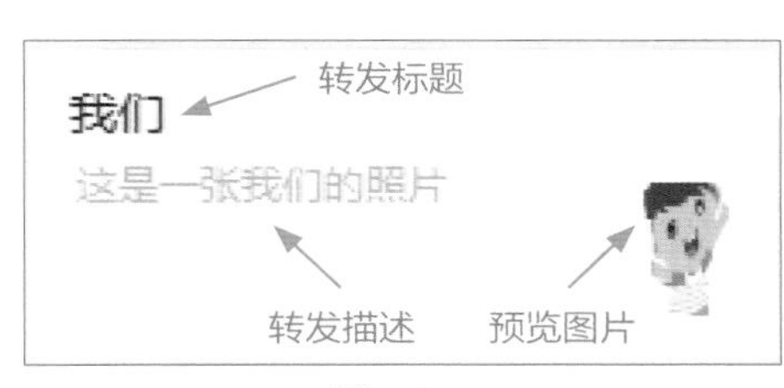

图 2.34

图 2.35

② 渲染模式设置。单击【渲染模式】选择框右侧的下拉按钮，弹出的下拉菜单中包含【标准】【嵌入】【内联】【弹出】这 4 种模式，如图 2.36 所示。在对 H5 作品的输出没有特殊要求的情况下，渲染模式一般默认设置为“标准”。

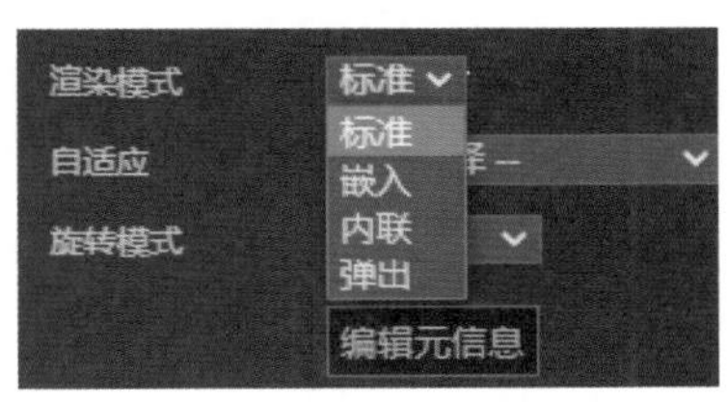

图 2.36

③ 自适应与屏幕适配设置。自适应设置是指屏幕显示方式设置，这部分内容将在 2.2.3 小节中介绍。

④ 旋转模式设置。该模式用于确定在移动端显示 H5 作品的方式。单击【旋转模式】选择框右侧的下拉按钮，弹出的下拉菜单中包含【默认】【自动适配】【强制横屏】【强制竖屏】这 4 种模式。旋转模式设置通常选择【默认】。

（3）导入

【导入】命令可将图片、视频、声音、脚本等素材，从素材库导入舞台，或从本地计算机中导入素材库。在菜单栏中执行【文件】/【导入】命令，弹出的下拉菜单如图 2.37 所示。导入素材的具体操作将在 2.2.4 小节中介绍。

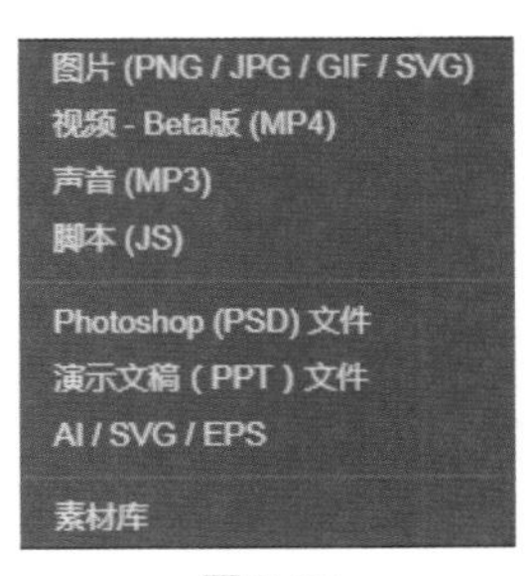

图 2.37

提示：导入任何类型素材的操作方法和过程都大致一样。GIF文件导入到舞台之后，其动态效果不会发生变化。由于PSD文件具有图层，比较特殊，所以，这里对导入PSD文件的操作进行介绍。

执行【导入】菜单中的【Photoshop（PSD）文件】命令，弹出【导入 Photoshop（PSD）素材】

对话框，按对话框中的提示可将需要的 PSD 文件导入舞台，如图 2.38 所示。

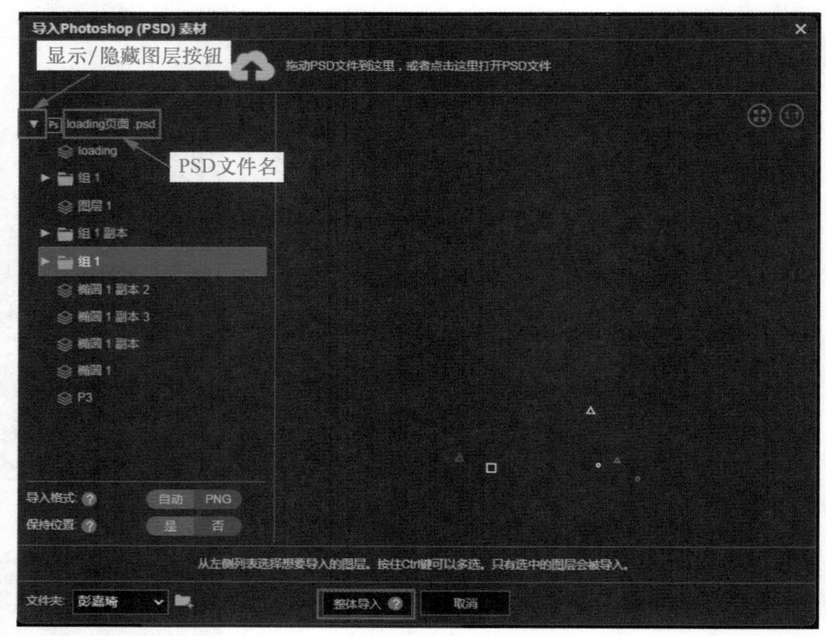

图 2.38

导入 PSD 文件的方式包括两种。一种导入方式是将 PSD 文件整体导入舞台，即将 PSD 文件中所有图层的内容全部导入舞台，操作方法为单击 PSD 文件名，再单击整体导入按钮。另一种导入方式是将 PSD 文件中部分图层的内容导入舞台，操作方法为先选择需要导入的图层，然后单击【整体导入】按钮。多图层选择的操作是按【Ctrl】+【Enter】组合键。

提示：专业版H5编辑器可以将导入舞台的PSD文件的图层保留。但是在简约版H5编辑器中，导入舞台的PSD文件内容将变成一张图片，不保留图层。

（4）导出

在菜单栏中执行【文件】/【导出】命令，弹出【导出】下拉菜单，如图 2.39 所示。

图 2.39

①【GIF 动画（当前页）】命令能将当前页的帧动画生成为 GIF 格式动画文件。

②【视频 -Beta 版】命令能将当前作品的一页动画生成为 MP4 格式的视频文件。生成文件的文件名及文件存储路径，可由创作者根据提示自行确定。

③【PNG（当前帧）】命令能将当前页的当前帧生成为 PNG 格式图像文件。

提示：使用不同的浏览器导出素材的方法略有区别。

（5）管理资源

通过【管理资源】命令，用户可以查看作品中资源使用的详细情况。在菜单栏中执行【文件】/【管理资源】命令，弹出【资源管理器】对话框。图2.40显示舞台上正在编辑的作品包括2个页面，资源管理器当前展开的是第1个页面的资源使用情况。单击图像右侧的【替换】按钮可以替换图片。

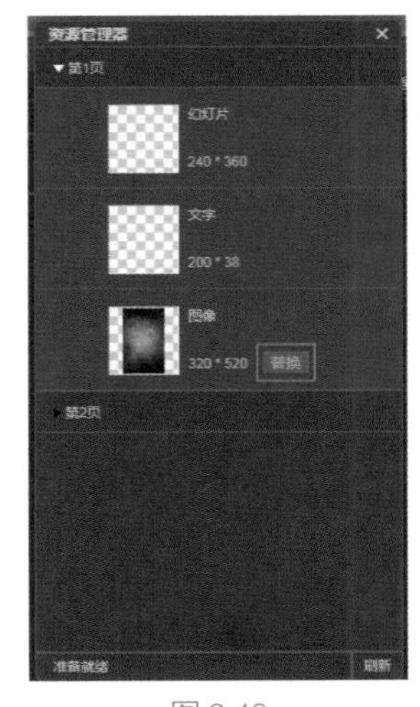

图2.40

提示：资源管理器中只支持图像替换。

（6）同步协同数据

【同步协同数据】是为企业用户提供多用户共享作品及协同创作功能的操作命令。该功能需要与工具栏中的【内容共享】按钮配合使用。在工具栏中单击【内容共享】按钮，弹出图2.41所示的【内容共享】对话框。

图2.41

通过该对话框可设置同步协同数据，下面重点介绍其中的“协同共享”与“分页共享”功能。这两个功能实现的基本过程：假设某企业账号下有多个子账号，经编辑共享地址操作后，这些账号有权在企业账号下共享作品及协同创作。

① 共享企业账号下的作品。企业账号下的作品可以分享给企业账号下的任何一个子账号，由其进行创作和编辑，对于企业账号下具有多个页面的作品，可将不同的页面分发给不同的子账号，并可在各个子账号中创作编辑。编辑之后，在菜单栏中执行【文件】/【同步协同数据】命令，编辑后的作品会自动返回企业账号下的原作品、原页面中。

② 企业账号下各子账号之间也可以实现子账号之间的作品协同共享及作品分页共享。共享方式同企业账号下作品的共享方式相同。

2.【编辑】菜单

单击菜单栏中的【编辑】菜单，弹出图2.42所示的下拉菜单。下面重点介绍下拉菜单中的几个比较特殊的命令。

（1）锁定物体

选中舞台上需锁定的物体（舞台上的图形、视频等元素的统称），执行【编辑】/【锁定物体】命令，即可将物体锁定。物体锁定后，不能对其进行位置、大小等属性的调整。执行【编辑】/【全部解锁】命令，可解锁舞台上所有被锁定的物体。

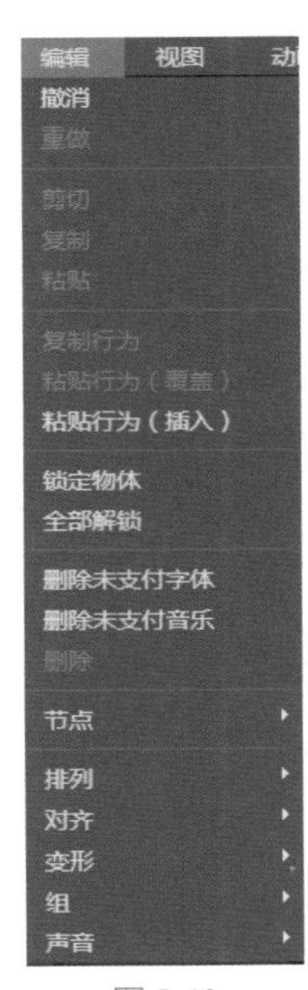

图2.42

（2）排列

此命令用于排列舞台上各个物体所在图层的顺序。例如，选中舞台上的某个物体，执行【编辑】/【排列】/【上移一层】命令，即可将该物体上移一层。

（3）对齐

对齐的作用是调整舞台上各物体之间的对齐方式，包括左对齐、右对齐、上对齐、下对齐等。选中需对齐的所有物体，执行【编辑】/【对齐】/【右对齐】命令，即可实现物体在舞台上右对齐的效果。

提示：选中多个物体的操作方法：单击选中的第一个物体，按住【Ctrl】键的同时单击选择其余需要选中的物体，全部选中后松开【Ctrl】键即可。

（4）变形

这里的变形实际上是指对物体进行翻转设置。【变形命令】提供左右翻转和上下翻转等两种变形方式。选中需翻转的物体，执行【编辑】/【变形】/【左右翻转】命令，即可将物体进行左右翻转。

提示：排列、对齐、变形等操作也可通过在页面编辑区内单击鼠标右键弹出的快捷菜单中的命令实现，其操作方法：直接在舞台上选中物体，单击鼠标右键，在弹出的快捷菜单中执行相应的命令。

3.【视图】菜单

单击菜单栏中的【视图】菜单，弹出图2.43所示的下拉菜单。【视图】下拉菜单中包括【工具条】【工具箱】【元件库】【属性】【脚本】【时间线】【页面】【标尺】等命令。需要在H5编辑界面中显示哪项命令就勾选该命令，未被勾选的命令将被隐藏。例如，图2.43中的【标尺】命令未被勾选，在H5编辑界面中则不会出现标尺，只有勾选了【标尺】命令后，舞台上才会出现标尺。

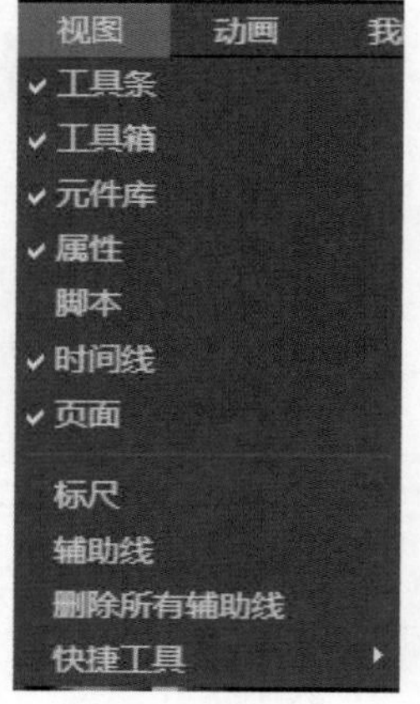

图2.43

2.2.2 工具栏

木疙瘩的工具栏如图2.44所示。这里仅介绍几个比较常用的工具。

1. 新建

单击【新建】按钮▢，弹出图2.45所示的对话框。单击【离开】按钮，弹出图2.46所示的【新建】对话框，从中可选择用户终端（如手机屏幕）的显示方式，例如此处单击选中【竖屏】选项，单击【确认】按钮，即可新建一个在手机端以竖屏方式显示的H5作品。

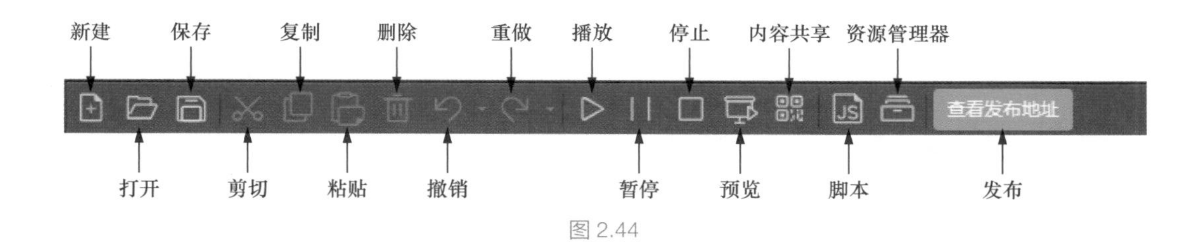

图 2.44

图 2.45

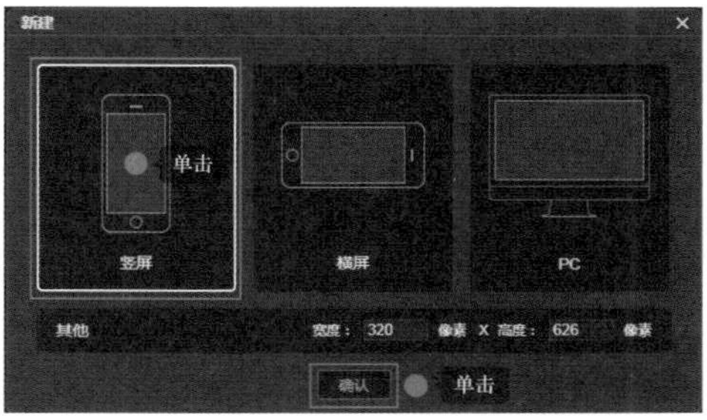

图 2.46

2. 打开

单击【打开】按钮，弹出图 2.47 所示的【打开内容库】对话框。在对话框中单击选择一个作品，该作品上会显示图 2.48 所示的按钮。单击【插入】按钮即可在舞台打开选中的作品。

图 2.47

图 2.48

3. 脚本

单击【脚本】按钮，弹出【脚本】对话框，如图 2.49 所示。在该对话框中可添加 JavaScript 脚本。对初学者来说，此功能暂时用不到。

4. 内容共享

单击工具栏中的【内容共享】按钮，弹出【内容共享】对话框，如图 2.50 所示。

图 2.49

图 2.50

利用【内容共享】工具完成内容共享的操作方法和过程如下。

① 在【内容共享】对话框中单击【共享源文件】按钮。

② 单击预览地址右侧的【复制链接】按钮复制链接。

③ 将复制的链接地址转发给共享用户。

④ 共享用户登录自己的木疙瘩账户。

⑤ 共享用户将屏幕跳转到浏览器界面。

⑥ 在浏览器地址栏中粘贴复制的链接（可按【Ctrl】+【V】组合键）。

⑦ 共享文件的内容被导入舞台。用户可对其进行编辑，并保存为自己的作品。

提示：免费用户无法共享源文件。如果用户对文件进行加密后，系统会自动为文件分配一个提取码。在将复制链接地址转发给共享用户的同时，还需要将提取码转发给共享用户，否则共享用户无法获取源文件。

非共享用户，可将图 2.50 中的预览地址复制并分发给用户，用户点开链接即可在浏览器中浏览作品。

---

5. 资源管理器

工具栏中【资源管理器】的作用与【文件】菜单中的【管理资源】命令的功能相同。

2.2.3 页面栏、页面编辑区和舞台

页面栏、页面编辑区和舞台如图 2.51 所示。

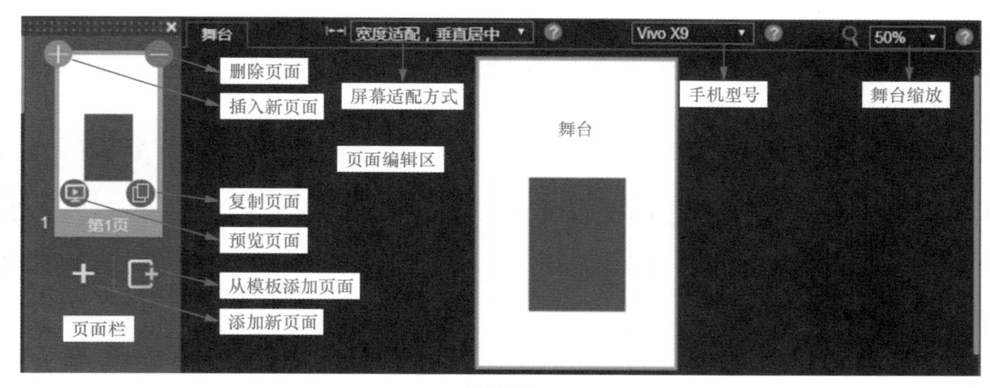

图 2.51

1. 页面栏

如图 2.51 所示，页面栏是呈现 H5 作品各页面缩略图的地方。其相关操作：单击页面缩略图，舞台上即可呈现该页面，可方便创作者快速选择需要编辑的页面；在页面缩略图上按住鼠标左键并拖动，可以调整页面排序；单击页面缩略图左上角的按钮，可插入新页面；单击页面缩略图右上角的按钮，可删除页面；单击页面缩略图左下角的按钮，可预览页面；单击页面缩略图右下角的按钮，可复制页面；单击页面缩略图下方的按钮，可添加新页面；单击页面缩略图下方的按钮，可从模板添加页面。

2. 页面编辑区

页面编辑区位于页面栏和属性面板之间，页面编辑区中有屏幕适配方式选择框、手机型号选择框、舞台缩放选择框和舞台。

（1）手机型号选择与安全框

不同款式的手机，屏幕比例往往是不一样的，这会使舞台上编辑的内容有可能无法在手机屏幕完整显示。通过选择合适的手机型号，设置安全框，可以确保在舞台上编辑的内容能够在手机屏幕完整显示出来。安全框可以起到提示的作用，这对编辑页面来说却十分重要。

单击手机型号选框右侧的下拉按钮，将显示出各种常见的手机型号，选择手机型号后，舞台中会出现一个绿色矩形框，即安全框。

由于所选型号手机屏幕的高宽比例往往与舞台的高宽比例不一致，因此用户要根据制作需要设置手机安全框。在舞台尺寸不变的情况下，选择不同的手机型号，显示的结果会不同。例如，图 2.52 所选手机型号的屏幕高宽比例大于舞台的高宽比例，图 2.53 所选手机型号的屏幕高宽比例小于舞台的高宽比例，图 2.54 所选手机型号的屏幕高宽比例等于舞台的高宽比例。

当舞台上的物体超出安全框范围后，安全框会由绿色变成红色。如图 2.55 所示舞台上物体（图片）的宽度超出了安全框范围，安全框变成了红色。

图 2.52

图 2.53

图 2.54

图 2.55

（2）屏幕适配

单击屏幕适配方式选择框右侧的下拉按钮，将显示出各种屏幕适配方式，如图 2.56 所示。

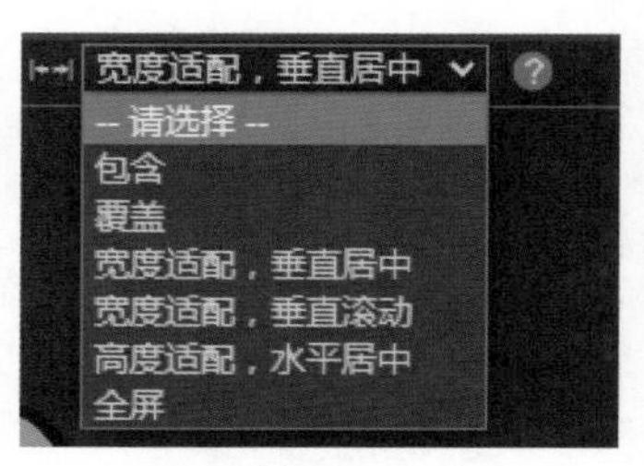

图 2.56

在屏幕适配方式中，常用的是“宽度适配，垂直居中”和“高度适配，水平居中”两种屏幕适配方式。

在屏幕适配方式中，比较难理解的是“包含”与“覆盖”两个选项。“包含”选项的功能：对任何型号手机端的显示而言，不论设置的舞台大小是多少、比例如何，都会将作品不变形地在手机端全部显示出来。“覆盖”选项的功能：对任何型号手机端的显示而言，作品显示都是以手机屏幕显示比例为标准来显示作品的，这会出现作品内容显示不完整或变形的现象。

3. 舞台

舞台处于整个界面的核心区域，是编辑、制作、显示页面内容和效果的“场所”。在舞台上的图形、图像、视频等所有元素都可以被称为“物体”。制作 H5 页面的过程中，设置舞台属性，如宽、高、背景图片、背景颜色、背景音乐，就是对作品页面属性进行的设置。

提示：通过“舞台缩放”选择框，可对舞台在页面编辑区显示的大小进行调整，如图2.57所示，以便创作者在创作过程中观察作品的细节或查看作品的整体效果。

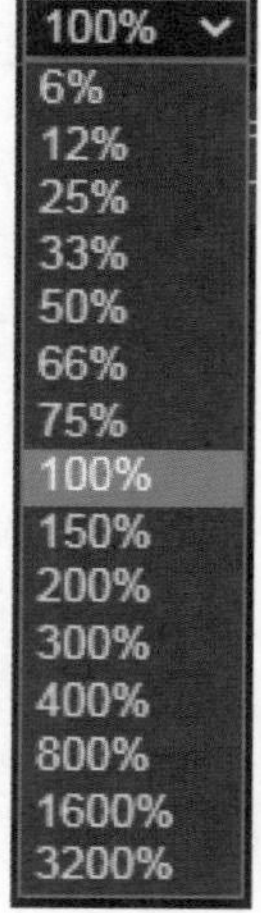

图 2.57

2.2.4 工具箱

工具箱将各种工具归纳整理为多个类别，包括选择、媒体、绘制、预制考题、控件、表单和微信。每个类别中包含多个工具，图 2.58 所示的是工具箱中的部分工具。下面介绍一些常用工具的功能及用法。

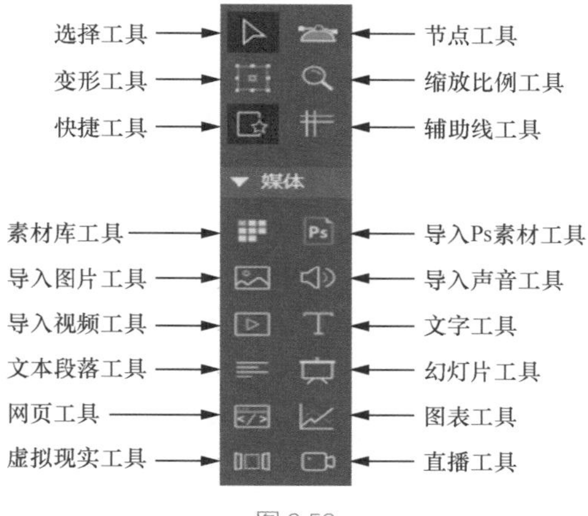

图 2.58

1. 选择工具与变形工具

在对作品中的物体，如文字、声音、图像、视频等进行编辑时，通常要先使用选择工具将其选中后，才能进行相应的编辑操作。很多时候，对作品中的某个物体，我们还需要进行变形处理，这时就要用到变形工具。下面通过一个具体实例，来介绍选择工具和变形工具的使用方法和具体操作。

某作品的一个页面如图 2.59 所示。页面中豆绿色部分是页面背景，图片是作品中的一个物体，由于图片长宽比例与舞台比例不匹配，所以页面背景被显示了出来。现需要让图片覆盖整个页面，则需要利用选择工具和变形工具对图片进行编辑，具体操作过程如下。

（1）选择操作

单击选择工具，单击图片，图片被选中。物体被选中的标志是其四周出现白色细虚线框，如图 2.60 所示。

（2）变形操作

单击变形工具，该图片四周出现有 8 个白色小方点的变形框，如图 2.61 所示。将鼠标

图 2.59

图 2.60

图 2.61

指针移至变形框边上的小方点上，鼠标指针变为双箭头时按住鼠标左键拖曳，可以调整图片的宽度和高度；将鼠标指针移至变形框角上的小方点上，鼠标指针变为双箭头时按住鼠标左键拖曳，可以调整图片的长宽比并缩放图片；将鼠标指针移至变形框右上角的绿色小圆点上，鼠标指针变为旋转图标时按住鼠标左键拖曳，可对图片进行旋转处理。

2. 快捷工具

快捷工具用于切换物体上快捷工具图标的显示状态，即显示或隐藏物体右侧的快捷工具图标。每单击一次快捷工具，可以切换一种显示状态。单击快捷工具，当快捷工具图标为▣时，被选中物体右侧的添加 / 编辑行为和添加预置动画的快捷工具图标为显示状态；当快捷工具图标为▣时，被选中物体右侧的快捷工具图标为隐藏状态；当快捷工具图标为▣时，所有物体的快捷工具图标均为显示状态。物体右侧的快捷工具图标如图 2.62 所示。

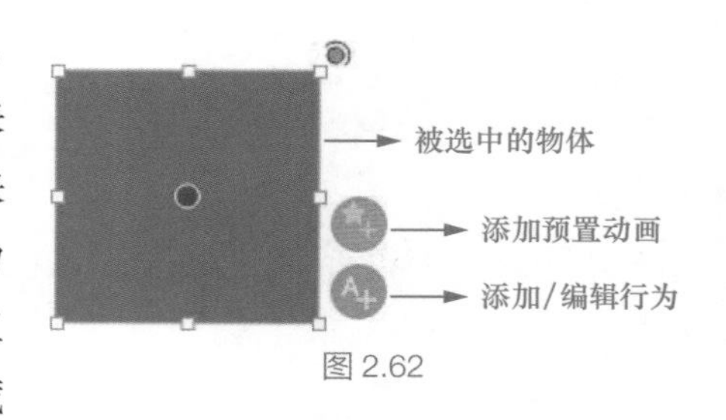

图 2.62

3. 节点工具

节点工具是非常重要的图形设计工具，利用它可以设计制作出各种图形。需要注意的是节点工具只能用于编辑利用绘图工具绘制的图形。下面以编辑利用矩形工具绘制的矩形为例，介绍节点工具的使用方法。

① 在工具箱中单击矩形工具，在舞台按住鼠标左键拖曳，绘制一个矩形，如图 2.63 所示。

② 单击选择工具，单击选中矩形，单击节点工具，矩形上出现节点，如图 2.64 所示。

③ 选中节点，在节点上单击可选中节点，被选中的节点颜色变为红色，如图 2.65 所示。

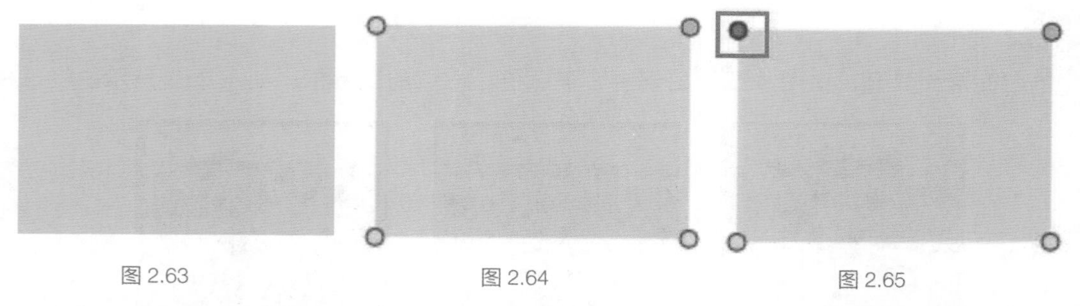
图 2.63　　图 2.64　　图 2.65

④ 拖曳节点改变图形形状：在节点（图 2.66 中的红色节点）上单击并按住鼠标左键拖曳，可改变图形的形状，如图 2.66 所示。

⑤ 重置选中节点：在节点上单击选中节点，在该节点上单击鼠标右键，在弹出的菜单中执行【节点】/【重置选中节点】命令，该节点上出现绿色拉杆，如图 2.67 所示，在拉杆两端的小圆点上单击并按住鼠标左键拖曳，可以改变图形的形状。

⑥ 添加节点：在节点上单击选中节点，再在该节点上单击鼠标右键，在弹出的菜单中执行【节点】/【添加节点（细分）】命令，图形上增加了一个节点，如图 2.68 所示，单击该节点会出现拉杆，在拉杆两端的小圆点上单击并按住鼠标左键拖曳，可以改变图形的形状。

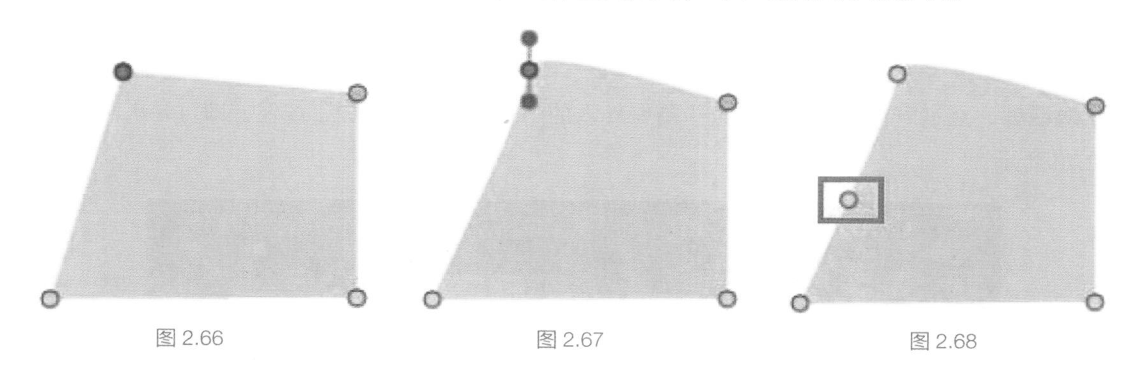

图 2.66　　图 2.67　　图 2.68

⑦ 删除节点：在节点上单击选中节点，再在该节点上单击鼠标右键，在弹出的菜单中执行【节点】/【删除选中节点】命令，可删除该节点。

提示：选中节点后，可利用键盘上的【↑】【↓】【←】【→】键来调整图形形状。

4. 缩放比例工具

缩放比例工具与页面编辑区右上角的“舞台缩放”选择框的功能相同。单击缩放比例工具，进入缩放模式。在舞台中单击鼠标左键，舞台被放大 150%；按住【Ctrl】键，在舞台中单击鼠标左键，舞台被放大 110%；按住【Alt】键，在舞台中单击鼠标左键，舞台被缩小 150%；按住【Alt】+【Ctrl】组合键，并在舞台中单击鼠标左键，舞台被缩小 110%；按住【Shift】键，并在舞台中单击鼠标左键，舞台恢复到 100%。按住鼠标左键不放，上下移动鼠标可上下拖动舞台。

5. 辅助线工具

当页面编辑区存在辅助线时，单击辅助线工具可切换显示 / 隐藏页面编辑区中的所有辅助线。注意，只有在页面编辑区中存在辅助线时，此工具才可使用。

辅助线在对页面进行精准排版中有重要作用。可以通过按住【Alt】键的同时按住鼠标左键，在页面编辑区横向 / 纵向拖曳鼠标，获取横向 / 纵向的辅助线，如图 2.69 所示。将鼠标指针移至辅助线上并拖曳鼠标，可移动辅助线的位置。将鼠标指针移至辅助线上，辅助线上出现图标，单击该图标可删除该辅助线。

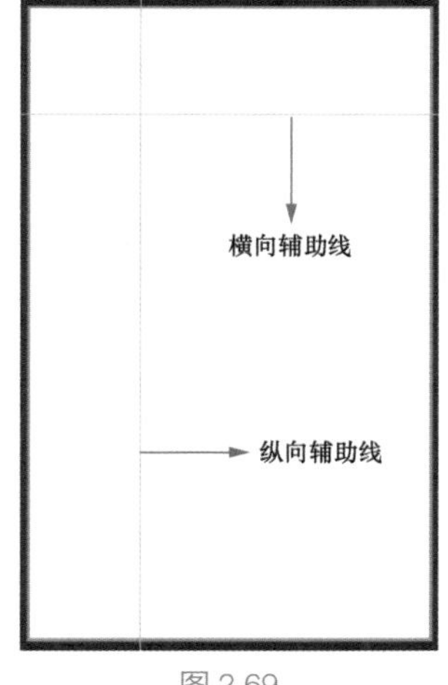

图 2.69

提示：隐藏辅助线与删除辅助线不同，辅助线被隐藏后，可通过单击辅助线工具将其再次显示，但是辅助线被删除后是不可恢复的。此外，在页面编辑区中，可以设置多条横向辅助线和纵向辅助线。

6. 导入图片工具

导入图片工具用于导入图片素材。导入图片的具体操作：单击导入图片工具，打开【素材库】对话框，通过该对话框找到并选中需要导入的图片，单击【添加】按钮，即可导入图片，如图 2.70 所示。

图 2.70

7. 导入声音工具

导入声音工具用于导入声音素材，导入声音素材的操作方法与导入图片类似。

8. 导入视频工具

导入视频工具用于导入视频素材，导入视频素材的方法与导入图片类似。需要注意的是视频文件应为 MP4 格式，大小应不超过 20MB。

9. 文字工具

文字工具用于输入和编辑文字。文字工具的相关操作：单击文字工具后，在页面编辑区单击鼠标左键，可出现文字输入框；输入文字后，在文字输入框外单击，可退出文字输入状态；在文字上双击鼠标左键，文字输入框再次出现，可输入或修改文字；在文字上单击选中文字后，将鼠标指针移至文字上，按住鼠标左键拖曳，可移动文字位置；在文字上单击选中文字后，可在属性面板设置和修改文字属性，如文字的大小、字体、颜色等；在文字上单击选中文字后，单击鼠标右键，在弹出的菜单中选择【删除物体】选项，可删除文字。

2.2.5　属性面板

属性面板中包括【属性】【元件】【翻页】【加载】这 4 个选项卡，掌握这些选项卡的操作和使用非常重要。本小节重点介绍【属性】选项卡、【翻页】选项卡和【加载】选项卡的使用方法。

1.【属性】选项卡

【属性】选项卡用于设置和修改舞台及舞台上物体的属性。不同物体（如文字、图片、视频、动画等）的属性是不同的。所以，在舞台上激活的物体不同，其在【属性】选项卡中显示的内容是不同的。

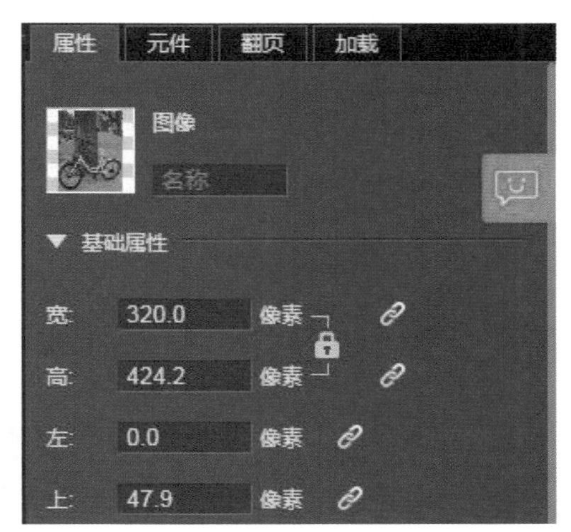

图 2.71

如图 2.71 所示，【属性】选项卡中【图像】左侧的图是被选中物体的缩略图，在【图像】下方的框内可以为选中的物体命名。【属性】选项卡中包括【基础属性】【高级属性】【专有属性】。因为不同物体的属性不同，所以不在此对属性的具体设置展开讲解，相关操作和使用方法将在后续实例中用到时再详细介绍。

2.【翻页】选项卡

【翻页】选项卡用于设置页面之间的切换方式，其中提供了多种页面切换方式。单击选中【翻页】选项卡，如图 2.72 所示，在这里可设置翻页效果、翻页方向、循环、翻页时间等。其中，翻页效果包括图 2.73 所示的多种效果可供选择，翻页方向包括图 2.74 所示的 3 种方向可供选择。

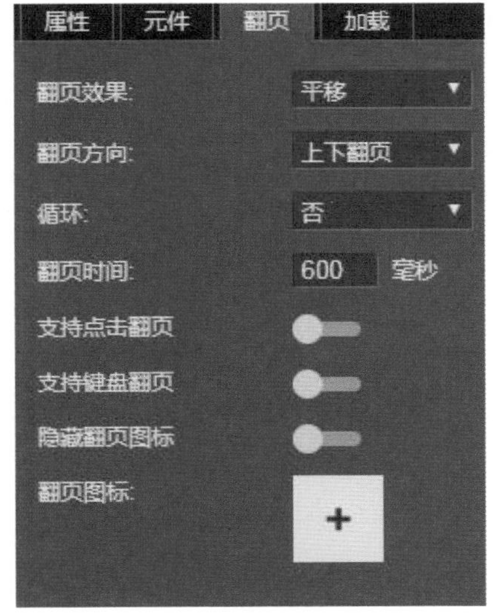

图 2.72

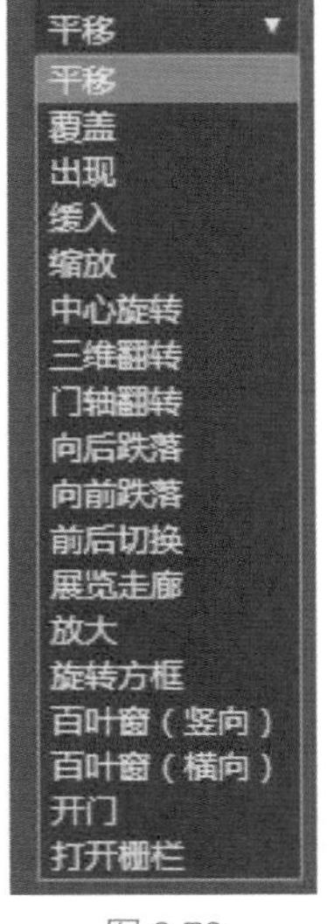

图 2.73

图 2.74

3.【加载】选项卡

【加载】选项卡用于设置加载页。加载页可设置为默认方式、自创作方式或利用模板制作方式。

（1）默认方式

① 新建一个 H5 作品，在属性面板中单击【加载】选项卡。

② 选择加载样式。在【加载】选项卡中单击【样式】选择框右侧的下拉按钮，在弹出的下拉菜单中选择样式。这里选择的是“进度环”选项，如图 2.75 所示。

③ 其他属性设置。除了加载样式，加载页的属性设置还包括提示文字、文字大小、动态文字、文字颜色、进度颜色、进度背景、背景颜色、图片等，如图 2.76 所示。在本例中，输入的提示文字是“加载中”。

④ 预览效果。设置完成后，在菜单栏单击【预览】按钮，预览效果如图 2.77 所示。

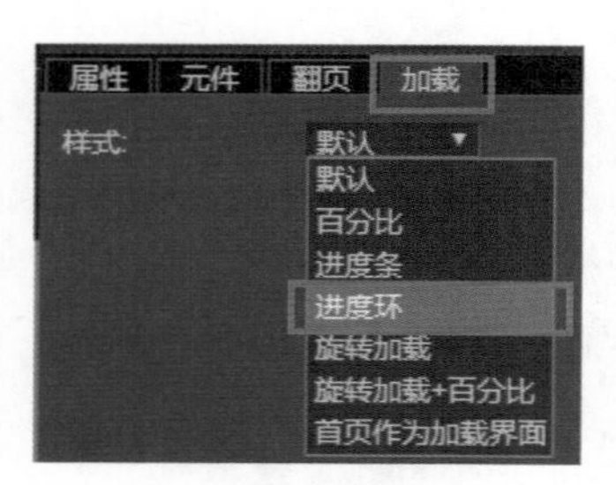

图 2.75

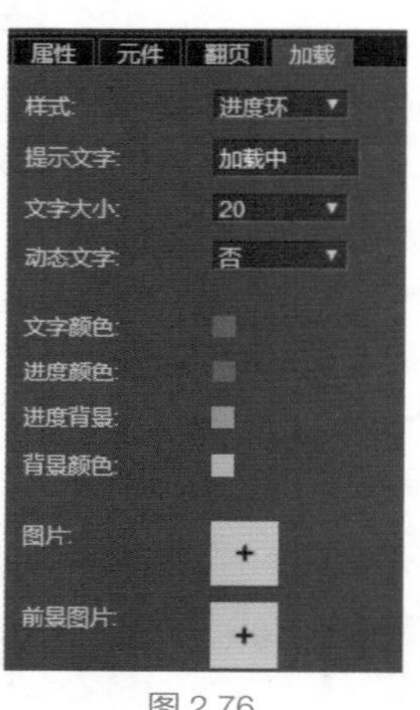

图 2.76

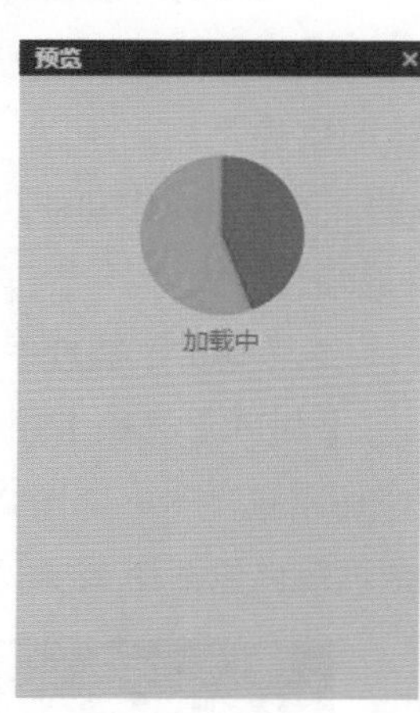

图 2.77

（2）自创作方式

① 在作品首页制作加载页的显示内容，如制作一个动画。

② 然后，在属性面板中单击【加载】选项卡。在【样式】设置框中选择“首页作为加载界面”选项即可。

（3）利用模板制作方式

① 在 H5 编辑界面的页面栏中，单击页面缩略图右下方的【从模板添加】按钮，如图 2.78 所示。

② 在弹出的【打开内容库】对话框中的【公有模板】中单击【加载页】，打开图 2.79 所示的模板库。从列出的模板中选择一个模板，单击【插入】按钮，即可将其添加到作品中。

提示：加载页的设计要生动、有趣、简洁，并与浏览内容关系密切。如果在加载页中使用动画效果，可为用户带来较好的“等待”体验。加载页的设计不可太过复杂，否则会占用较大的运行空间，影响加载速度，从而影响用户体验。此外，可以利用加载页来展示品牌或有趣的创意等。

图 2.78

图 2.79

2.2.6　时间轴和图层

工具栏下面是用来进行页面编辑和动画编辑的时间轴。时间轴包括图层和时间线两部分，如图 2.80 所示。

图 2.80

1. 时间线的概念

时间线表示的是时间段。时间线上的每一个矩形小方块，代表一个页面，一般称为“帧”。就动画而言，时间线上的一帧是指动画中的一个画面（页面）。时间线上帧的使用情况，精确地反映出了动画播放时长、动画起始位置和终止位置等。制作动画时，往往以时间线为参考，来调整动画的播放时间、播放速度、播放顺序等。

2. 图层的概念

图层就像叠在一起的透明纸，每一张透明纸上有图像的地方是不透明的，没有图像的地方是透明的。上面图层的透明区域可以显示出下面图层的图像。因此，图层顺序用于表现舞台上物体之间的叠加次序，图层的顺序也控制着作品（包括动画）的最终显示效果。理论上，时间线上可以叠加无限图层。

对于动画，图层的作用更加重要。如果在同时间段，页面上需要呈现多个动画效果，每个动画效果需要用一个图层制作。

关于时间线和图层的操作，将在第 4 章中进行详细介绍。

第 3 章

H5 页面制作基础

舞台、工具箱、属性面板是专业版H5编辑界面中最重要的功能。舞台是编辑制作H5页面的“场所”，工具箱将各类具有特定功能的工具归纳整理到不同的类别中，供编辑和制作H5页面使用。属性面板不仅用于呈现舞台的当前状态，而且是对舞台及舞台上物体的属性进行设置的“场所”。其中，不同类型的物体所具有的属性不尽相同。例如，图像的属性中就没有文字所具有的字体、字号、行间距、列间距等属性。本章将以“任务”的方式通过具体案例的制作来介绍舞台、工具箱、属性面板的基本操作与应用方法。本章的主要内容如图3.1所示。

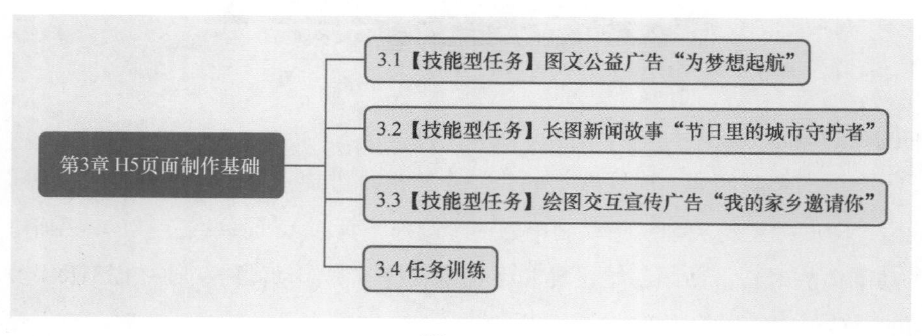

图 3.1

3.1　【技能型任务】图文公益广告“为梦想起航”

【任务描述】本任务是利用给定的图片素材和音乐素材制作一款以“为梦想起航”为主题的公益广告。

【目的和要求】通过本任务要重点掌握的技能：舞台属性设置，添加背景图片，加载页设计与制作，图片导入及编辑，文字输入与编辑，透视、旋转的设置和使用，声音导入及声音图标、静音图标的更换，舞台上物体的排列设置等。

扫码看案例演示

3.1.1　规划与设计

1. 页面规划

页面规划为单页、竖版，版面结构规划：将主题文字“为梦想起航”安排在页面中间部分，将飞机飞行图片安排在页面上端，以达到突出广告主题文字，以使页面上下两端内容相互呼应，实现视觉平衡的目的。

2. 页面设计

① 将飞机设计为侧飞形态来增强页面的动感。

② 将文字设置为不同的字体、字号，并以不规则方式进行排列，来增强页面的节奏感。

③ 将文字颜色设置为白色，使主题文字能更好地与背景图片、飞机图片的主色调形成对比，增强主题文字的视觉冲击力。

3.1.2　任务制作

1. 素材准备

经处理后，准备好的素材如图 3.2 所示。

（1）

（2）

（3）

图 3.2

2. 新建 H5，设置舞台基本属性

图 3.3

① 新建 H5 后，进入 H5 编辑界面。

② 为舞台命名。在【属性】选项卡的【舞台】选项的输入框中，输入舞台名称“起航”。

③ 设置作品尺寸（作品尺寸就是指舞台的尺寸）。在【属性】选项卡中单击【作品尺寸】右侧的下拉按钮，在弹出的下拉菜单中选择“竖屏”选项，系统默认尺寸为宽 320 像素、高 626 像素，设置结果如图 3.3 所示。

提示:【作品尺寸】下拉菜单中包括“竖屏”“横屏”“PC”“自定义”这4个选项。其中，“竖屏”“横屏”选项主要面向智能手机屏幕，“PC”选项是面向计算机屏幕，而“自定义”选项是供用户自行设置作品尺寸的选项。

用户进行自定义作品尺寸时应注意：当需要更改宽和高的比例时，须先单击宽、高输入框右侧的【锁定长宽比】按钮，使按钮图标变为开锁状态。

3. 为舞台添加背景音乐和背景图片

（1）为舞台添加背景音乐

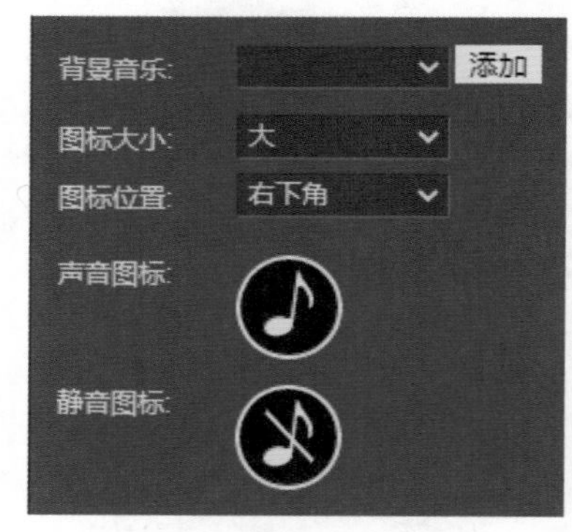

图 3.4

选中舞台，在【属性】选项卡中会出现【背景音乐】【图标大小】【图标位置】【声音图标】【静音图标】等与背景音乐设置有关的选项，如图 3.4 所示（其中，声音图标和静音图标是系统默认的图标）。

① 添加背景音乐。单击【背景音乐】选项右边的【添加】按钮，弹出音频的【素材库】对话框，如图 3.5 所示。在【素材库】中选中合适的音乐，然后单击【添加】按钮，即可将该音乐设置为背景音乐。

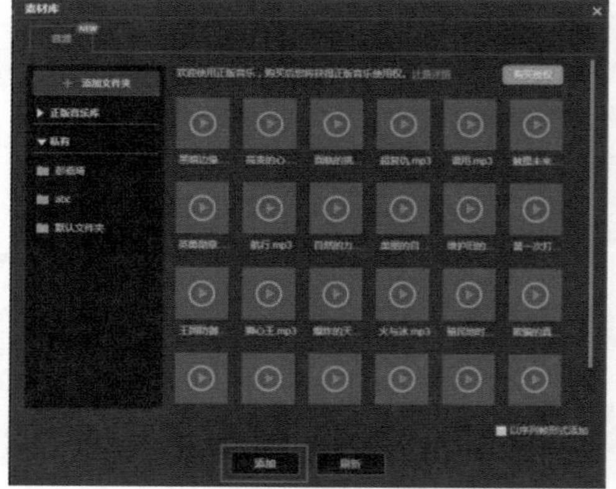

图 3.5

在【属性】选项卡中设置背景音乐，预览时默认的是自动播放。

② 更换音乐图标。单击【属性】选项卡中的【声音图标】按钮或【静音图标】按钮，弹出图片的【素材库】对话框。用户既可以在该素材库中找到合适的素材图片来替换声音图标或静音图标，也可自行制作图标，并可将自制图标导入素材库替换使用。

（2）为舞台添加背景图片

选中舞台，在【属性】选项卡中单击【背景图片】右边的图片添加按钮＋，弹出图片的【素材库】对话框。在该素材库中选中本次任务给定的图片，如图 3.2（1）所示，单击【添加】按钮，如图 3.6 所示。此时即可将该图片设置为舞台背景图。

图 3.6

提示：图片被设置为舞台背景图后，会根据舞台的大小进行自动缩放，因此当图片的宽高比例与舞台的不一致时，图片就会变形。为避免图片变形，可预先将图片的宽高比例处理成与舞台的宽高比例相同或相近后，再将该图片上传至素材库中使用。

为舞台添加背景图后，【属性】选项卡中的添加按钮＋将变为背景图片的缩略图。如果要将所添加的舞台背景图片删除，可单击该缩略图右上角的小图标。

（3）为舞台添加背景颜色

新建作品的舞台背景的默认颜色为白色，在不为舞台添加背景图片时，往往也需要为舞台添加背景色。选中舞台，在【属性】选项卡中单击【填充色】右侧的小方块，弹出图 3.7 所示的调色板。根据需要在调色板中点选和调整颜色后，小方框会显示当前所选的颜色。颜色确定后在调色板以外的地方单击即可返回。在调色板中 R、G、B、A 值上滑动球的作用是调节色彩的色相，滑动滑动球，就可以选择不同的颜色。

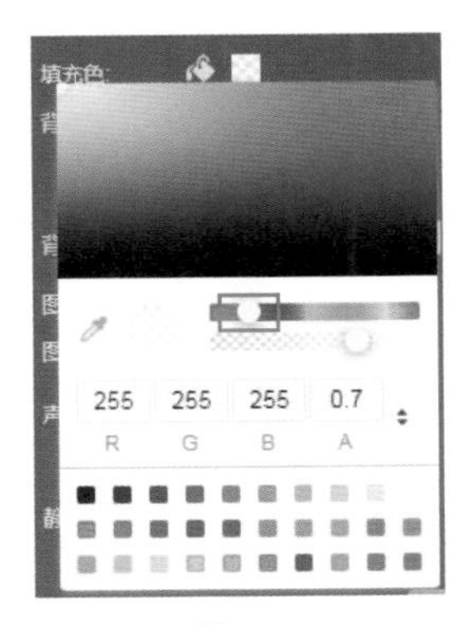

图 3.7

4. 页面制作

页面制作效果如图 3.8 所示。

（1）导入素材图片

单击工具箱中的导入图片工具，打开图片的【素材库】对话框，找到并选中飞机图片，单击【添加】按钮，即可导入图片。

图 3.8

在素材库中没有所需图片的情况下，须先将图片从本地计算机导入素材库，具体操作步骤如下。

① 单击【素材库】对话框中的添加图片按钮，弹出【上传文件】对话框，如图 3.9 所示。

② 在【上传文件】对话框中的任意位置单击，弹出本地文件选择对话框，如图 3.10 所示（这是在 Windows 操作系统下操作的）。

③ 在本地文件选择对话框中找到需要上传的图片文件，将其拖入【上传文件】对话框，或选中图片后单击【打开】按钮，如图 3.11 所示。

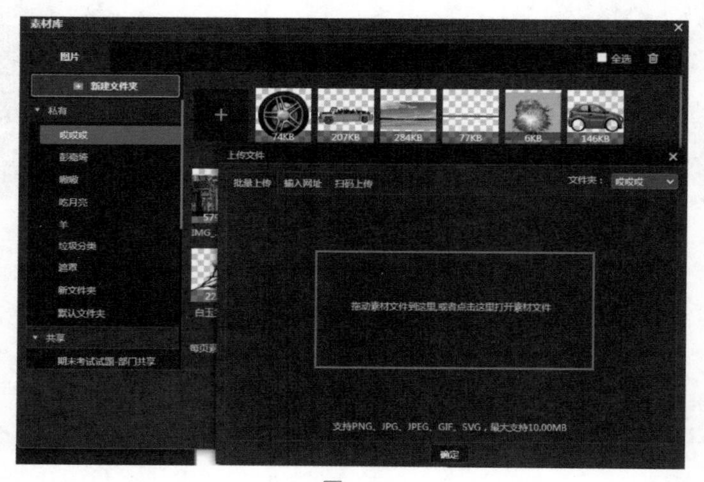

图 3.9

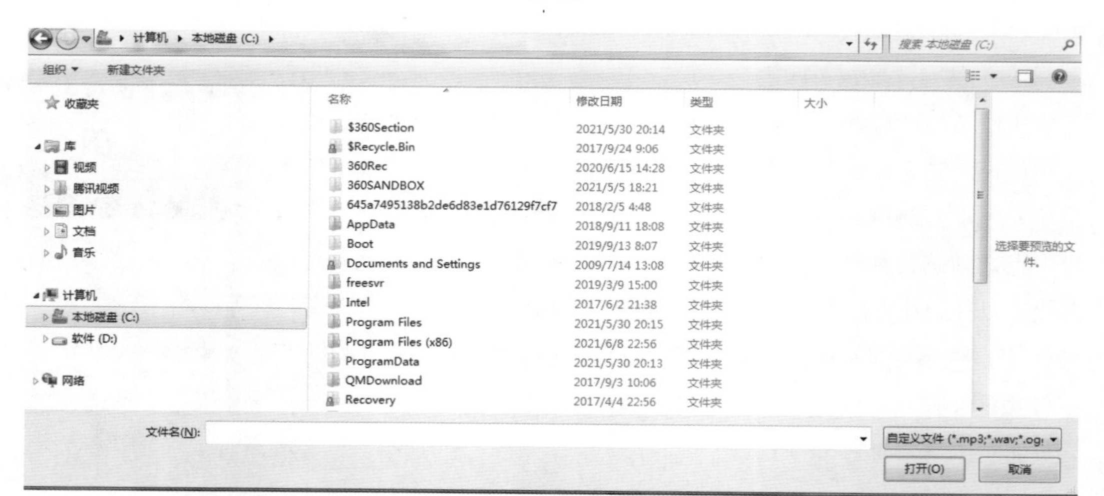

图 3.10

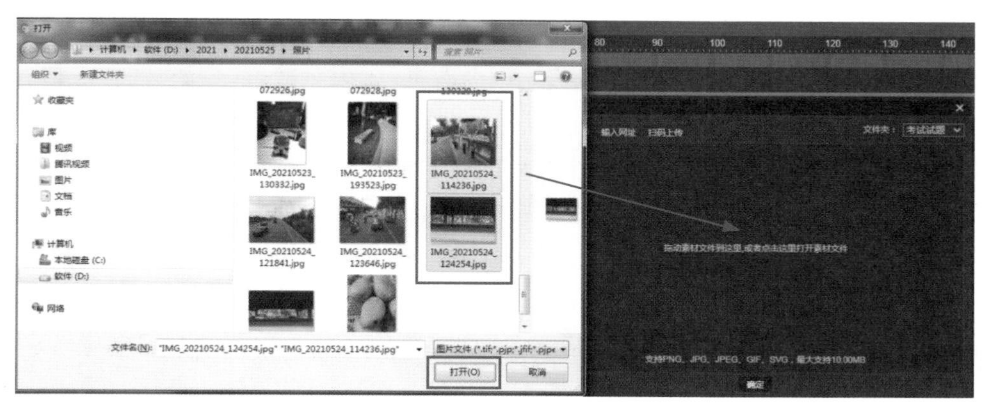

图 3.11

④ 拖入后，【上传文件】对话框中将显示出所上传的图片，如图 3.12 所示。单击【确定】按钮，图片素材文件即被添加到图片素材库。

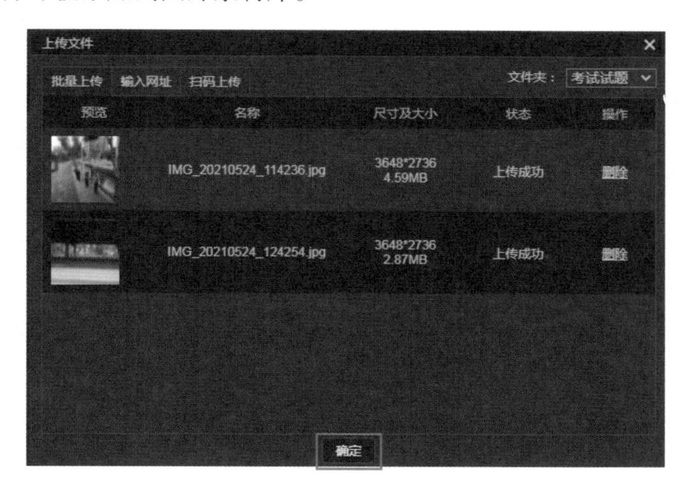

图 3.12

（2）编辑飞机图片

① 选中已导入舞台的飞机图片。

② 单击工具箱中的变形工具，拖曳变形框，调整图片在舞台上的位置和尺寸。

③ 在【属性】面板中，对【透视度】【旋转】【X 轴旋转】【Y 轴旋转】进行设置，设置结果如图 3.13 所示。

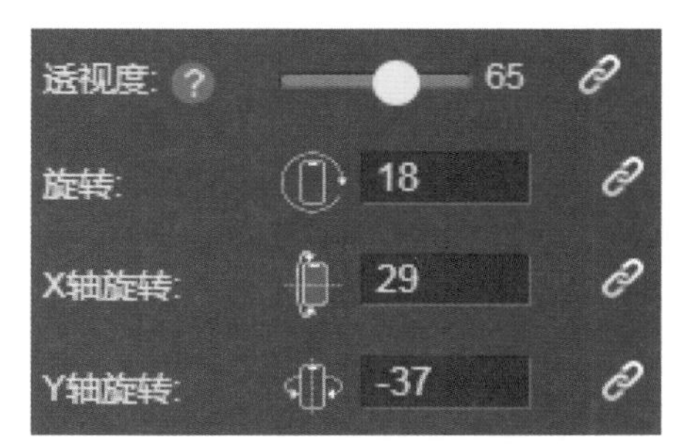

图 3.13

（3）导入和编辑人物图片

导入人物图片，调整图片位置和尺寸。

（4）输入文字，设置文字属性

在本任务中要输入并设置的文字是“为梦想起航”。

① 建立文字输入框。单击工具箱中的文字工具T，然后将鼠标指针移到舞台上任意位置单击，舞台上则会出现一个文字输入框，如图 3.14 所示。

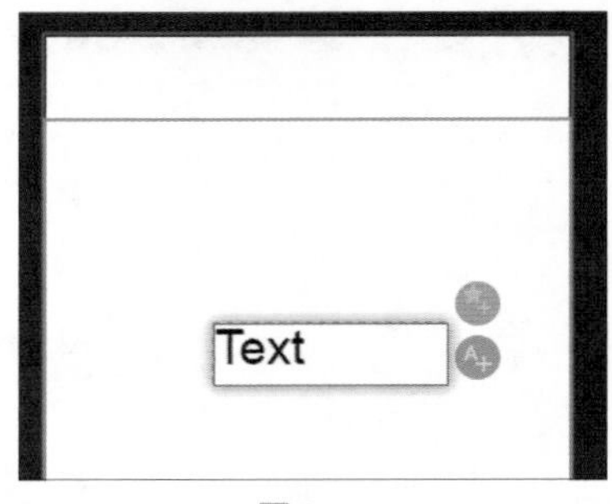

图 3.14

② 输入文字。由于本任务中文字采用的是不规则版式，每个字的字体、字号都不一样，因此在输入每个字之前都需要先建立一个输入框，分别输入。

③ 设置文字属性。选中文字，在【属性】选项卡中设置文字的字体、字号、行高、字间距、文字边框大小、文字颜色、文字边框颜色、透明度、旋转等属性。本任务中，所有文字颜色都设置为白色，“为”“起”“飞”这 3 个字的字体设置为“贤二体”，字号分别设置为 146、62、128；“梦”“想”两个字的字体设置为“装甲明朝体”，字号分别设置为 44、68。

提示：在输入文字时，经常需要调整文字输入框的尺寸和位置，操作方法如下。

图 3.15

① 选中文字输入框，单击变形工具，显示出变形框，如图 3.15 所示。

② 调整文字输入框尺寸。将鼠标指针移至变形框边缘，当鼠标指针变成“⇕”形状时，按住鼠标左键，拖曳变形框。

③ 旋转文字输入框。将鼠标指针移至变形框左上角的绿色圆点上，按住鼠标左键，拖曳鼠标进行旋转。

④ 调整文字输入框位置。选中文字输入框，将鼠标指针移至文字输入框内，当鼠标指针变成“✥”形状时，按住鼠标左键拖曳即可移动文字输入框的位置。

另外，在舞台上调整图片、视频播放窗口、声音图标的尺寸，以及移动它们在舞台上的位置时也可采用相同的方法。

---

5. 加载页设置

在属性面板中单击【加载】选项卡，再单击【样式】设置框右侧的下拉菜单按钮，选择加载样式，这里选“进度环”，如图 3.16 所示。

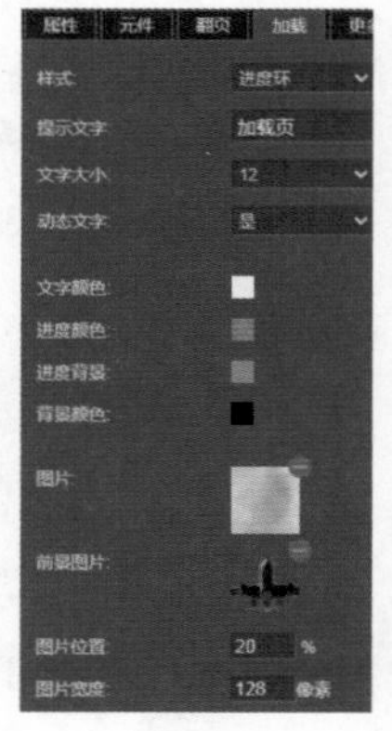

图 3.16

6. 预览、保存和发布作品

预览效果，然后保存并发布作品。

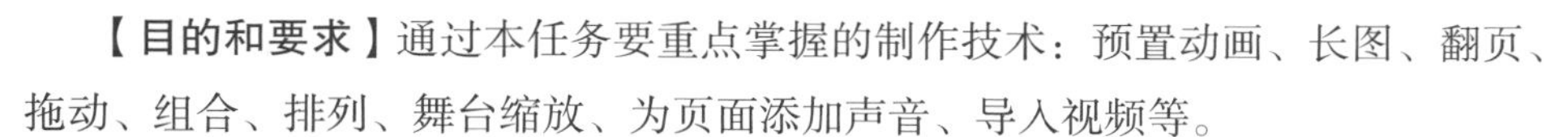

3.2 【技能型任务】长图新闻故事“节日里的城市守护者”

扫码看案例演示

【任务描述】要求作品以“节日城市的守护者”为主题，通过图片、文字、声音、视频等多种形式来表现。

【目的和要求】通过本任务要重点掌握的制作技术：预置动画、长图、翻页、拖动、组合、排列、舞台缩放、为页面添加声音、导入视频等。

3.2.1 规划与设计

1. 页面规划

① 页面方向选择竖屏，以节日色（红色）为页面背景。

② 将本任务规划为 4 个页面：第 1 页为封面页，用以点明主题；第 2 页为展示城市节日景象的场景页；第 3 页为展示人们享受节日快乐的场景页；第 4 页为展示那些牺牲节假日、坚守岗位的人们辛勤工作的场景页。

2. 页面设计

① 第 1 页，页面背景为公交车上乘务管理员的背影和呈现着日期的电子板，封面标题为醒目的文字“节日里的城市守护者”。在电子板上显示日期的位置用椭圆框选，并为椭圆设置预置动画，用以提示当天为节日（大年初一），强调作品的宣传主题。

② 第 2 页，用预置动画来展示 4 张用以表现城市节日景象的图片。

③ 第 3 页，以视频和长图的方式来展示人们节日活动的场景，用以表现人们欢度佳节的快乐。

④ 第 4 页，通过长图及相应的说明文字来展示守护者们坚守岗位、辛勤工作的场景。

3.2.2 任务制作

1. 素材准备与基本页面设置

（1）素材准备

由于本任务使用的素材较多，这里仅列出若干具有代表性的素材，如图 3.17 所示。

图 3.17

（2）基本页面设置

新建 H5，设置舞台尺寸为宽 320 像素、高 520 像素，设置【翻页效果】为“三维翻转”,【翻页方向】为“左右翻页”。添加背景图片，本任务的背景图片选自【素材库】/【公有】/【背景】中的素材。

2. 封面页制作

（1）封面页的初步制作

需要制作出图 3.18 所示的页面效果。

图 3.18

① 导入图片，输入文字，设置文字属性。

② 绘制椭圆。单击工具箱中的椭圆工具，鼠标指针变成“+”，在舞台上任意位置，按住鼠标左键拖曳，绘制出椭圆。

图 3.19

③ 调整椭圆的尺寸及其在舞台上的位置。

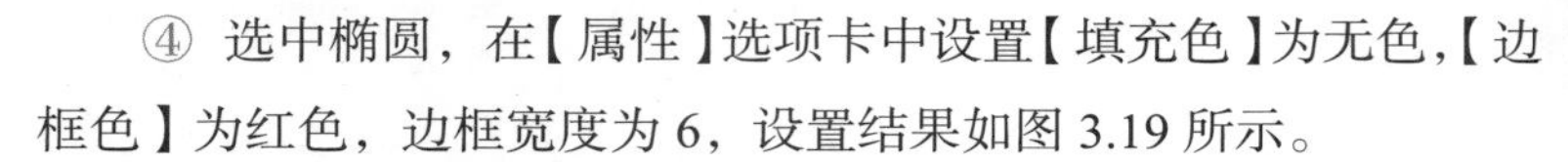

④ 选中椭圆，在【属性】选项卡中设置【填充色】为无色,【边框色】为红色，边框宽度为 6，设置结果如图 3.19 所示。

（2）为椭圆设置预置动画效果

① 添加预置动画。选中椭圆，在【属性】选项卡中，单击【预置动画】后的，弹出【添加预置动画】对话框。【添加预置动画】对话框的左侧窗格中提供了【进入】【强调】【退出】【自定义】这 4 个选项，选中所需的选项，在右侧窗格中选择所需的动画效果，即可添加预置动画。本任务添加的预置动画是【强调】选项中的“晃动”效果，如图 3.20 所示。

图 3.20

提示：（1）添加预置动画的另一种方法：选中物体后，单击【添加预置动画】图标。（2）添加预置动画后，再次选中椭圆（物体），在椭圆右侧会出现蓝色的【编辑预置动画】图标。物体右侧蓝色的【编辑预置动画】图标数量就是添加到该物体上的预置动画的个数，如图3.21所示。

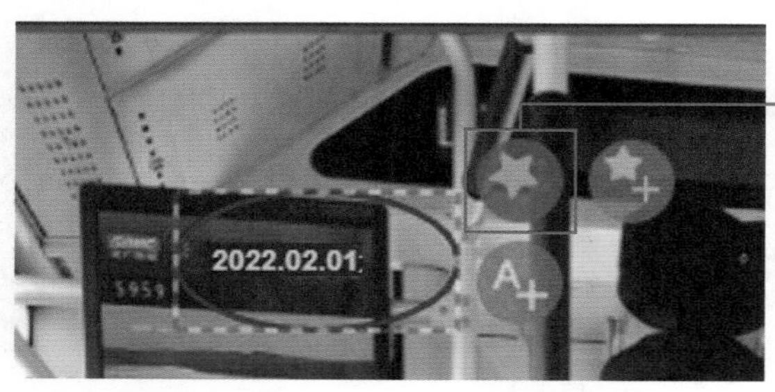

图 3.21

在【属性】选项卡中，将鼠标指针移至【高级属性】/【预置动画】下的设置框中，其右侧会显示【动画选项】按钮和【删除】按钮，如图 3.22 所示。

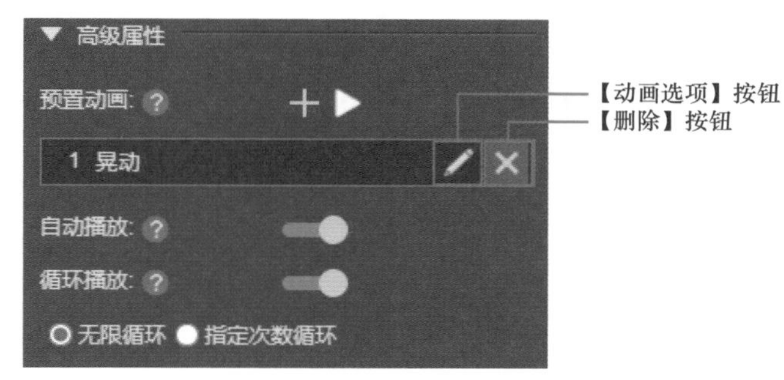

图 3.22

② 预置动画参数设置。单击【动画选项】按钮，弹出【动画选项】对话框，将【时长】设置为 1.5 秒，【延迟】设置为 0 秒，单击【确认】按钮，如图 3.23 所示。其中，【时长】是指动画播放的时间长度，【延迟】是指延迟椭圆（物体）的动画播放时间。

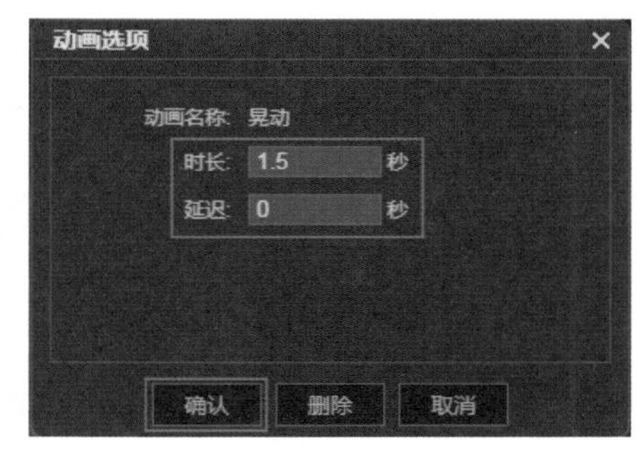

图 3.23

提示：若要删除预置动画，则单击【删除】按钮即可。

③ 设置动画播放方式。单击图 3.22 所示的【循环播放】的滑动球，可设置循环播放。系统默认的是自动播放，用户可以将其设置为非自动播放，然后通过设置行为来进行控制。行为的设置方法将在第 4 章中详细介绍。

3. 第 2 页制作

将第 2 页制作出图 3.24 所示的页面效果。

① 导入给定的 4 张图片素材，调整图片尺寸和位置。

② 制作一个白色长条矩形。

③ 通过复制操作再制作出一个白色长条矩形。选中已制作好的白色长条矩形，单击鼠标右键，在弹出菜单中执行【复制】命令，然后选中舞台，再单击鼠标右键，在弹出菜单中执行【粘贴】命令即可完成复制操作。

④ 分别将两个白色长条矩形的位置调整到图 3.24 所示的位置，即预置动画的结束位置。

⑤ 为页面上的物体添加预置动画，相关参数设置如表 3.1 所示。

图 3.24

表 3.1

<table>
<tr><th>图片</th><th>预置动画类型</th><th>效果</th><th>时长</th><th>延迟</th><th>方向</th><th>播放方式</th></tr>
<tr><td>左上图片</td><td>进入</td><td>移入</td><td>1.5</td><td>0</td><td>从左</td><td rowspan="2"></td></tr>
<tr><td>右上图片</td><td>进入</td><td>移入</td><td>1.5</td><td>0</td><td>从右</td></tr>
<tr><td>左下图片</td><td>强调</td><td>颤抖</td><td>1.5</td><td>6</td><td></td><td rowspan="4">自动播放、循环播放</td></tr>
<tr><td>右下图片</td><td>强调</td><td>晃动</td><td>1.5</td><td>3</td><td></td></tr>
<tr><td>右上白色矩形</td><td>进入</td><td>移入</td><td>1.5</td><td>0</td><td>从下</td></tr>
<tr><td>左下白色矩形</td><td>进入</td><td>移入</td><td>1.5</td><td>0</td><td>从上</td></tr>
</table>

4. 第 3 页制作

将第 3 页制作出图 3.25 所示的页面效果。

图 3.25

① 在工具箱中单击导入视频工具，将视频素材导入舞台，然后调整视频播放窗口的尺寸和位置。需要注意的是，视频文件应为 MP4 格式（对于免费用户而言，视频文件的大小建议不超过 20MB，对于企业用户，视频文件的大小建议不要超过 40MB）。

② 导入滑冰素材图片，调整图片的尺寸和位置。

③ 设置拖动。选中滑冰素材图片，在【属性】选项卡中，单击【拖动】选择框右侧的下拉按钮，在弹出菜单中选择“水平拖动”选项，如图 3.26 所示。

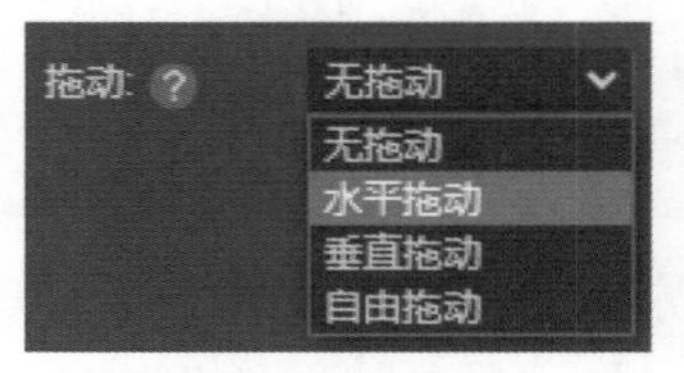

图 3.26

5. 第 4 页制作

将第 4 页制作出图 3.27 所示的页面效果。

图 3.27

① 导入用以表现"坚守岗位"的人物图片素材。

② 利用缩放比例工具，将舞台缩小至 50%，以便通过连接图片做成长图的效果。

③ 将图片素材首尾连接，并使所有图片的"高"相同，且在舞台中横向对齐。

④ 输入第 2 页的页面标题，并分别在每张图片下输入相应的说明文字，并设置文字属性。

⑤ 全选图片和文字。单击工具箱中的选择工具，将鼠标指针移至舞台，按住鼠标左键拖曳，全选所有图片和文字，效果如图 3.28 所示。

图 3.28

⑥ 单击鼠标右键，在弹出的菜单中执行【组】/【组合】命令，效果如图 3.29 所示。

图 3.29

⑦ 选中组合物体，在【属性】选项卡中将其设置为"水平拖动"。

⑧ 在【属性】选项卡中，将【组类型】设置为"裁剪内容"，【允许滚动】设置为"水平滚动"，如图 3.30 所示。

图 3.30

⑨ 拖动组合物体，设置长图的播放窗口。选中组合物体，单击工具箱中的变形工具，在组合物体上长按住鼠标左键并拖曳，如图 3.31 所示。

⑩ 导入骑行摩托车的图片，调整图片的位置和尺寸。

⑪ 导入车轮图片，调整图片的位置和尺寸，设置车轮的预置动画为【强调】,【动画选项】的参数设置如图 3.32 所示。

图 3.31

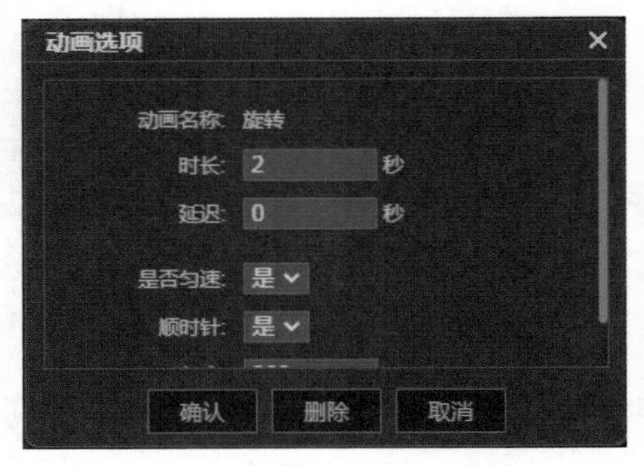

图 3.32

⑫ 在页面底部绘制矩形，调整矩形的位置和尺寸；设置【填充色】，如图 3.33 所示；设置预置动画，选择【强调】/【移动】效果,【动画选项】的参数设置如图 3.34 所示。

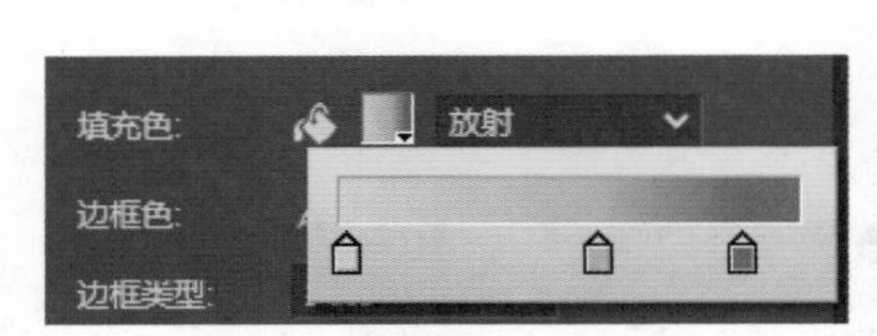

图 3.33

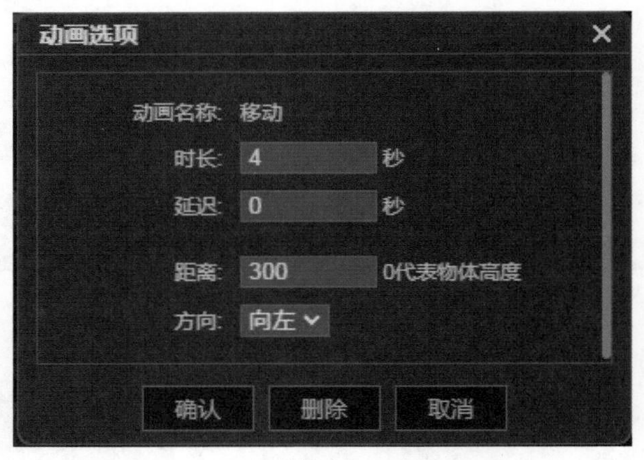

图 3.34

⑬ 为第 4 页添加背景音乐。选中舞台，导入相应的声音素材。

6. 预览、保存和发布作品

预览效果，然后保存并发布作品。

3.3 【技能型任务】绘图交互宣传广告“我的家乡邀请你”

扫码看案例演示

【任务描述】该任务以“我的家乡邀请你”为主题，通过播放图片、地图引导、绘画板绘图，以及擦一擦看旅游发展数据等交互方式来宣传家乡。

【目的和要求】通过本任务来掌握利用节点工具和变形工具绘制图形的方法，掌握【滤镜】和【翻页】的设置操作与应用，掌握图表、擦玻璃、幻灯片、地图、绘画板等工具的操作和应用。

3.3.1　规划与设计

1. 页面规划

第 1 页为封面页，第 2 页展示近年来家乡旅游业的发展，第 3 页展示家乡的风貌，第 4 页为用户娱乐页。

2. 页面设计

① 第 1 页利用节点工具，绘制一幅乡村图，输入主题文字并设置文字属性。

② 第 2 页将擦玻璃工具与图表工具相结合。用户把“玻璃”擦干净后，就可以看到近几年游客来访的数据。

③ 第 3 页，用幻灯片播放加滤镜装饰的方式来播放图片，并利用地图工具设置家乡位置展示。

④ 第 4 页，提供一个绘画板，让用户把自己的家乡画出来。

3.3.2　任务制作

1. 封面页制作

封面页图形绘制，主要用到工具箱中的节点工具和变形工具。当涉及图形的前后排列关系时，还需要进行排列处理。

（1）图形的绘制方式

利用节点工具可以制作出各种图形。下面以编辑矩形为例，介绍利用节点工具绘制图形的方法。

① 在舞台上绘制一个矩形，如图 3.35 所示。为了清楚起见，在【属性】选项卡中将矩形填充色设置为“纯色”（黄色），边框设置为“3”，透明度设置为“100”（即 100%），如图 3.36 所示。

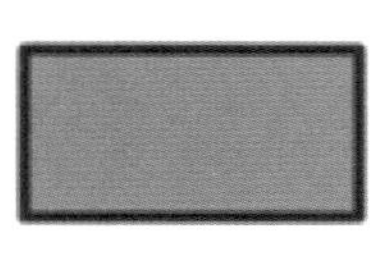

图 3.35

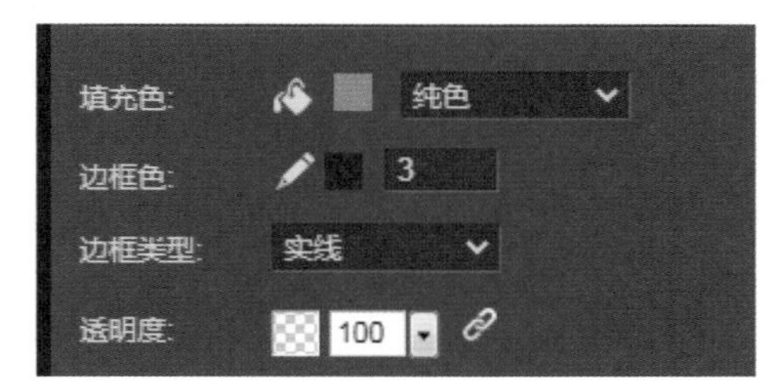

图 3.36

② 选中矩形，单击工具箱中的节点工具，此时矩形上出现节点标志，如图 3.37 所示。

③ 选中节点。在矩形的节点标志上单击即可选中节点，被选中节点颜色变为红色，如图 3.38 所示。

图 3.37　　　　图 3.38

④ 拖曳节点改变矩形形状。在所选中的节点（呈红色）上，单击并按住鼠标左键拖曳，可改变矩形的形状，如图 3.39 所示。

⑤ 重置节点。单击目标节点，在该节点上单击鼠标右键，在弹出的菜单中执行【节点】/【重置选中节点】命令，此时该节点上出现绿色拉杆，如图 3.40 所示。单击拉杆任意一端的小圆点，并按住鼠标左键拖曳，可以改变图形的形状，如图 3.41 所示。

⑥ 添加节点。单击选中节点，单击鼠标右键，在弹出的菜单中执行【节点】/【添加节点（细分）】命令，图形上就增加了一个节点，如图 3.42 所示。单击新插入的节点也会出现拉杆。

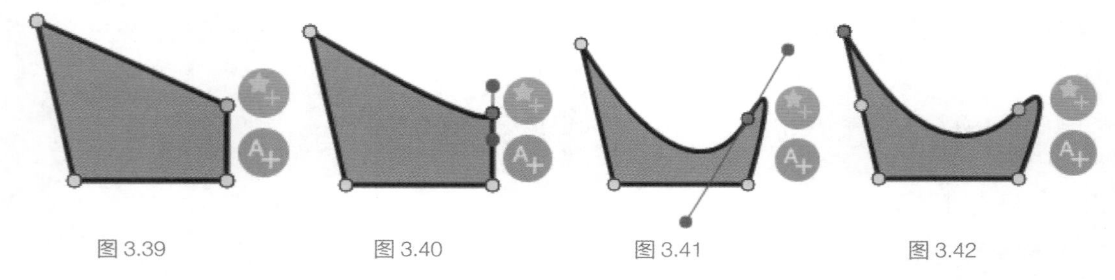

图 3.39　　　　图 3.40　　　　图 3.41　　　　图 3.42

⑦ 删除节点。选中节点，单击鼠标右键，在弹出的菜单中执行【节点】/【删除选中节点】命令。

提示：选中节点后，可利用键盘上的【↑】【↓】【←】【→】键来调整图形的形状。

（2）图形的排列、组合与合并操作

① 排列操作。在舞台上绘制两个图形（圆形和圆角矩形），如图 3.43 所示。移动圆角矩形，使圆形与圆角矩形有一部分重叠，效果如图 3.44 所示。图中重叠部分的圆形被覆盖，即圆角矩形在前（上层），圆形在后（下层）。

如果需要重新排列两个图形的前、后顺序，如图 3.45 所示，可选中圆角矩形，然后单击鼠标右键，在弹出的菜单中执行【排列】/【下移一层】(或【移至底层】）命令。也可以选中圆形，然后单击鼠标右键，在弹出的菜单中执行【排列】/【上移一层】(或【移至顶层】）命令。

提示：排列的对象除图形外，还可以是舞台上的其他类物体。

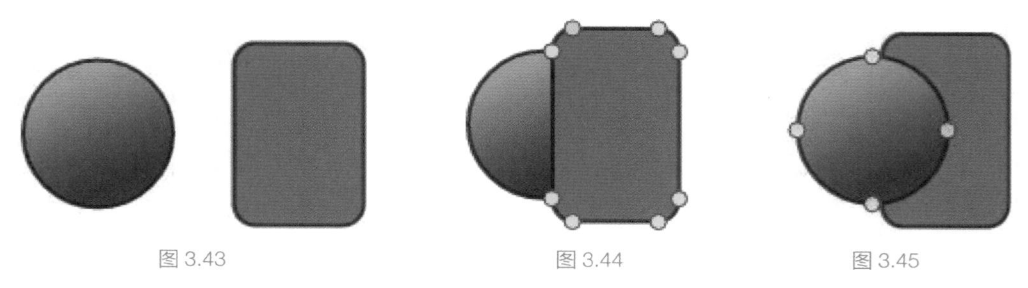

图 3.43　　图 3.44　　图 3.45

② 图形组合。在舞台上选中圆形，按住【Ctrl】键，再单击需要组合的圆角矩形，圆形和圆角矩形同时被选中，如图 3.46 所示。两个图形被选中后，单击鼠标右键，在弹出的菜单中执行【组】/【组合】命令，效果如图 3.47 所示。

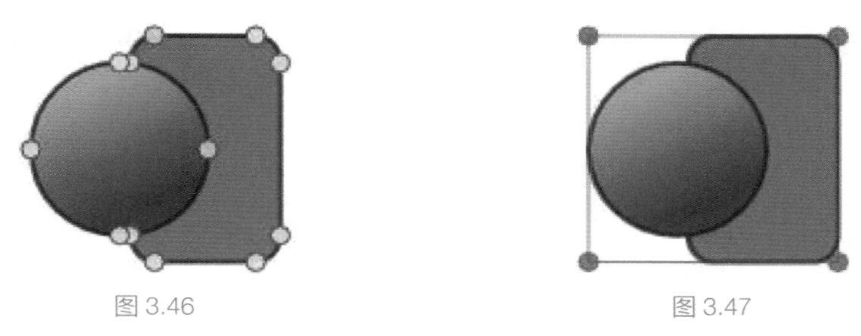

图 3.46　　图 3.47

③ 解除图形组合。选中组合图形，单击鼠标右键，在弹出的菜单中执行【组】/【取消组合】命令，组合被取消。

提示：组合的对象除图形外，还可以是图片（图像）、视频等其他类型的物体。

④ 合并操作。合并操作的对象是两个或多个图形。在图 3.46 所示的两个图形上单击鼠标右键，在弹出的菜单中执行【合并】/【合并】命令，【合并】后的效果如图 3.48 所示；执行【合并】/【相交】命令后的效果如图 3.49 所示；执行【合并】/【用上层物体裁剪】命令后的效果如图 3.50 所示；执行【合并】/【用下层物体裁剪】命令后的效果如图 3.51 所示。执行上述命令所显示出的效果，不仅与图形在舞台中排列的前后层次有关，还与选中图形的先后顺序有关。

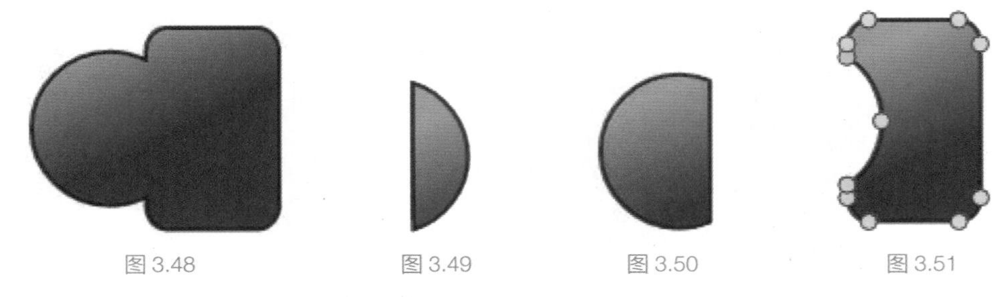

图 3.48　　图 3.49　　图 3.50　　图 3.51

（3）填充色类型及其设置

单击【填充色】右侧的填充色选择框，在弹出的菜单中包括“纯色”“线性”“放射”这 3 个填充色类型。

以设置“线性”类型填充色为例。绘制一个椭圆图形，【填充色】选择“线性”，图形颜色显示效果如图 3.52 所示。图中的红色和绿色是系统默认的。

单击【填充色】右侧的选色图标，弹出调色条，如图 3.53 所示。调色条下面分别有红、白、绿这 3 个按钮，它们分布在调色条下面的左、中、右位置。单击其中的任意一个按钮弹出调色板，如图 3.54 所示。

图 3.52 图 3.53 图 3.54

① 单击调色条下面的按钮，可以在弹出的调色板中重新选择颜色。

② 移动调色条下面的按钮可改变图形中颜色的比例关系。

③ 在调色条下空白位置单击鼠标左键，可增加按钮。

④ 在调色条下面的任意一个按钮上按住鼠标左键，将其拖曳至调色条外任意位置，然后松开鼠标，可删除该按钮。

第 1 页主要利用前面所述的 3 种技术制作完成的，制作效果如图 3.55 所示。

图 3.55

2. 第 2 页制作

（1）游客人数图表制作

单击图表工具，鼠标指针变成“+”，然后单击【属性】选项卡【数据图表】后的【编辑】按钮，弹出【图表编辑器】对话框。按提示及任务给出的数据，填入数据和信息，最后单击【确定】按钮即可。本任务在数据图表中填入的信息如图 3.56 所示。其中使用到的数据是虚拟数据。

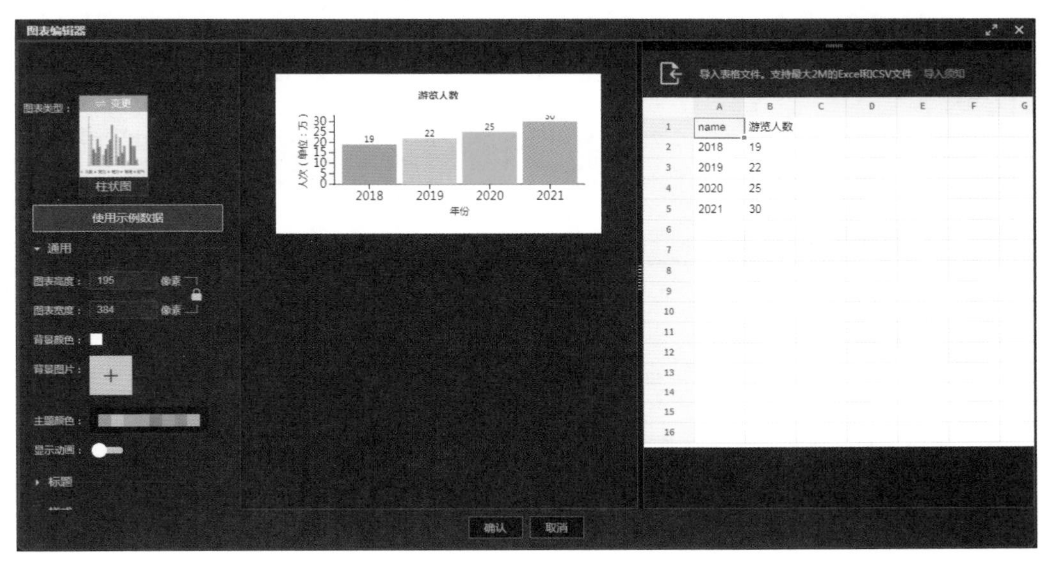

图 3.56

（2）输入文字并排版

输入文字，设置文字属性，调整图表的尺寸和位置，制作效果如图 3.57 所示。

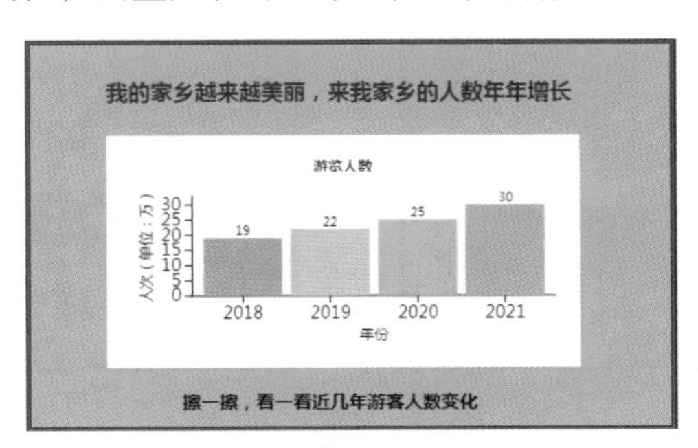

图 3.57

提示：生成的图表是一张图片。

（3）制作擦玻璃效果

① 单击擦玻璃工具，鼠标指针变成“+”，将鼠标指针移到舞台上任意位置，拖曳鼠标制作出擦玻璃窗口。

② 调整擦玻璃窗口的尺寸和在舞台上的位置。选中擦玻璃窗口，单击变形工具▣，用鼠标拖曳变形框。调整后的效果如图 3.58 所示。

③ 选中擦玻璃窗口，在【属性】选项卡中为擦玻璃窗口添加背景图片、前景图片，设置图片位置和尺寸，如图 3.59 所示。

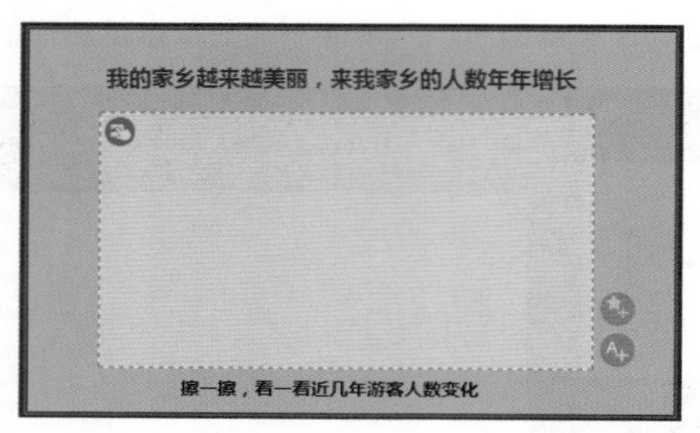

图 3.58

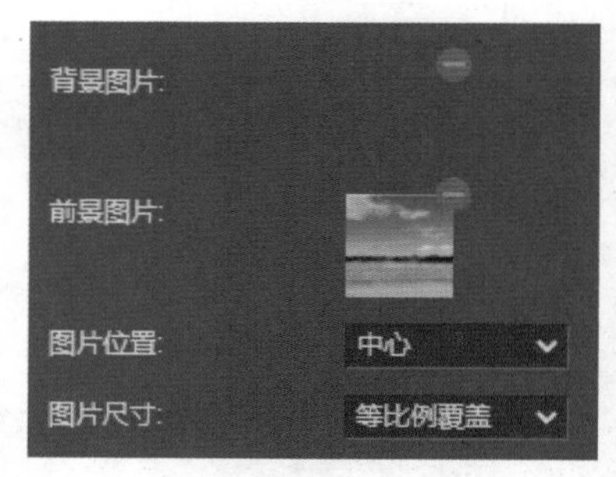

图 3.59

提示：本任务中，为了能够从擦玻璃窗口看到图表中的数据，背景图片添加的是一张透明的PNG格式的图片。

第 2 页制作效果如图 3.60 所示。

3. 第 3 页制作

第 3 页制作效果如图 3.61 所示。

图 3.60

图 3.61

① 输入文字，设置文字属性。

② 制作幻灯片效果。

- 单击幻灯片工具▣，鼠标指针变成“+”，将鼠标指针移到舞台上任意位置，拖曳鼠标制作出幻灯片播放窗口。
- 调整幻灯片播放窗口的尺寸和在舞台上的位置。选中幻灯片播放窗口，单击变形工具▣，然后用鼠标拖曳变形框。

- 选中幻灯片播放窗口，在【属性】选项卡中设置幻灯片播放属性，在【图片列表】中添加播放图片，如图 3.62 所示。

③ 添加滤镜。选中幻灯片播放窗口，在【属性】选项卡中单击【滤镜】选择框右侧的下拉按钮，在弹出的菜单中选择“阴影”，然后单击按钮，如图 3.63 所示。

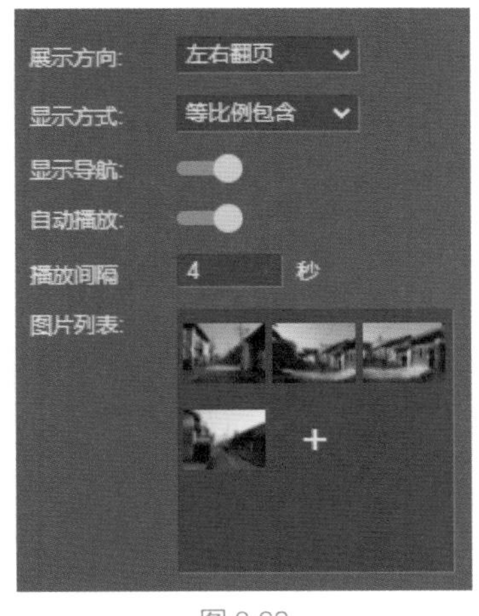

图 3.62

图 3.63

④ 添加地图链接。选中图 3.61 中所示的文字“古朴宁静的保山老街”。其右下角会弹出【添加编辑行为】按钮。单击该按钮弹出【编辑行为】对话框。选中【手机功能】中的“地图”，设置行为为“地图”，设置触发条件为“点击”，如图 3.64 所示。单击【编辑】按钮，弹出【参数】对话框，填写相关信息，单击【确定】按钮，如图 3.65 所示。

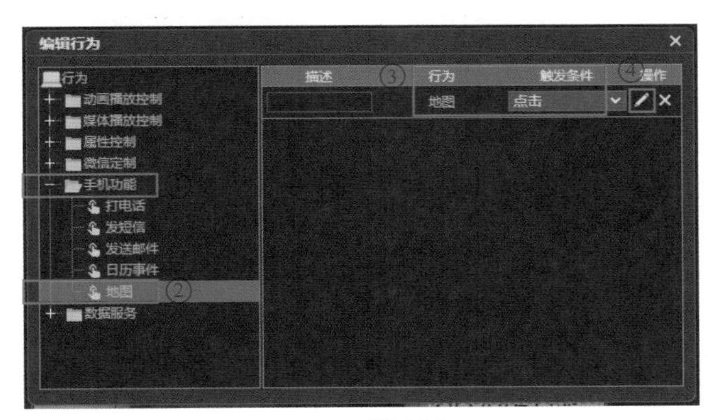

图 3.64

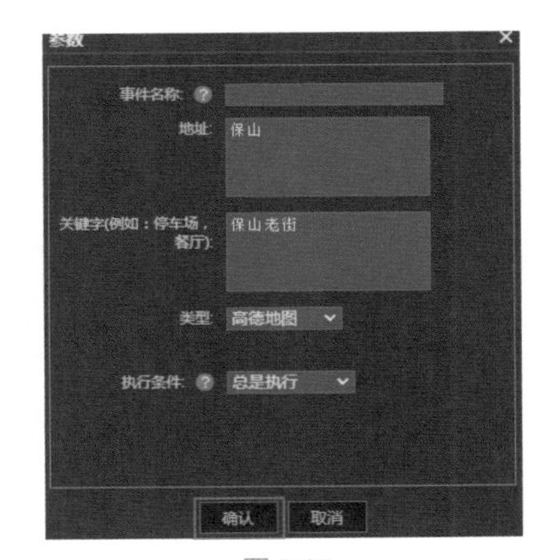

图 3.65

提示：工具箱中地图工具的使用的方法如下。

① 单击地图工具，在舞台上创建地图展示窗口。选中所建地图展示窗口，在【属性】选项卡会显示地图的专有属性，如图 3.66 所示。

② 单击【终点坐标】后的图标，进入“腾讯位置服务”系统，搜索到“保山”后单击，

如图 3.67 所示。

③ 在地图上单击“保山老街”所在位置，其地址坐标自动导入右侧的【坐标】文本框中，如图 3.68 所示。

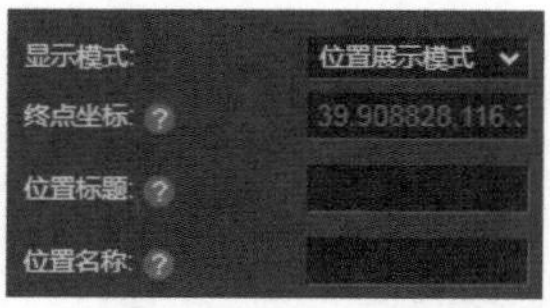

图 3.66

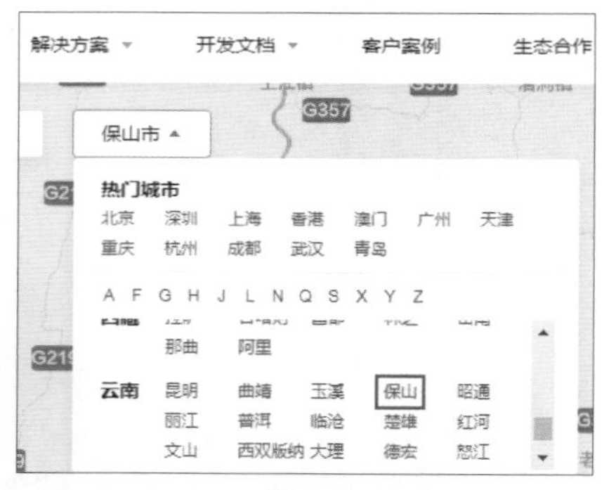

图 3.67

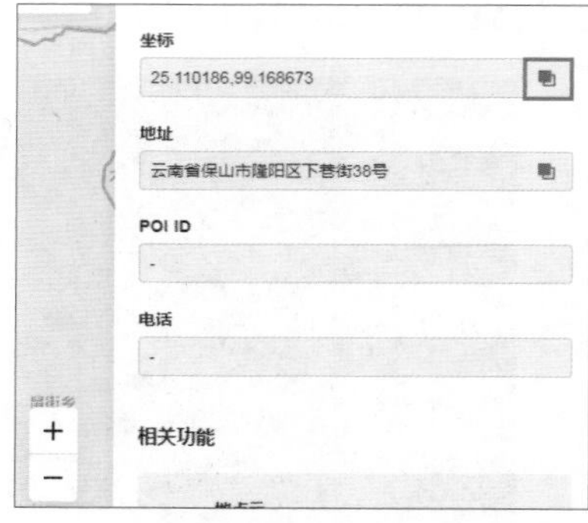

图 3.68

④ 单击图 3.68 中的【复制】按钮，退出“腾讯位置服务”系统，按【Ctrl】+【V】组合键，将坐标复制到图 3.66 所示的【终点坐标】输入框中。

4. 第 4 页制作

① 制作绘画板。单击绘画板工具，在舞台上拖曳出绘画窗口（绘画窗口的设置方法与幻灯片播放窗口的设置方法相同）。在【属性】选项卡中为绘画板设置属性，如图 3.69 所示。

② 输入文字，设置文字属性，调整文字位置。

第 4 页的预览效果如图 3.70 所示。

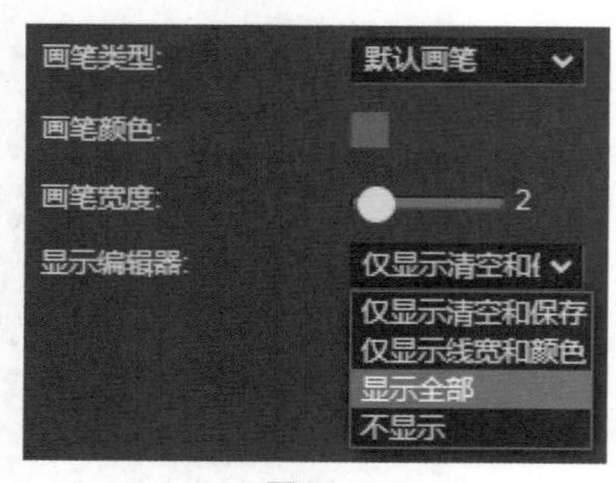

图 3.69

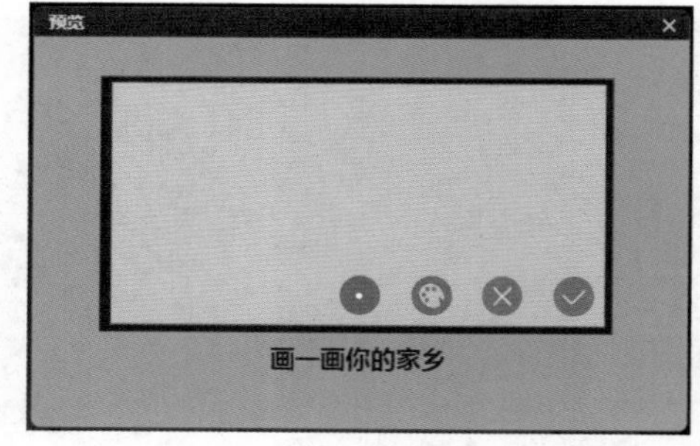

图 3.70

3.4 任务训练

1. “节日”H5 页面设计与制作

扫码看案例演示

【任务内容】利用有真实场景的视频、图片，加以艺术性渲染效果来展示节日的景象。作品创作要求以图文、预置动画融为一体的方式展示出所要描绘的节日景象，充分烘托出节日下的氛围，给人们带来好心情，最后以表达祝福的页面作结束页。

2. 图形绘制

【任务内容】绘制图 3.71 所示的图形，并填充颜色。

图 3.71

3. “博物馆”介绍页面设计与制作

【任务内容】用视频、图片等素材介绍你感兴趣的博物馆。要求：用幻灯片播放、长图等多种方式展示，并进行地图链接。

第 4 章

行为、触发条件与交互

作品中物体与物体之间，页面与页面之间的互动，即交互，是H5作品的重要特征之一。H5作品中的交互效果在技术上主要是通过设置物体的行为与触发条件来实现的。因此，对行为与触发条件的理解和应用的程度，直接影响作品设计和制作质量。本章将介绍通过设置物体的行为与触发条件来设计、制作具有交互效果的H5作品的过程和方法。本章主要内容如图4.1所示。

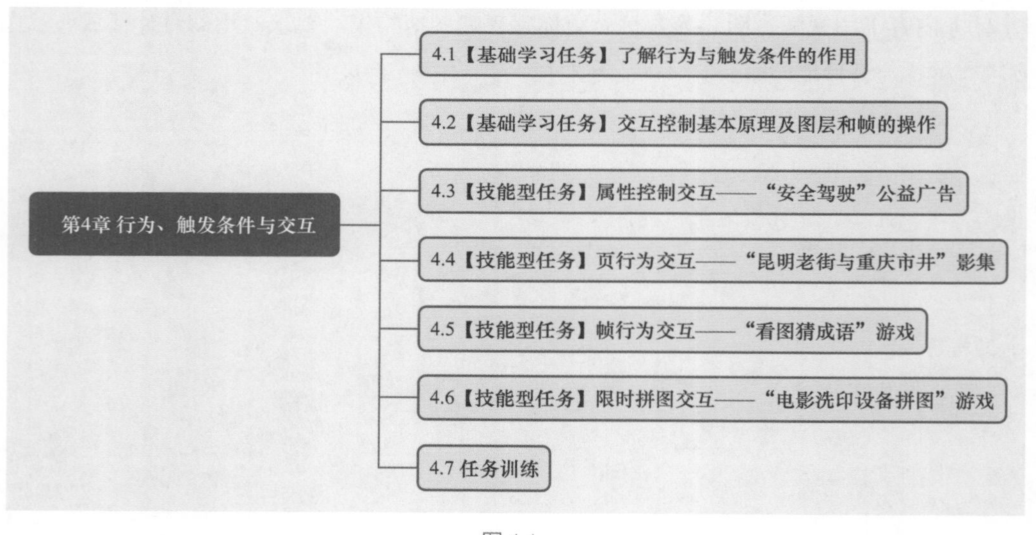

图 4.1

4.1　【基础学习任务】了解行为与触发条件的作用

【任务描述】介绍行为与触发条件的概念、作用及基本操作。

【目的和要求】认识和理解行为与触发条件的含义和作用，掌握行为与触发条件的基本操作。

4.1.1　“醒一醒”交互动画作品的解析

“醒一醒”作品是一个简单而有趣的交互动画作品，下面通过本作品来介绍交互的实现方式和过程，以及行为与触发条件在其中起的作用。

1. 作品介绍

“醒一醒”讲述了这样一个故事：一个小朋友在写作业的时候，趴在桌子上睡着了。一只小猫提醒小朋友醒一醒，别睡觉了，做作业吧。

（1）音乐播放控制与交互

作品音乐的播放控制与交互是这样的：在打开作品“醒一醒”播放之初，作品中的音乐处于静音状态，作品页面右上角显示有播放音乐图标。当用户需要播放音乐时，点击播放图标播放音乐，同时页面右上角的图标变为静音图标；当需要停止播放音乐时，点击静音图标音乐停止播放，同时页面上右上角的图标变为播放音乐图标。

（2）小猫与小朋友之间的行为控制与交互

用户在作品中会看到小猫叫醒小朋友的情景。一开始，小朋友在睡觉，还不断地打呼噜，小猫用爪子不断地轻轻“扒拉”小朋友。当鼠标指针移到小猫身体上的时候，小猫“扒拉”小朋友的动作就会停止，小朋友也就此停止打呼噜，表示小朋友被叫醒了。

扫码看案例演示

提示：本作品适于在PC端播放和控制，在手机上体验的用户，可采用“手指按下”“手指抬起”等方式控制小猫的行为。

2. 作品的音乐播放控制解析

作品中对音乐播放的控制是通过对行为与触发条件的设置实现的，设置不同，产生的效果不同。在作品“醒一醒”中，音乐播放控制设置过程如下。

① 将音乐素材导入作品后，可以自定义音乐播放图标和静音图标，并在选项卡中将循环播放和自动播放两个属性设置为关闭状态。

② 单击舞台上音乐图标右下角的【添加 / 编辑行为】按钮，弹出【编辑行为】对话框。

③ 在【编辑行为】对话框中，单击【媒体播放控制】/【播放声音】选项，之后对行为与触发条件进行设置，设置的结果如图 4.2 所示。单击图 4.2 中的【编辑】按钮，弹出【参数】对话框，设置参数，结果如图 4.3 所示。参数设置中“猫打小孩 .mp3”是导入到舞台的音乐的文

件名，将【自动循环】设置为“否”。

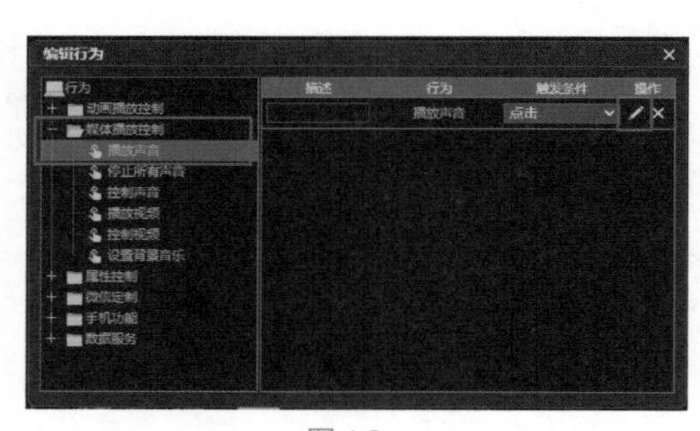

图 4.2

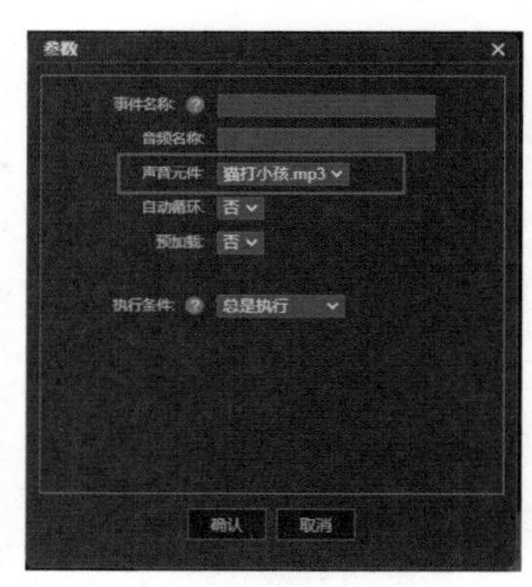

图 4.3

3. 作品的动画控制解析

图 4.4 所示的是本作品的时间线和图层的设置状态。图 4.4 中包括 5 个图层，每个图层中所包含的物体及所起的作用是不同的，这从图层名称可以看出。

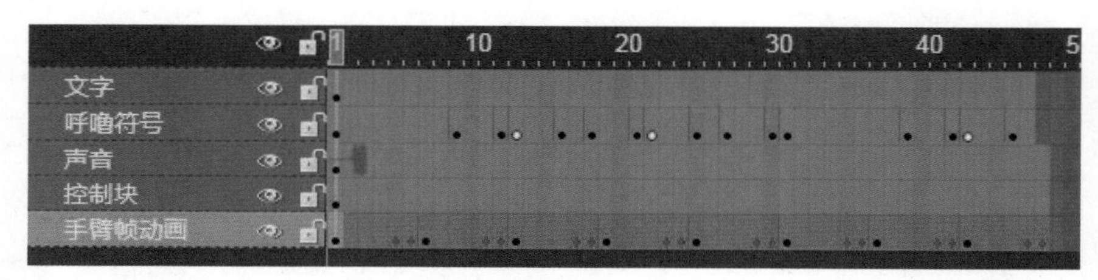

图 4.4

图 4.5 所示的是“控制块”的行为与触发条件的设置情况。从图中可以看到，“控制块”中设置了两个行为。小猫手臂的动作能够被控制，就是这个“控制块”在起作用。浏览作品页面时，之所以看不到控制块，是因为控制块的透明度被设置为“0”。

图 4.5

4.1.2 行为与触发条件在交互设计中的作用

“醒一醒”交互动画作品中，音乐播放与暂停，以及小猫与小朋友之间的交互效果都是通过设置行为与触发条件实现的。下面就行为与触发条件，以及它们在交互设计中的作用进行介绍。

1. 行为、触发条件及其参数设置

（1）行为、触发条件和参数的概念

行为是一些链接功能的集合。在木疙瘩中，行为主要用于解决帧链接和页链接，以及物体和物体之间的交互问题（交互在这里可以理解为控制与应答），相当于帧的超链接、物体之间的超链接或页面之间的超链接。触发条件是激活行为的方式。参数（见图 4.3）是为满足制作场景、特殊要求等限制而对行为与触发条件进行的设置。

（2）行为设置操作

行为可以添加在舞台中任意物体（元素）上。例如，在一个页面上绘制一个矩形，在工具箱中快捷工具处于显示状态的情况下，选中矩形，矩形右下角会出现两个按钮，一个是【添加预置动画】按钮，另一个则是【添加 / 编辑行为】按钮。单击【添加 / 编辑行为】按钮，弹出【编辑行为】对话框，对话框中列出了包括【动画播放控制】【媒体播放控制】【属性控制】【微信定制】【手机功能】和【数据服务】等行为设置选项，如图 4.6 所示。单击行为设置选项之前的“+”，就会弹出具体的行为选项列表。

图 4.6

2. 触发条件与参数设置

（1）触发条件

在【编辑行为】对话框中，选中某个具体行为后，单击【触发条件】下方触发条件选择框右侧的下拉按钮，将弹出【触发条件】列表。【触发条件】列表中，除包括“点击”“出现”“鼠标移入”“鼠标移出”“手指按下”“手指抬起”等触发条件外，还包括图 4.7 所列出的触发条件。深刻认识和理解触发条件的作用及其使用方法非常重要。

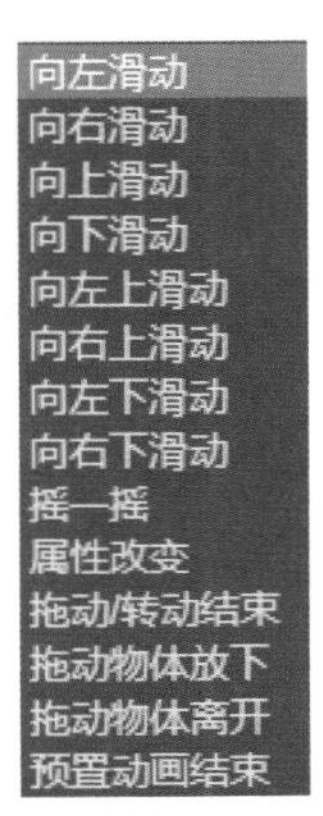

图 4.7

当作品中设置的行为较多时，应在【描述】下方的输入框中进行备注，以方便管理。

（2）参数设置

设置了物体的行为与触发条件后，往往还需要设置行为与触发条件（行为方式）的参数。

设置参数的方法：在设置了行为与触发条件后，单击【编辑】按钮，弹出对应的【参数】对话框，之后根据功能要求完成参数设置，输入内容信息。

提示：行为与触发条件的组合不同，【参数】对话框中所出现的参数项目、参数设置和需要输入的信息也不同。

3. 删除行为操作

删除行为，只需单击处于行为与触发条件所在行最右侧的【删除】按钮即可。

4.2 【基础学习任务】交互控制基本原理及图层和帧的操作

【任务描述】在第3章对时间线、图层的基本概念介绍的基础上，进一步对时间线、图层和帧的相关知识及其操作方法进行介绍。

【目的和要求】掌握图层的操作，了解帧的类型、特点及各类帧之间的关系，掌握针对各类帧的操作和交互基本原理。

4.2.1 图层及基本操作

图层的操作包括新建图层、删除图层、新建图层夹、展开图层夹、删除图层夹、锁定图层、显示图层内容和隐藏图层内容，以及调整图层顺序等操作。图层的各种状态如图 4.8 所示。

图 4.8

图 4.8 中，为待展开图层夹状态符，为图层夹展开状态符，为锁定图层状态符，为解锁图层状态符，为隐藏图层内容状态符，为显示图层内容状态符。为【新建图层】按钮，为【新建图层夹】按钮，为【删除图层】按钮。

1. 图层状态转换操作

单击图 4.8 中的状态符，可改变图层状态。其中，与为相对关系，与为相对关系，与为相对关系。

2. 删除图层夹操作

删除图层夹与删除图层的操作相同，但图层夹被删除后，图层夹中的图层被保留。

3. 图层展示操作

在图层比较多的情况下，需要展示所有图层或减少图层显示数量时，可将鼠标指针移至时间轴最下端与作品编辑区的分界线处。在分界线处将出现调整图层显示数量的符号“↕”，按住鼠标左键不放，上下拖曳鼠标可调整图层显示数量。

4. 调整图层的顺序操作

① 选中需要调整顺序的图层。

② 按住鼠标左键，将选中的图层拖曳至指定的图层位置。

4.2.2 帧的基本类型

1. 帧的分类

在时间线上，帧主要有普通帧、空白帧和关键帧这 3 种。如图 4.9 所示的时间线上，既有普通帧，又有关键帧和空白帧。

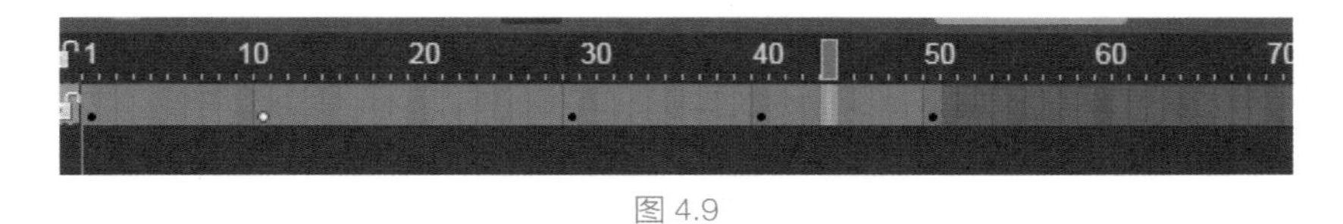

图 4.9

时间线灰色部分的帧（图 4.9 中 2 ~ 10，12 ~ 28，30 ~ 39，41 ~ 49 所属区间的帧）是普通帧；带有小圆点的帧为关键帧，黑点关键帧（图 4.9 中第 1、29、40、50 帧）为在舞台上添加了物体的关键帧，白点关键帧（图 4.9 中第 11 帧）为在舞台上没有添加物体的关键帧；第 50 帧之后的帧为空白帧。

2. 各类帧的特点及相互关系

在图 4.9 所示的时间线上，第 1 ~ 10 帧对应图 4.10 所示的画面，第 11 ~ 28 帧对应图 4.11 所示的画面，第 29 ~ 39 帧对应图 4.12 所示的画面，第 40 ~ 49 帧对应图 4.13 所示的画面，第 50 帧对应图 4.14 所示的画面，第 50 帧之后对应的画面如图 4.15 所示。

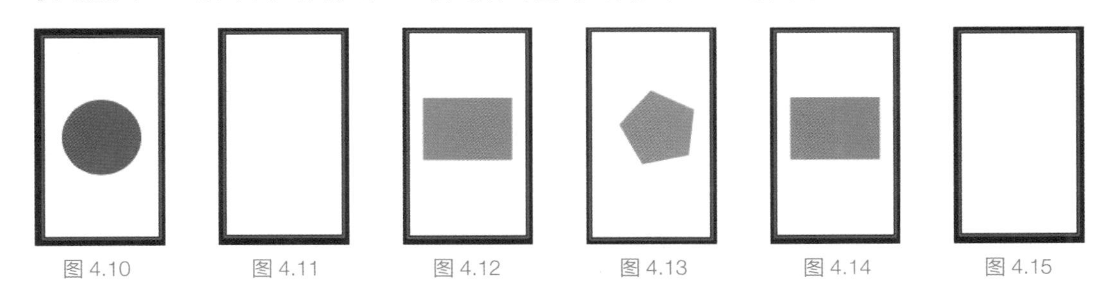

图 4.10 图 4.11 图 4.12 图 4.13 图 4.14 图 4.15

根据所列出的不同帧在舞台上的画面，可以看出不同帧具有的特点。

① 关键帧是转换舞台画面的帧。在时间线上，出现一个关键帧就表明舞台上的画面在该关键帧及之后有可能发生变化。

② 如果关键帧位置上没有添加任何物体，那么，在下一个关键帧出现之前的所有帧（普通帧）上都不会有物体出现，舞台就成为了一个空舞台。

③ 如果将鼠标指针定位在一个白点关键帧之后（下一个关键帧之前）任意帧位置，并在舞台上添加了物体，则白点关键帧就会变成黑点关键帧，此间的所有帧也从没有物体的普通帧变成有物体的普通帧。

总之，普通帧是用于延续在舞台上关键帧上物体的帧。白点关键帧是在舞台上没有添加任何物体的关键帧。空白帧是还没有作任何设置的帧。

4.2.3 帧的基本操作

1. 帧操作的先决条件

帧的操作都是在时间线上完成的。对所有帧进行操作的先决条件是要选中帧所在的图层，并解锁该图层和显示该图层的内容。

2. 帧定位和选择帧操作

帧定位和选择帧操作是对帧进行各种操作的基础，必须掌握好这两个操作。

① 帧定位操作。在时间线上，将鼠标指针移至指定帧的位置，并单击。

② 选择连续多帧的操作。将鼠标指针移至时间线的某一帧位置并单击，按住鼠标左键拖曳至另一帧的位置，松开鼠标左键。

3. 帧的编辑操作

（1）插入帧、删除帧操作

不论是插入帧操作、还是删除帧操作，都需要先确定帧的位置，选中帧（可多选），然后单击鼠标右键，在弹出的下拉菜单中执行相应的操作。下拉菜单如图 4.16 所示。

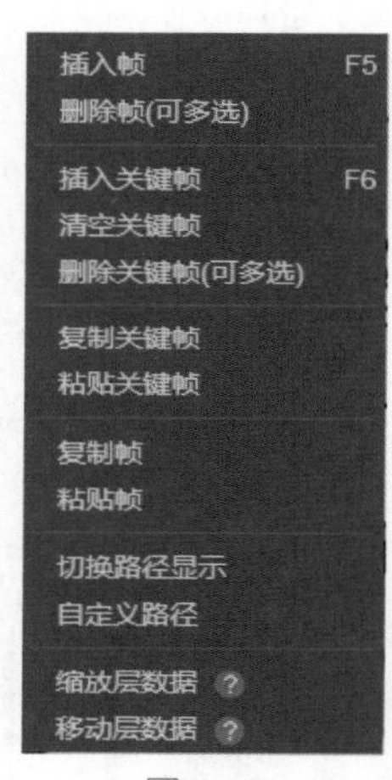

图 4.16

例如，在图 4.9 所示的时间线第 11 ~ 28 帧之间，现在需要添加 5 帧，则可以用鼠标在第 11 ~ 28 帧之间选中任意连续的 5 帧，然后单击鼠标右键，在弹出的下拉菜单中执行【插入帧】命令。

如果需要在空白帧位置插入帧，则可直接将鼠标指针移至空白帧位置，然后单击鼠标右键，在弹出的下拉菜单中执行【插入帧】命令。

（2）复制帧操作

图 4.17 所示的是时间线上的帧设置情况。

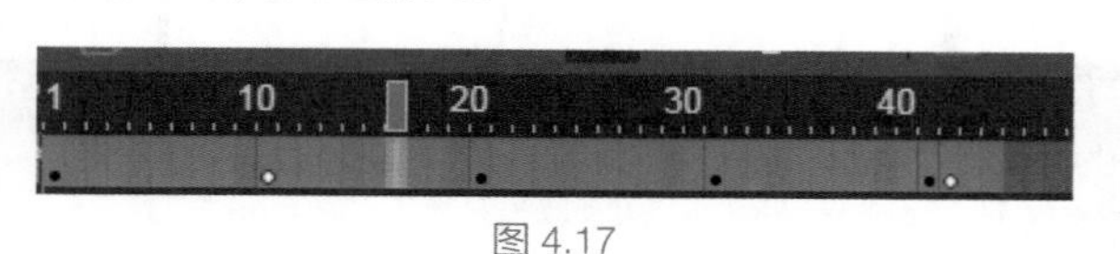

图 4.17

① 选中需要复制的帧。对于有关键帧的时间线来说，复制帧所选择的帧，必须包括起始关键帧在内的一段或多段完整的“帧区间”，图 4.18 所示的是选中了图 4.17 中包括关键帧在内的一个完整的区间（第 21 ~ 31 帧）。如果是复制关键帧则只用选中需要复制的关键帧即可。

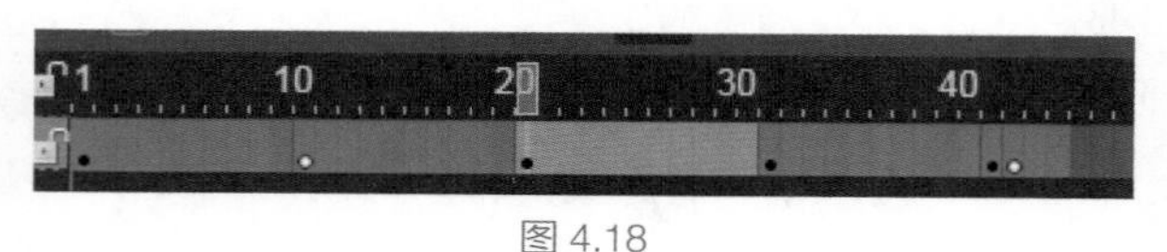

图 4.18

② 单击鼠标右键，在弹出的下拉菜单中执行【复制帧】命令。

③ 将鼠标指针移至时间线第 1 个空白帧位置，如图 4.19 所示。

图 4.19

④ 单击鼠标右键，在弹出的下拉菜单中执行【粘贴帧】命令，结果如图 4.20 所示。

图 4.20

提示：如果鼠标指针移至时间线的空白帧位置之前还有一些空白帧，在执行【粘贴帧】命令后，鼠标指针定位之前的空白帧会被自动添加上帧。

---

4. 洋葱皮的概念与操作

使用木疙瘩制作动画时，同一时间点只能显示动画序列中的一帧内容，但有时需要同时查看多个帧，这时就需要使用洋葱皮工具。激活洋葱皮工具前，舞台上编辑的动画的显示效果如图 4.21 所示；单击时间线下的【洋葱皮】按钮，激活洋葱皮工具，此时时间轴上洋葱皮对应的帧显示区域的提示标识如图 4.22 所示，舞台上编辑的动画的显示效果如图 4.23 所示。

图 4.21

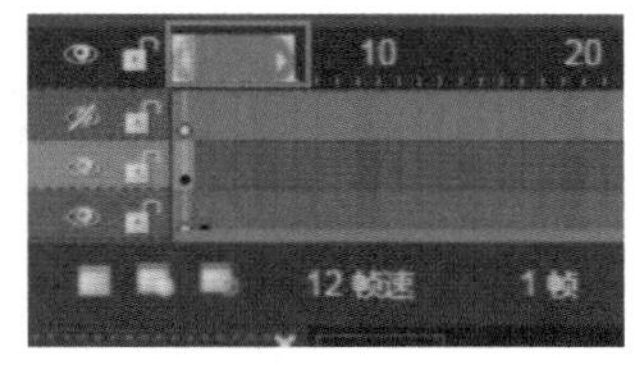

图 4.22

图 4.23

4.2.4　交互控制基本原理

很多用户都有这样的体会，比如学会了文字处理软件的操作，但排不出好的版面，掌握了演示文稿制作技术，但制作不出满意的演示文稿。原因在于，只掌握软件的操作，与有没有能力在应用中体现出来，以及能不能制作出满意的作品不是一回事。交互控制更是如此，通过本节前 3 小节的介绍，用户应该已经能够了解和掌握实现交互的基本操作方法和过程。但如果给出一个命题，要求制作出所需要的效果，用户可能就不知所措了。原因很简单：制作交互控制效果具有其实现的基本原理，不仅如此，在制作过程中，其还有很严谨的逻辑，这就要求制作者不仅要逻辑清晰、严谨，还要能灵活应用所掌握的技术。

1. 交互的概念

交互是实现物体之间控制与被控制的过程。制作交互效果，必须明确：需要的交互效果是什么；控制者（主控）和被控制对象，即在交互中是谁控制谁。图 4.24 示意出了这样一个场景：一条水平线上有 30 个格，水平线的两端，分别有 A、B 两个物体，其中物体 A 占用 3 个格，物体 B 占用 4 个格。

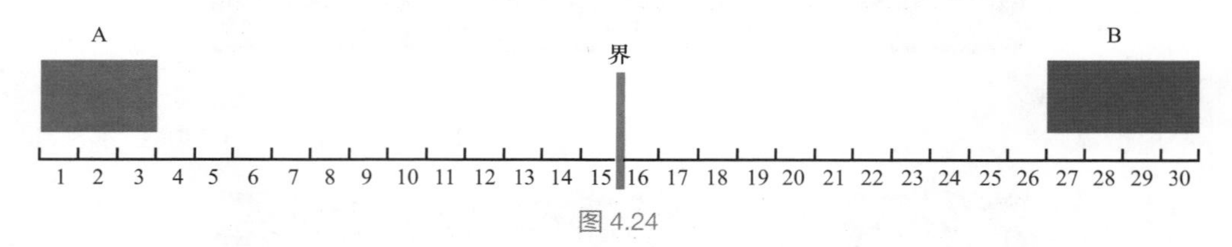

图 4.24

在图 4.24 所示的场景中，如果 A、B 两个物体之间需要交互，就要明确物体 A 与物体 B 之间交互所产生的效果是什么，物体 A 与物体 B 在交互过程中是谁控制谁。

2. 控制与被控制

以图 4.24 所示的交互场景为例，如果物体 A 与物体 B 交互效果的要求是单击物体 A 一次（即对 A 发出一次指令），物体 A 向物体 B 方向移动 2 个格子，同时要求物体 B 向物体 A 方向也移动 2 个格子。那么，此交互行为是物体 A 控制物体 B。

同理，单击物体 B 一次（即对 B 发出一次行为指令），物体 B 向物体 A 方向移动 2 个格子，同时物体 A 向物体 B 方向也移动 2 个格子，此交互行为就是物体 B 控制物体 A。

3. 交互控制条件分析

交互是一个行为过程，有开始，有结束。通常开始和结束都会有约束条件。图 4.24 中，单击物体是物体运动的起始条件，也是物体 A 与物体 B 之间实现交互的约束条件。如果没有交互的结束约束条件，用户不断地单击物体 A 或物体 B，物体就会无休止地运动。对于有显示区域限制的场景来说，超出显示区域的交互，是没有意义的，同时还会给系统带来“灾难”。这就要求有结束交互行为的约束条件。比如：以图 4.24 的中间位置为界，即当有任何一方到达“界”位置，不论再单击多少次物体 A 或物体 B，物体都不会再继续移动，这就是交互结束的约束条件。

4.3 【技能型任务】属性控制交互——“安全驾驶”公益广告

【任务描述】任务内容是通过控制两辆车的行驶状态来告诫驾驶员要安全驾驶车辆。

【目的和要求】掌握规划、设计作品的基本方法，掌握分析交互行为，并制定制作方案的方法。通过任务制作掌握确定交互物体之间控制与被控制关系的方法，掌握行为与触发条件及其参数设置的操作和应用。

扫码看案例演示

4.3.1 规划与设计

1. 任务规划

以“安全驾驶”作为本次公益广告的主题。方案设计为用户操作两辆相对行驶的汽车，当用户在两车即将“相撞”时，页面上弹出广告主题语“请注意安全驾驶”，此后，不论用户如何操作，两辆车都保持静止状态。

为了给两车相对移动提供足够的空间，因此将舞台设置为横屏。

2. 任务设计

① 车辆造型设计。用简洁的简笔画绘制车的造型，颜色分别填充为粉色和蓝色，并使两辆车尺寸相同（宽 109 像素、高 80 像素）。

② 车辆移动设计。单击任意一辆车，两车相向移动 8 像素。

③ 由于黄色在交通信号灯中具有警示作用，所以背景颜色用黄色。

④ 为了提升警示语的效果，在警示语出现时，页面上弹出连续闪动的“！”标志。

任务初始页面效果和用户操作之后的最终页面效果分别如图 4.25 和图 4.26 所示。

图 4.25

图 4.26

4.3.2　任务制作

1. 确定舞台尺寸和车辆初始位置

① 将舞台尺寸设置为高 300 像素、宽 520 像素。

② 粉车和蓝车的初始位置分别为左 7 像素和左 394 像素。

2. 确定交互物体之间控制与被控制关系

① 粉车为主控（单击粉车）。粉车移动时，控制蓝车移动。

② 蓝车为主控（单击蓝车）。蓝车移动时，控制粉车移动。

3. 计算交互控制条件

根据初始场景和设计结果，在制作前，首先要计算出两车移动的限制条件，即允许两车移动的终止位置。本任务中，根据单击任意一辆车后两车相向移动相同的距离，以及两辆车的初始位置、车身长度（宽度），计算出两辆车移动的终止位置，计算示意图如图 4.27 所示。

图 4.27 中，两辆车移动终止位置距离页面左边 255 像素，即 7 像素（粉车左端初始时与页面左侧的距离）+109 像素（粉车车身宽度）+139 像素（两辆车能够移动的总距离除以 2）。（两辆车能够移动的总距离）=394 像素（蓝车左端初始时与页面左侧的距离）–7 像素（粉车左端初始时与页面左侧的距离）–109 像素（粉车车身宽度）=278 像素。

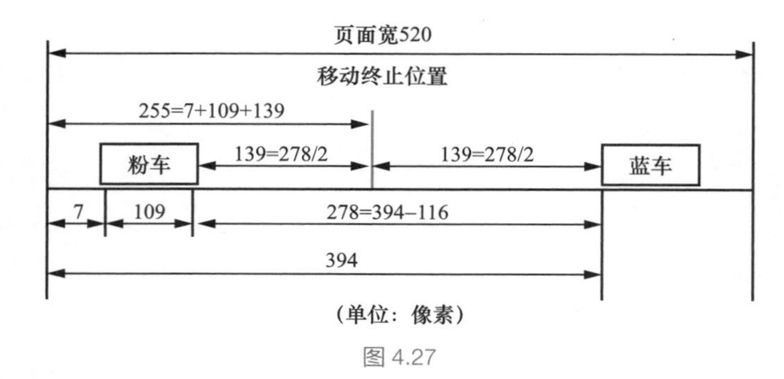

图 4.27

4. 初始场景制作

① 新建 H5，设置舞台尺寸，添加背景颜色。

② 用图形工具绘制车辆图形，为两辆车填充颜色，在【属性】选项卡中分别命名两辆车为“粉车”“蓝车”。

③ 调整两辆车的整体尺寸和初始位置。车辆初始时距舞台上端的距离设置为 184 像素。

制作效果如图 4.25 所示。

5. 车辆的行为设置

（1）粉车为主控时两辆车的行为设置

① 粉车的行为设置。选中粉车，为粉车添加行为。粉车的行为设置包括两个：一个是点击页面中的粉车，粉车行为被触发（移动）；另一个是粉车对蓝车行为进行控制的行为设置，即点击页面中的粉车，蓝车行为被触发（移动）。粉车的两个行为与触发条件设置如图 4.28 所示。

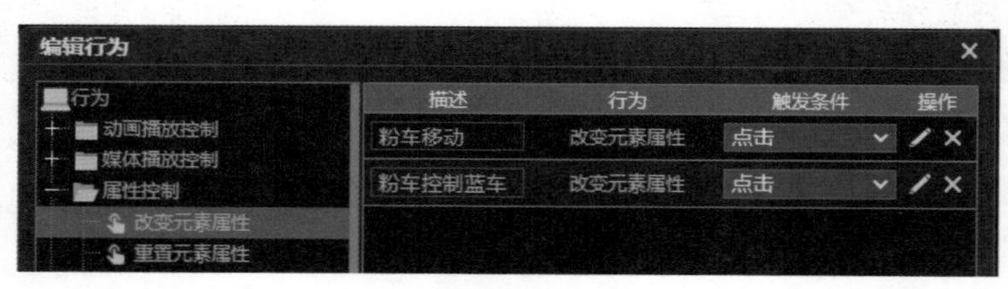

图 4.28

图 4.28 中，点击粉车后，还需要对具体的行为、行为的主体、行为的执行条件等进行参数设置，单击【编辑】按钮，即可设置粉车的行为与触发条件的参数。

② 粉车移动的行为参数设置。单击第 1 行行为设置后的【编辑】按钮，弹出【参数】对话框，参数设置结果如图 4.29 所示。

从图 4.29 所示的参数设置中可以看到：

- 确定“点击”控制的目标对象，将【元素名称】设置为“粉车”；【元素属性】（粉车的状态）设为“左”是指以页面左侧为参照设置粉车的状态参数；
- 确定粉车的行为，就是在点击粉车后，粉车在原有距离上，向远离页面左侧方向移动 8 像素；

- 对于【转发时保持】设置，由于每点击粉车一次，粉车都要移动一次位置，即向远离页面左侧方向移动 8 像素，所以转发时不能保持原有数值（与页面左侧的距离），因此将参数设置为“否”；
- 确定粉车移动（属性改变）的约束条件，根据图 4.27 所示的计算结果，粉车位移不能超过 255 像素，但由于粉车车身宽度为 109 像素，所以必须减去粉车的宽度才能够保证粉车不越过终止位置，即用 255 像素减去 109 像素，计算结果是 146 像素，为了给两辆车之间留有一点“空间”，这里将粉车产生位移的约束条件设置为小于等于 140 像素。

③ 粉车控制蓝车行为的参数设置。单击第 2 行行为设置后的【编辑】按钮，弹出【参数】对话框，参数设置结果如图 4.30 所示。

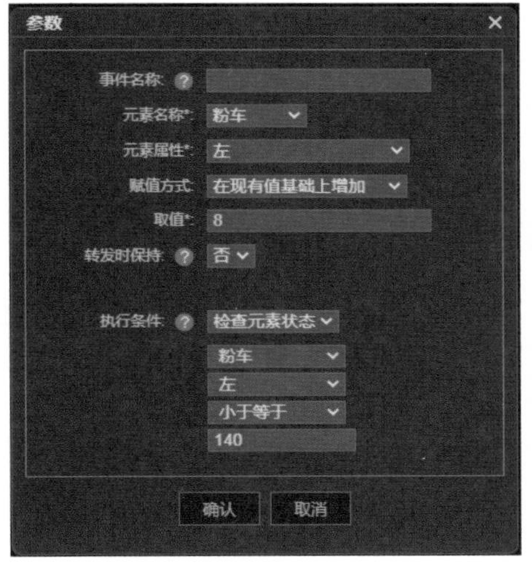

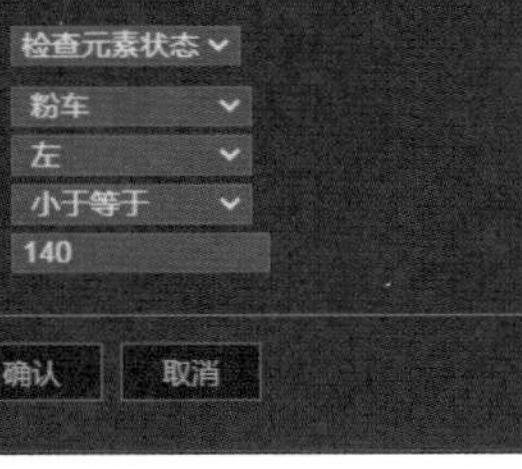

图 4.29

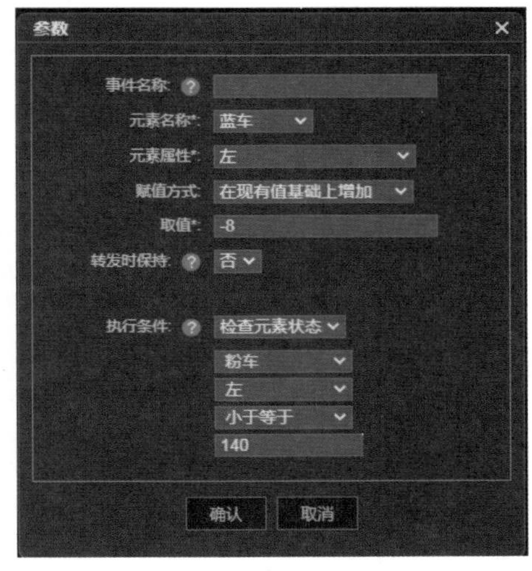

图 4.30

从图 4.30 所示的参数设置结果中可以看到：

- “点击”的是粉车，但控制的目标对象却是蓝车，【元素属性】（粉车的状态）设置也是针对蓝车的；
- 确定蓝车的行为，就是在点击粉车后，蓝车在原有距离上，向靠近页面左侧的方向移动 8 像素，用“–8”表示；
- 对于【转发时保持】设置，其原因与设置粉车控制自己移动的原因相同，因此设置的还是“否”；
- 蓝车产生位移（属性改变）的约束条件，是以粉车为标准，这是为了保持参数设置的一致性，否则会造成设置混乱，甚至出现差错。

（2）蓝车为主控的两辆车的行为设置

由于两辆车的行为是相同的，所以对蓝车的行为设置与对粉车的行为设置基本相同，只是行为对象发生了改变。

提示：行为参数设置是非常灵活的。本任务的参数设置，有多种可采用的条件，比如：以小蓝车与页面左侧距离为约束条件，以小蓝车与页面右侧距离为约束条件等。

6. 车与文字的交互制作

任务中要求文字在两车之间将要“碰撞”的时候出现，要实现该要求，需要进一步构思。就本任务来说，实现的思路和方法有多种，这里仅介绍其中的两种思路和方法。

（1）用粉车控制文字透明度的方法

这种方法的思路是在制作页面时就将文字制作、编辑完成。之后设置文字行为，使文字在满足一定的条件下，通过自身的属性“透明度”的方式来显现。

① 在制作页面时，将文字“请注意安全驾驶”输入到页面中，并在【属性】选项卡中将其命名为“文字”。

② 调整文字位置、字号、字体和颜色，并设置文字的透明度为“0”。此时页面中就看不到文字了，但文字还存在。选中文字，能够看到文字的【添加 / 编辑行为】和【添加预置动画】快捷图标，如图 4.31 所示。

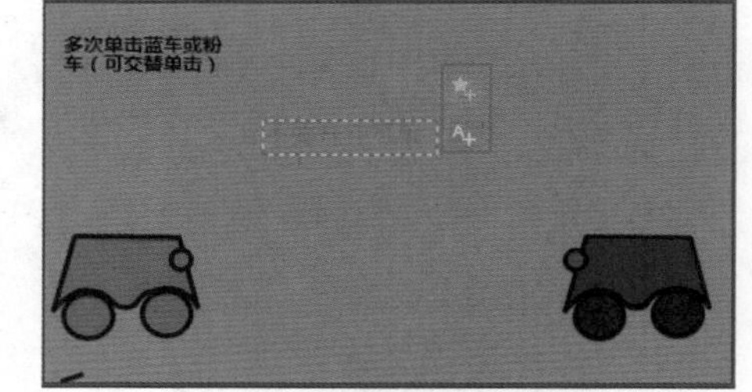

图 4.31

③ 为粉车添加行为控制文字的透明度。单击文字右下角的【添加 / 编辑行为】快捷图标，设置行为与参数，设置结果如图 4.32 第三行的行为设置和图 4.33 所示。图 4.33 中参数设置的含义：在满足条件的情况下，文字的属性“透明度”改变为“100”，即在满足约束条件时将文字显示出来。属性“透明度”从“0”改变为“100”，属于属性的改变，所以行为设置为“改变元素属性”。触发条件“属性改变”，指的是文字“请注意安全驾驶”的透明度属性改变。实际上文字自始至终都存在，只是在满足条件时才显示出来。

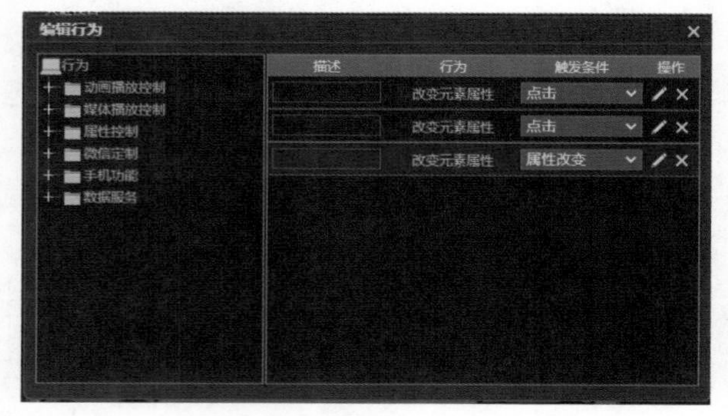

图 4.32

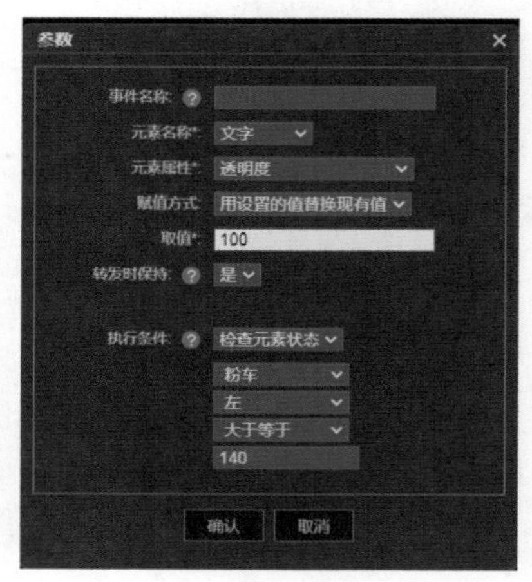

图 4.33

（2）用粉车控制文字位置的方法

这种方法的思路是在制作页面时，先将编辑完成的文字放置在舞台之外，然后为车辆添加行为，用车辆的位置作为控制文字显现的条件，使得在满足约束条件的情况下改变文字在舞台中的位置，达到显示文字的目的。特别要注意的是，在设置行为之前，应先确定文字在页面中的具体位置。

① 制作页面时，将文字“请注意安全驾驶”输入到舞台外任意位置，设置文字的字号、字体、颜色，透明度设置为“100”，并命名为“文字”，如图 4.34 所示。

② 用粉车控制文字位置的改变，为粉车添加行为。如图 4.35 前两行的行为、触发条件和参数设置与图 4.29、图 4.30 所示的设置相同。图 4.35 中第 3 行和第 4 行是为了实现用粉车控制文字位置而设置的行为与触发条件。

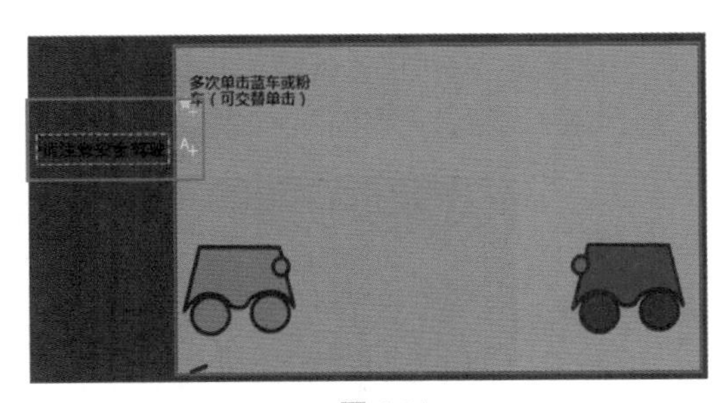

图 4.34

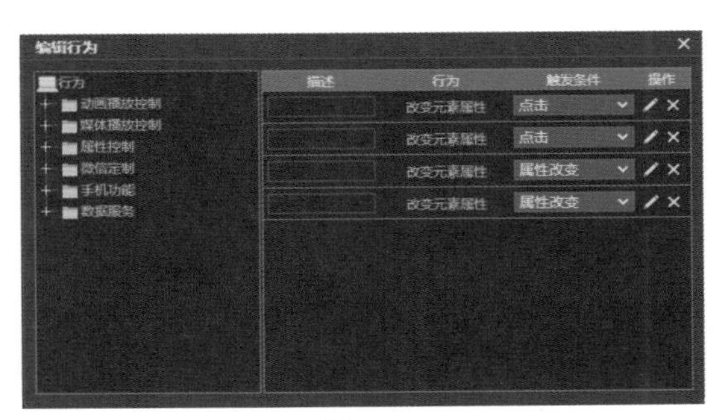

图 4.35

③ 图 4.35 中第 3 行和第 4 行行为的参数设置如图 4.36 和图 4.37 所示。两个参数共同设置出了文字在舞台上出现的位置。

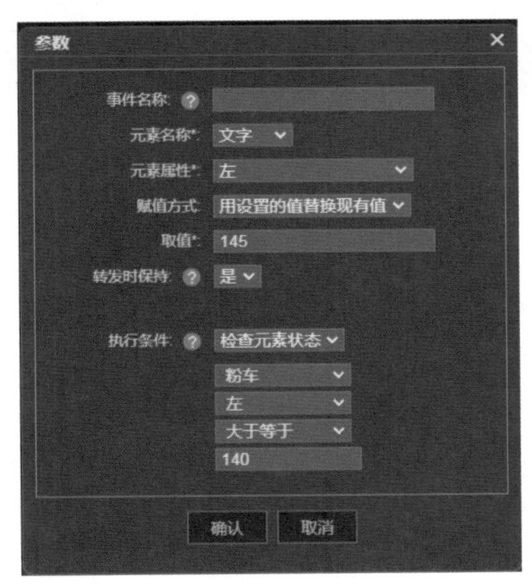

图 4.36

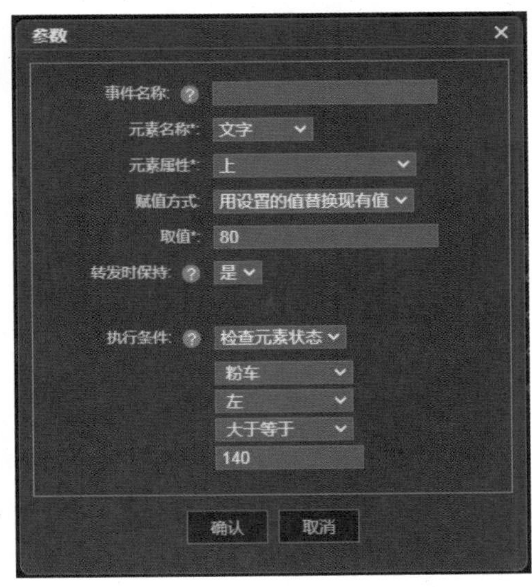

图 4.37

7. 车与“!”交互的制作

由于车与“!”的交互涉及预置动画问题。为了使预置动画在不受干扰的情况下实现“!”与车之间的交互，本任务采用由“!”自身控制自己的透明度的方案。

① 制作页面时，首先制作三角形图形与“!”，并将三角形图形与“!”进行组合，将组合图形命名为“惊叹号”。此时组合图形的透明度为“100”。

② 设置组合图形的透明度为“0”，此时页面中就看不到组合图形了，但组合图形还存在。

图 4.38

③ 选中组合图形，单击组合图形右下角的【添加预置动画】按钮，为组合图形添加预置动画，如图 4.38 所示。预置动画播放方式设置为“自动”和“循环”。

④ 设置组合图形行为。行为设置结果如图 4.39 所示。参数设置结果如图 4.40 所示。

图 4.39

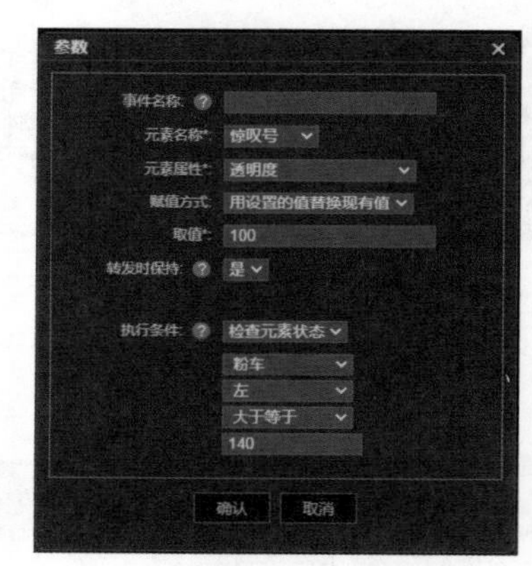

图 4.40

4.4 【技能型任务】页行为交互——“昆明老街与重庆市井”影集

【任务描述】任务的内容是制作一个包括多个页的影集。影集内容是昆明老街照片和重庆市井照片。

【目的和要求】页跳转设置用于解决页与页之间的关系，类似于PPT中的超链接设置，有很强的实用性。掌握按钮设计与制作方法，掌握利用按钮进行页跳转的设置方法。由于任务的主要目的是用于教学，因此作品制作仅选用昆明老街和重庆市井各两张照片。

扫码看案例演示

4.4.1　规划与设计

1. 任务规划

首页为封面页，包括主题名称和影集目录。打开该作品后，用户在封面页上选择“昆明老街”时，能够浏览到第 1 张昆明老街的照片；用户在影集封面选择“重庆市井”时，能够浏览到第 1 张重庆市井的照片。用户浏览任意一张照片后，可选择返回封面页，或选择继续浏览下一张照片，还可以选择重新浏览上一张照片。

2. 任务设计

将照片按地点分为两组，每组用两个页面。使用操作按钮完成页面跳转。封面结构设计如图 4.41 所示，影集照片显示页面结构如图 4.42 所示。页面跳转设置规划如表 4.1 所示。

图 4.41

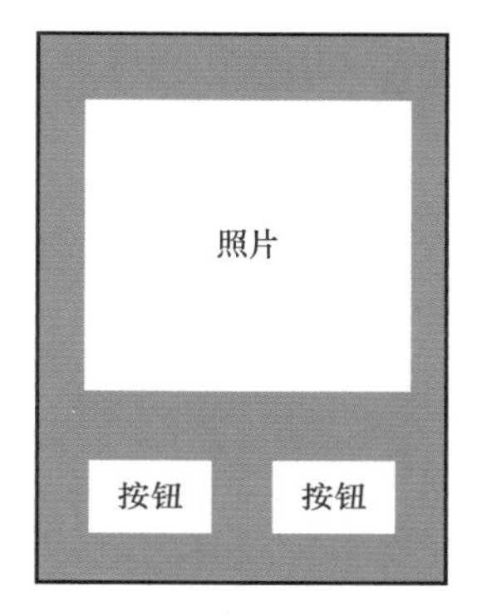

图 4.42

表 4.1

页号	内容	页行业设置要求
1	在影集封面上制作【昆明老街】按钮和【重庆市井】按钮	单击【昆明老街】按钮，页面跳转到第2页 单击【重庆市井】按钮，页面跳转到第4页
2	在昆明老街照片1上制作【退回】按钮	单击【退回】按钮，页面跳转到第1页
3	在昆明老街照片2上制作【退回】按钮和【上一页】按钮	单击【退回】按钮，页面跳转到第1页 单击【上一页】按钮，页面跳转到上一页
4	在重庆市井照片1上制作【退回】按钮	单击【退回】按钮，页面跳转到第1页
5	在重庆市井照片2上制作【退回】按钮和【上一页】按钮	单击【退回】按钮，页面跳转到第1页 单击【上一页】按钮，页面跳转到上一页
说明	页与页之间，木疙瘩自动提供“下一页”翻页功能，创作者可在属性面板的【翻页】选项卡中设置翻页方式	

4.4.2　任务制作

1. 素材准备

昆明老街和重庆市井照片素材如图 4.43 所示。

昆明老街 1

昆明老街 2

重庆市井 1

重庆市井 2

图 4.43

2. 页面制作与页面跳转设置

（1）页面制作

① 新建H5，将舞台设置为宽320像素、高520像素。

② 封面的制作。设置页面背景色，输入文字（“影集”“昆明老街”“重庆市井”），调整文字的位置，设置文字属性（字号、字体、颜色）。

③ 制作照片显示页。增加4个新页面，将照片分别导入相应的页面，调整照片的位置和尺寸，输入文字，调整文字位置，设置文字属性（字号、字体、颜色）。本任务制作的照片昆明老街2的页面效果如图4.44所示。

图 4.44

（2）页面跳转设置

页面跳转设置规划如表4.2所示。

表 4.2

页号	页行为设置				页行为设置			
	按钮	行为	触发条件	参数	按钮	行为	触发条件	参数
1	昆明老街	下一页	点击		重庆市井	跳转到页	点击	4
2					返回	上一页	点击	
3	上一页	上一页	点击		返回	跳转到页	点击	1
4					返回	跳转到页	点击	1
5	上一页	上一页	点击		返回	跳转到页	点击	1

提示：行为设置完成后，【参数】对话框中提供有【翻页方式】【翻页方向】【翻页时间】等设置项，如图4.45所示。

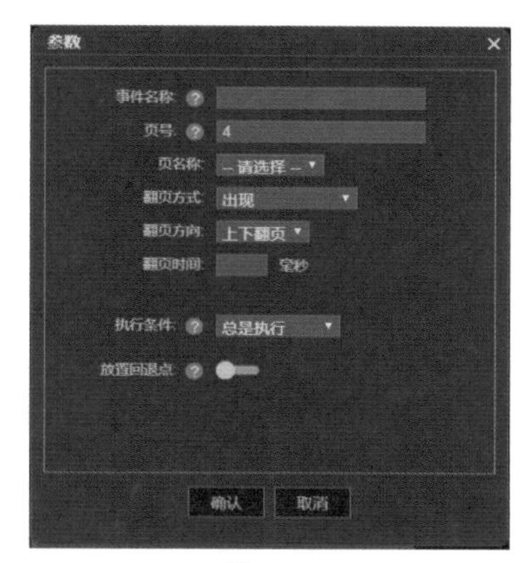

图 4.45

本任务制作采用页跳转方式进行制作，建议用户用跳转帧的方式重新制作，以加深对跳转帧与跳转页的认识和理解。

4.5　【技能型任务】帧行为交互——“看图猜成语”游戏

【任务描述】以“看图猜成语”为例，制作一个较完整的测试类型作品。作品提供谜题和答案输入窗口，以及提交答案后答案是否正确的提示，还提供有查看谜底和继续猜谜等功能。

【目的和要求】加深用户对帧、时间线的认识和理解。掌握设计制作测试类作品的基本方法和过程；掌握利用帧的特性进行交互作品创作的方法和过程；掌握表单输入框的使用，逻辑判断的基本规范和使用等。

扫码看案例演示

4.5.1　规划与设计

1. 页面规划和设计

任务需要 5 个页面，每个页面占用一帧，页面规划与设计效果如图 4.46 所示。

谜面页

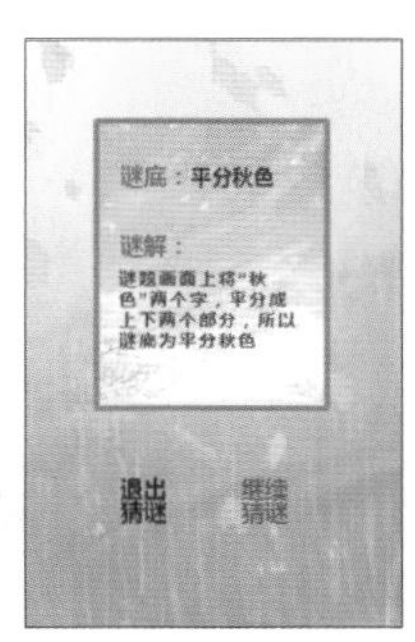

谜底页

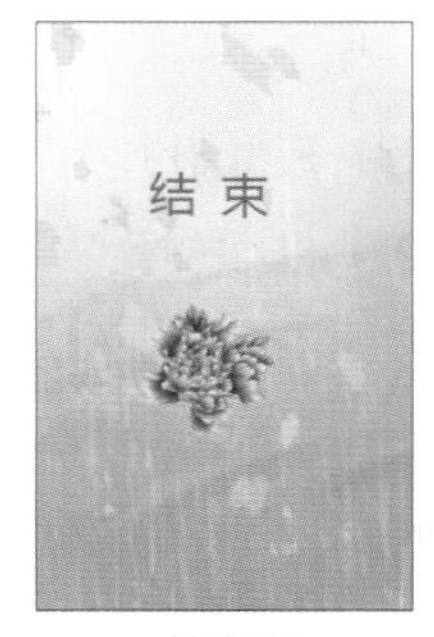

结束页

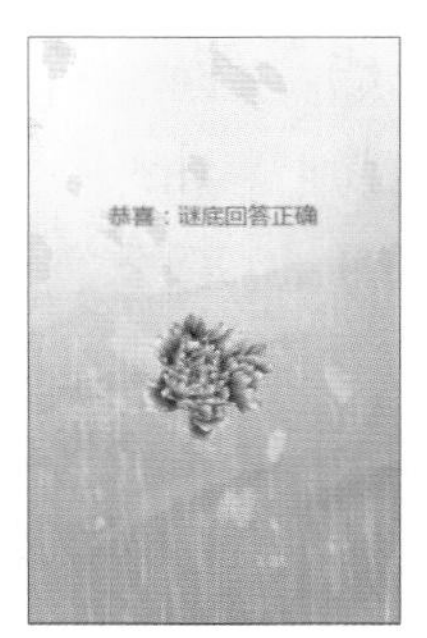

猜谜成功提示页

猜谜失败提示页

图 4.46

其中：谜面页包括谜题、答案输入框、【提交答案】按钮、【退出猜谜】按钮和【查看谜底】按钮；谜底页面包括谜底、谜解、【继续猜谜】按钮和【退出猜谜】按钮；答案错误提示页面除提示文字外，还包括【继续】(返回谜面页)按钮和【退出】按钮。结束页面和回答正确提示页面中有鲜花图案。

2. 页面中物体的帧位置与所在图层安排

（1）分配页面帧的位置

5 个页面在时间线上帧的位置：第 1 帧谜面页、第 2 帧谜底页、第 3 帧结束页面、第 4 帧答案正确提示页、第 5 帧答案错误提示页。

（2）图层与页面物体（元素）安排

将所有页面中的按钮全部安排在一个图层上，将谜题图片、谜底文字、谜底窗口装饰框、谜底窗口背景图、鲜花图片，以及答案输入框及其提示文字安排在另一个图层上。这样分层的好处在于方便制作，便于检查与编辑。

4.5.2 任务制作

1. 素材准备

素材包括背景图片、谜题图片和鲜花图片，如图 4.47 所示。

图 4.47

2. 页面制作

（1）新建图层与插入关键帧

① 新建 H5，为添加背景图片，将舞台尺寸设置为宽 320 像素、高 520 像素。

② 新建图层。将所建图层分别命名为“谜题谜底层”和“交互按钮层”。

③ 插入关键帧。在谜题谜底层的第 2 ~ 5 帧位置，分别插入关键帧（第 1 帧，系统默认为关键帧）。在交互按钮层的第 2、3、5 帧位置，分别插入关键帧。

新建图层、为图层命名、插入关键帧，上述操作的结果如图 4.48 所示。

图 4.48

提示：插入关键帧的操作为将鼠标指针移至时间线需要插入关键帧的帧上，单击鼠标右键，在弹出的菜单中执行【插入关键帧】命令。

第 3 页和第 4 页上都不存在交互按钮，但为什么在交互按钮层第 3 帧位置还要插入关键帧呢？这是因为，如果在此不插入一个关键帧，该图层第 2 帧上的按钮会继续在第 3 帧页面上出现。从这一点上，可以认真体会一下前面所介绍的普通帧和关键帧的特性。

（2）谜面制作

① 选中谜题谜底图层，导入谜题图片，并调整谜题图片的位置和尺寸。

② 选中谜题谜底图层，在舞台上输入文字“输入谜底”，调整文字位置，设置字体、字号、文字颜色。

③ 选中谜题谜底图层，在工具箱中单击【输入框】按钮，鼠标指针变成“+”，然后在舞台上按住鼠标左键拖曳，制作出答案输入框，并将其命名为“输入谜底”。之后调整输入框的尺寸和位置。表单工具如图 4.49 所示。

④ 选中谜题谜底图层，制作【提交答案】按钮。

⑤ 选中交互按钮图层，制作【退出猜谜】按钮和【查看谜底】按钮。

图 4.49

提示：按钮的制作可以是先制作出按钮图片，再将图片导入舞台，也可直接用文字做按钮。本例中按钮的制作包括两个步骤：先制作出按钮背景图形（如矩形、圆形等），然后用文字工具输入文字。其中的重点是文字的排列要处于背景图形（或图片）层的上层。按钮的制作方法有很多，在后续的章节中将会采用多种方式制作按钮。

（3）第 2 ~ 5 个页面的制作

参考上述内容，分别制作出第 2 ~ 5 个页面。注意图层的选择和帧的位置不要出现错误。

3. 行为设置

（1）【提交答案】按钮行为设置

【提交答案】按钮包括两个行为设置，两个设置如图 4.50 所示。

第 1 个行为（第 1 行）是针对用户回答正确时的设置，其参数设置中：作用对象是舞台，执行跳转的目标帧号是 4（第 4 帧），执行页面跳转到第 4 帧的条件是回答的答案与谜底答案相同。参数设置结果如图 4.51 所示。

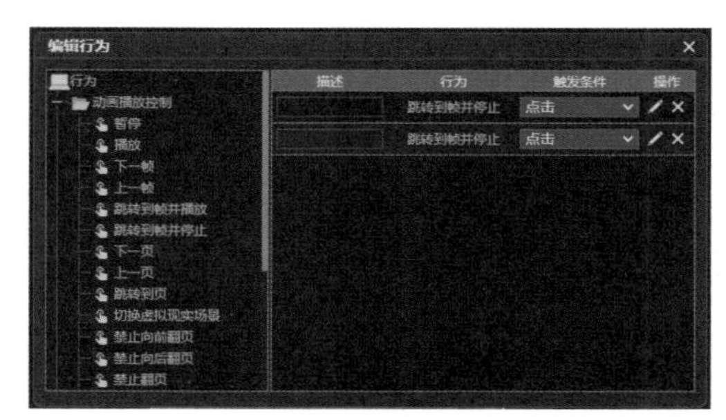

图 4.50

第 2 个行为（第 2 行）是针对用户猜谜失败时

的设置，其参数设置中：作用对象设置为舞台，执行跳转的目标帧号设置为“5”（第 5 帧），执行页面跳转到第 5 帧的条件是回答的答案与谜底答案不同。第 2 个行为的参数设置结果如图 4.52 所示。

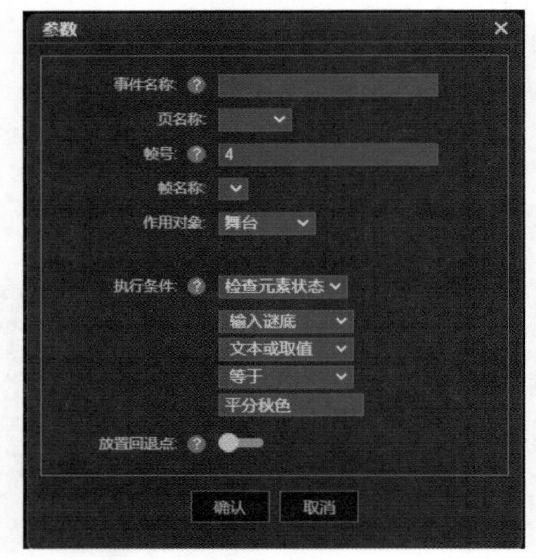

图 4.51

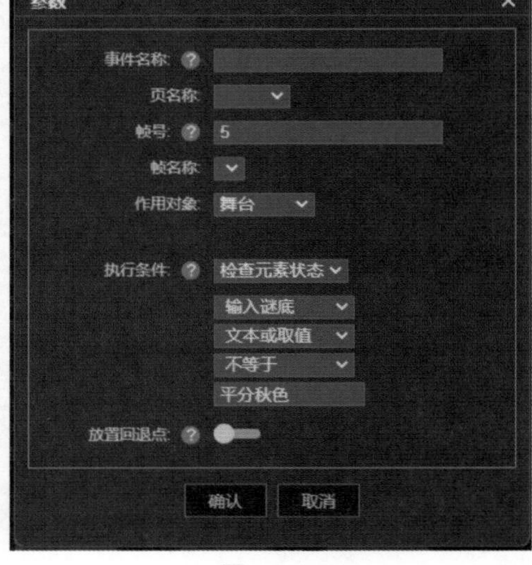

图 4.52

（2）其他按钮的行为与参数设置

本任务中，【继续猜谜】【退出猜谜】【查看谜底】这几个按钮的行为与触发条件全部设置为“跳转到帧并停止”和“点击”。但由于每个按钮跳转的目标页面不同，因此，【参数】对话框中的目标帧号要按目标页面所在的帧号进行设置。其中，【继续猜谜】按钮的目标帧号设置为“1”，【退出猜谜】按钮的目标帧号设置为“3”，【查看谜底】按钮的目标帧号设置为“2”。

4. 暂停设计与预置动画设置

（1）暂停设计

为了使用户在打开作品后，能够使作品停留在第 1 个页面上，需要在作品的第 1 页上设置一个“暂停装置”。

① 在舞台外任意位置，绘制一个图形（或导入一张图片，本任务中是绘制了一个矩形图形），如图 4.53 所示。也可以在舞台内添加一个装饰物，如图 4.54 所示。

② 为所绘制的图形（导入的图片或装饰物）添加行为，如图 4.55 所示。

（2）预置动画设置

第 3 页和第 4 页中，为鲜花设置了预置动画。设置结果为“放大进入”和“循环播放”。

图 4.53

图 4.54

描述	行为	触发条件	操作
	暂停	出现	

图 4.55

4.6 【技能型任务】限时拼图交互——“电影洗印设备拼图”游戏

【任务描述】本任务利用容器、定时器、图形组合、逻辑判断，计数器等技术，通过行为设置来制作拼图游戏。其中涉及了程序设计思维，需要利用技巧来解决游戏中各物体（元素）之间的关系问题。

扫码看案例演示

【目的和要求】通过制作限时拼图游戏，掌握图形组合、逻辑判断的技能，掌握容器、定时器、计数器的使用。

4.6.1 规划与设计

1. 页面规划

① 第 1 页确定为封面页。该页中包括标题、操作提示和【开始】按钮。

② 确定第 2 页为拼图操作页。该页包括图片存放区、拼装区和计时提示。

③ 第 3 页和第 4 页分别为拼图成功和超时提示页，内容分别为各自的提示语。

2. 游戏操作过程设计

① 在用户做好准备后，用户通过单击【开始】按钮，执行拼图操作，同时启动定时器，开始倒计时。

② 拼图页面要求将一个页面划分成拼装区和图块区两个区域。拼图操作过程中，用户能够看到计时情况。

③ 在停止计时之前（即没有超时）如果完成了拼图任务，则跳出拼图成功提示。

④ 如果在限定的时间内没有完成拼图任务，则跳出超时提示。

⑤ 在用户拼图过程中，允许用户拖动图块区中的任意图块到拼装区中的任意区域内。当所拖动图块与拼装区域内容相符时，所拖动的这个图块将停留在拼装区中，并随即在图块区中消失；否则，所拖动的图块退回到原位置上。

3. 计数器设计

如果在定时器停止计时之前（没有超时）完成了拼图操作，需要跳转到拼图成功提示页面。解决的思路：统计拼图图片数量，设计一个计数器，计数器的初始值设置为“0”。完成一个图片的拼装，计数器就在原有数值的基础上加 1。当定时器停止计时之前（设定时器为倒计时），计数器的数值达与拼图图片数量相等时，说明拼图成功（本任务拼图数量是 4），此时跳转到拼图成功提示页，否则跳转到拼图失败提示页。

4. 拼装设计

拖动图片操作有多种方法。本任务采用的方法如下所示。

① 将完整的图片放置在拼装区中。

② 绘制出 4 个尺寸相同的矩形，并将它们覆盖在图片上。这样就将拼装区分成了 4 个区域。

③ 在拼装区中添加 4 个容器（【拖放容器】是系统提供的一个控件），并设置容器行为。

4.6.2 任务制作

1. 素材准备与处理

准备一张用于拼图的图片，如图 4.56 所示。将该图片均分成 4 份，如图 4.57 所示。

图 4.56

图片 1

图片 2

图片 3

图片 4

图 4.57

2. 制作页面

制作出的第 1 页、第 2 页、第 3 页和第 4 页的页面效果分别如图 4.58 所示。

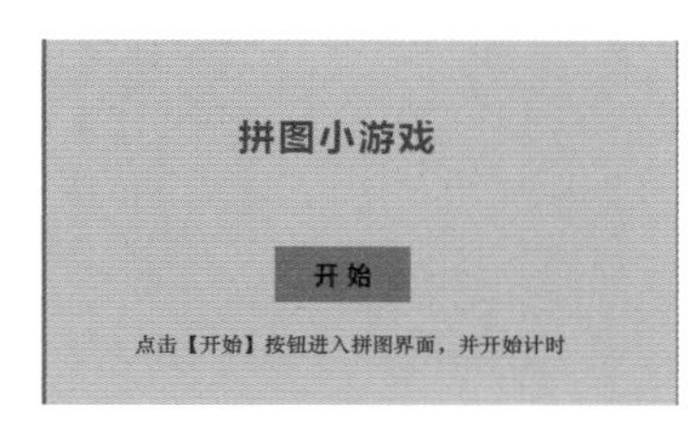

（1）封面页

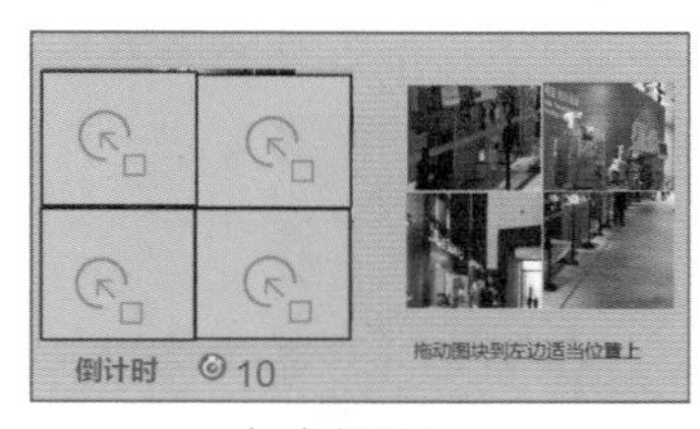

（2）拼图页

（3）拼图成功提示页

（4）超时拼图失败提示页

图 4.58

其中：图 4.58（2）中的图标是拖放容器工具，图标是定时器工具。定时器工具图标后面的数字“10”是所设置的倒计时时间，时间单位是秒。添加到舞台上的定时器命名为“定时器 2”。将拼图页面中的物体，拆解一下，就可以看到页面上各物体的原始状态，如图 4.59 所示。

图 4.59

图 4.59 中，舞台外左侧有一个数字“0”，这就是所设置的计数器。制作方法为单击文字工具，制作文字输入框，并命名为“计数器”。在文字输入框中输入数字“0”，以保证计数器的初始值为“0”。另外，将图 4.59 中图块区中的图片必须排列到页面顶层，至于容器，可以排列在拼装区下面的图层中。

3. 拼图图片属性设置

图 4.57 中 4 张图片初始的属性设置是相同的，设置结果如图 4.60 所示。

4. 设置行为与触发条件及其参数

容器、覆盖块、图片的名称，各自在拼图页面中的位置，以及它们之间的关联关系如图 4.61 所示。其中 MB 代表覆盖块，Y 代表图块。

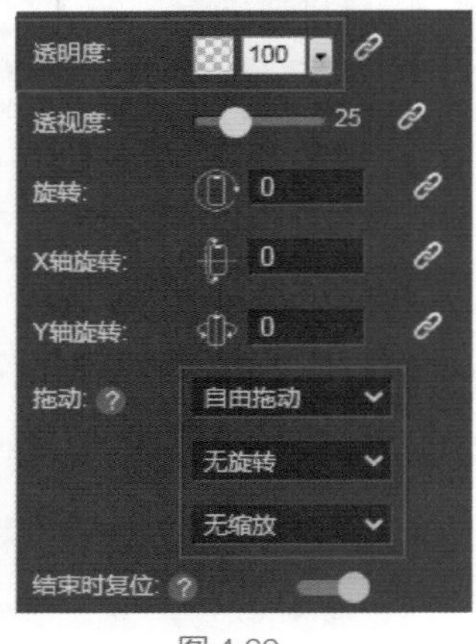

图 4.60

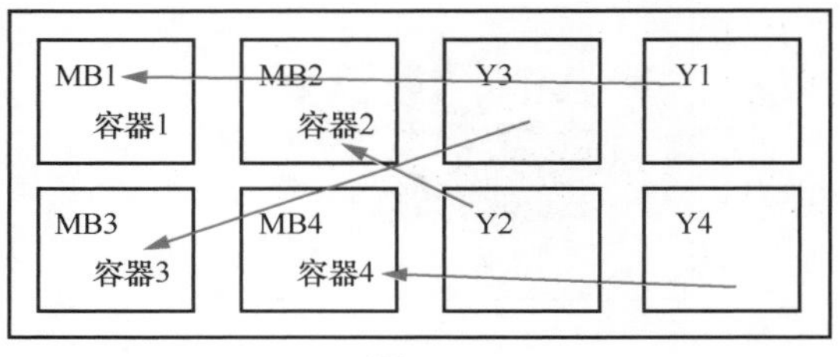

图 4.61

（1）【开始】按钮行为设置

【开始】按钮只需要设置一个行为，设置结果为“下一页”，【触发条件】设为“点击”。

（2）计数器行为设置

为计数器添加 3 个行为，如图 4.62 所示。

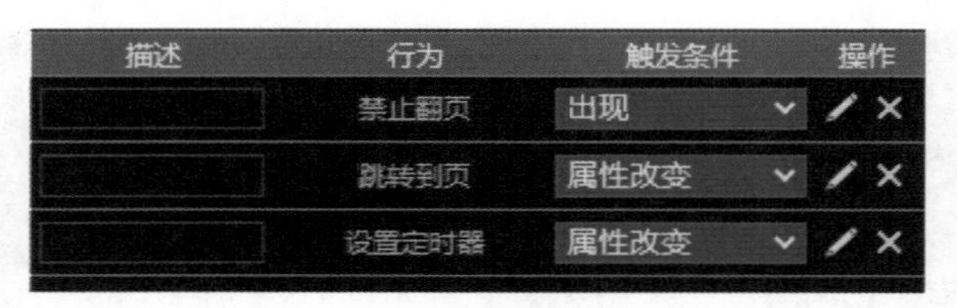

图 4.62

① 第 1 个行为，不需要参数设置。目的就是在计数器出现时不要翻页，使页面保持在当前页上。这里要说明的是，因为计数器不需要用户操作，所以计数器安置在页面之外，使其不显示在页面中，不影响用户的操作。

② 第 2 行参数的作用：在定时器停止计时前，计数器数值达到“4”的时候，实现跳转到拼图成功提示页面，参数设置结果如图 4.63 所示。

③ 第 3 行参数的作用：用计数器控制定时器，使定时器停止计时，参数设置如图 4.64 所示。因为，如果对定时器的行为不加以控制，在用户完成拼图游戏后，定时器还将继续计时，并在之后还会弹出超时提示页。

从计数器的设置，到对计数器行为的设置，都体现出了程序思维，是逻辑思维和形象思维结合的具体体现。

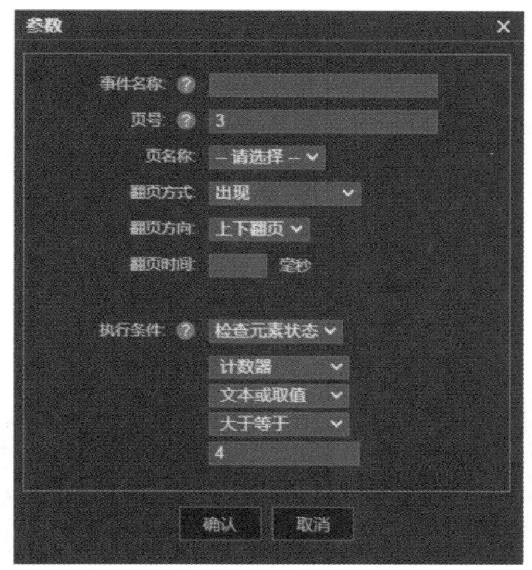

图 4.63

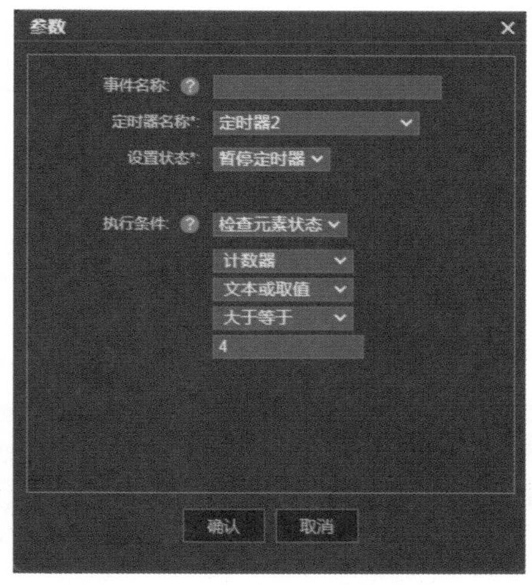

图 4.64

（3）【定时器】行为设置

定时器的行为设置非常明确，就是以“定时器时间到”为条件执行“跳转到页”，设置结果如图 4.65 所示，参数设置如图 4.66 所示。本任务中，定时器设置为倒计时，计时时间设置为“10”秒，跳转到的页号是“4”。

描述	行为	触发条件	操作
	跳转到页	定时器时间到	

图 4.65

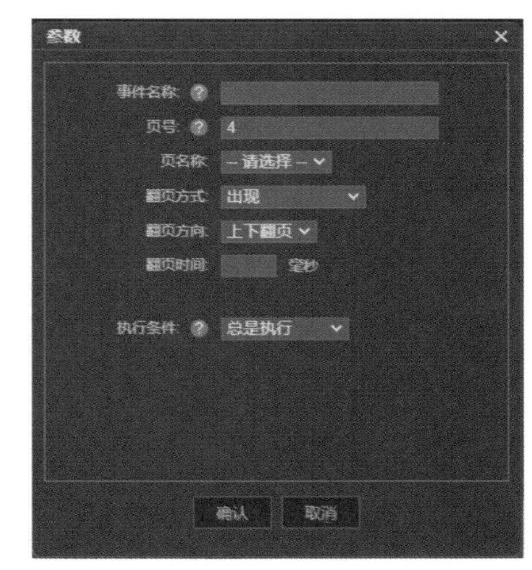

图 4.66

（4）容器行为设置

① 4 个容器的行为都设置为 3 个，并且这 3 个行为也是相同的，如图 4.67 所示。

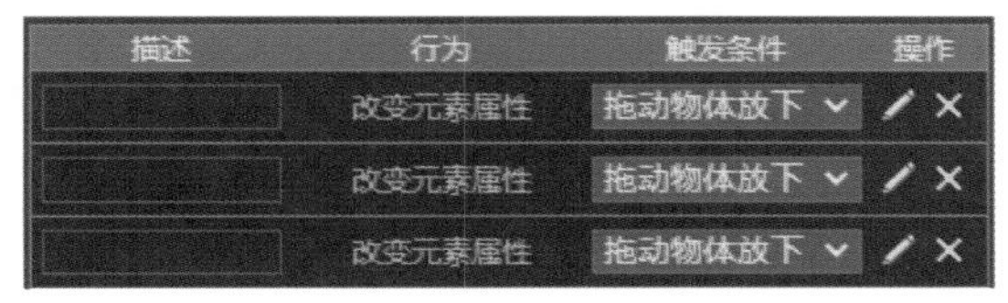

描述	行为	触发条件	操作
	改变元素属性	拖动物体放下	
	改变元素属性	拖动物体放下	
	改变元素属性	拖动物体放下	

图 4.67

② 行为与触发条件的参数设置。下面以为容器 1 添加行为为例进行说明。

图 4.67 中第 1 行行为的参数设置如图 4.68 所示。其含义是将拼装区中覆盖块 MB1 的透明度值设置为“0”（变透明，露出下层的内容），容器 1 允许拖动（接收）的物体是 Y1。

图 4.67 中第 2 行行为的参数设置如图 4.69 所示。其含义是将图片存放区中 Y1 的透明度值设置为“0”（Y1 消失，不显示），容器 1 允许拖动（接收）的物体是 Y1。

图 4.67 中第 3 行行为的参数设置如图 4.70 所示。其含义是将计数器的值加 1，容器 1 允许拖动（接收）的物体是 Y1。

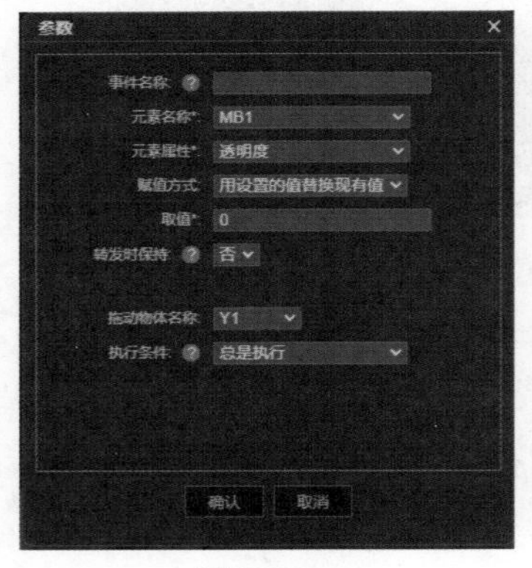

图 4.68

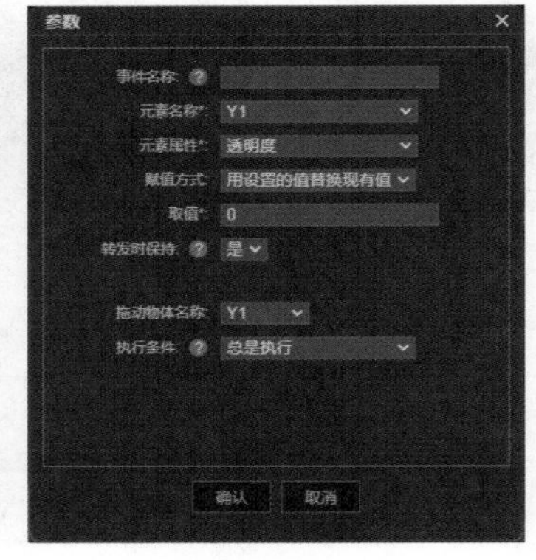

图 4.69

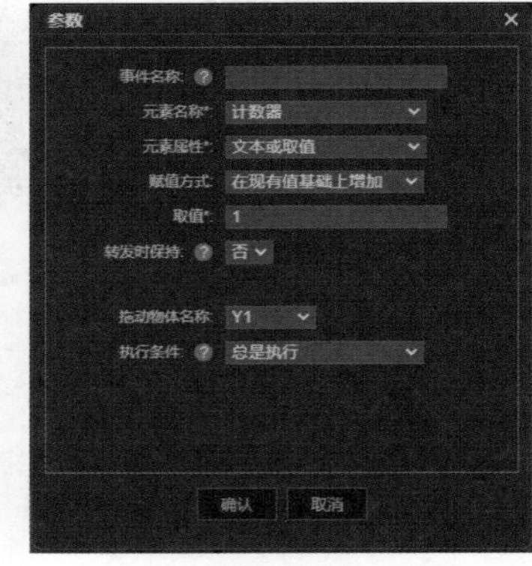

图 4.70

容器 2、容器 3、容器 4 的参数设置与容器 1 的参数设置雷同，只是拖动物体名称、拼装区中的覆盖块不同，分别是 Y2、MB2, Y3、MB3, Y4、MB4。

4.7 任务训练

二十四节气主题绘本设计与制作

【任务内容】设计制作绘本封面页和目录页，每一个节气至少占用3个页面，页面中要包含图、文（声音、视频）、动画（预置动画）这几种表现形式。

训练提示

（1）建议分组完成。

（2）面向的读者对象群体要明确。

（3）页面版式、风格要统一。

（4）操作提示要明确，并与页面风格和内容相融合。

（5）便于操作。

（6）文字简短，概括性强，能较完整地将节气的主要内容表达出来即可。

（7）任务完成后要完成任务报告书的编写。

第 5 章

帧动画设计、制作与应用

虽然预置动画的操作比较简单，但是灵活性不强，无法满足更细致、更复杂的创作需求。利用帧动画、特型动画、关联动画等动画制作技术则可以创作出丰富多样的动画效果。本章主要介绍帧动画，主要内容如图5.1所示。

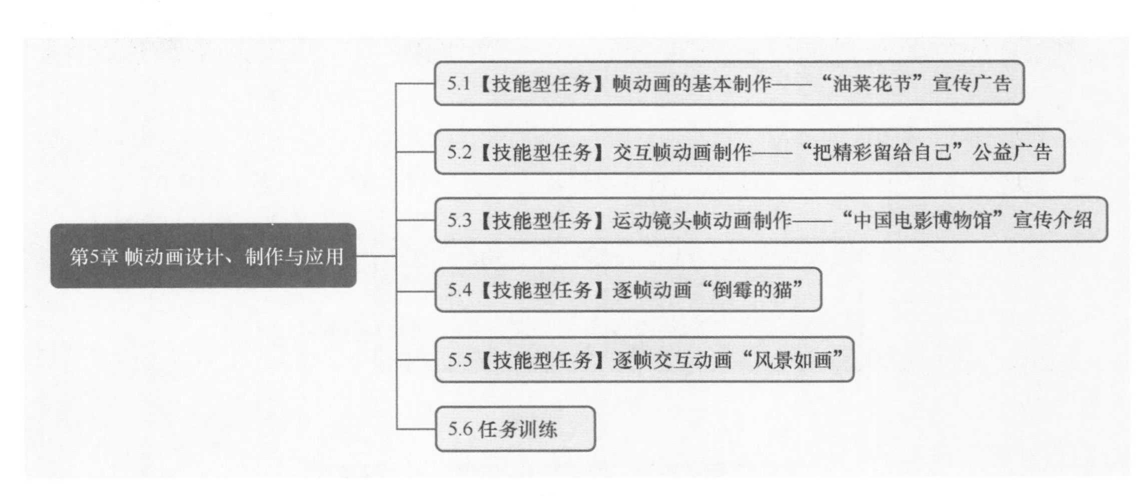

图 5.1

5.1 【技能型任务】帧动画的基本制作——“油菜花节”宣传广告

【任务描述】用帧动画技术制作一款单页“油菜花节”广告。

【目的和要求】掌握帧动画的基本制作方法和过程。

扫码看案例演示

5.1.1 规划与设计

1. 任务规划

用横屏呈现出油菜花的田园风光，广告语位于页面的左上方，一辆满载游客的观光车缓缓从油菜花田前驶过。

2. 任务设计

① 广告背景图用以表现油菜花的田园风光，如图 5.2 所示。

② 满载游客的观光车的图片如图 5.3 所示。

图 5.2

图 5.3

③ 广告语：“醉美”油菜花。

④ 观光车图片和风光图片的动画起始位置和终止位置分别如图 5.4 和图 5.5 所示。

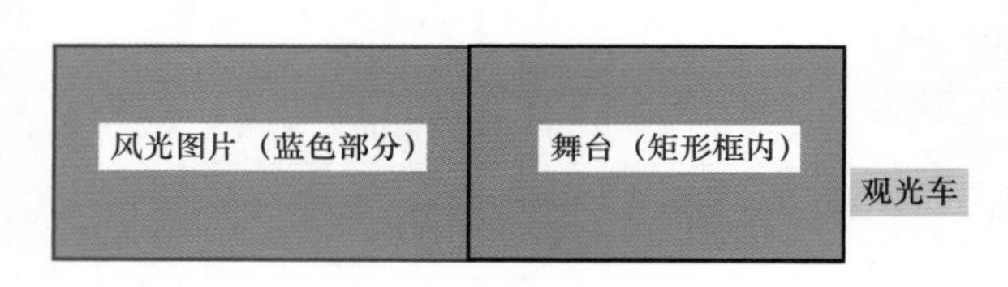

图 5.4

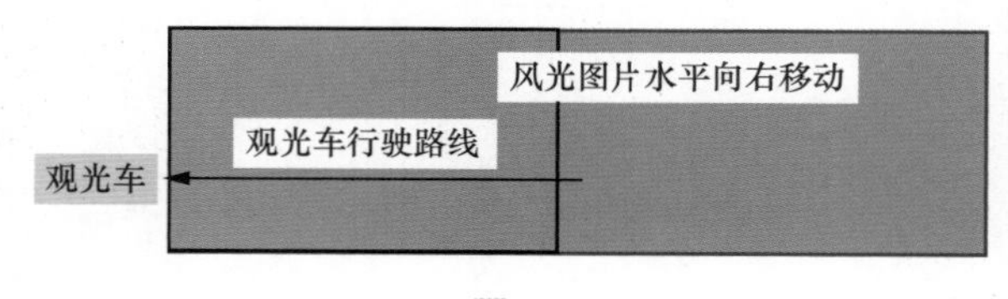

图 5.5

5.1.2 任务制作

1. 导入素材、新建图层、制作广告语

① 准备和处理素材。准备和处理给定的图片素材。

② 新建 H5，将舞台设置为宽 625 像素、高 320 像素。

③ 新建图层并安排各图层的位置顺序，如图 5.6 所示。其中，“风光图片”为背景图，是用

以表现油菜花田园风光的，该图层应安排在最下面一层，“广告语”图层安排在最上层。

④ 分别将图片素材导入相应图层的第 1 帧，并调整图片的尺寸和位置。

⑤ 在【属性】选项卡【帧速】右侧的输入框中，设置舞台的播放帧速为 6 帧 / 秒。目的是减少动画帧的占用量，控制帧动画的播放速度。

⑥ 制作广告语。输入文字（“醉美”油菜花），设置文字属性，调整文字位置，效果如图 5.6 所示。

图 5.6

2. 制作帧动画

帧动画第 1 帧及结束帧的制作效果分别如图 5.7 和图 5.8 所示。

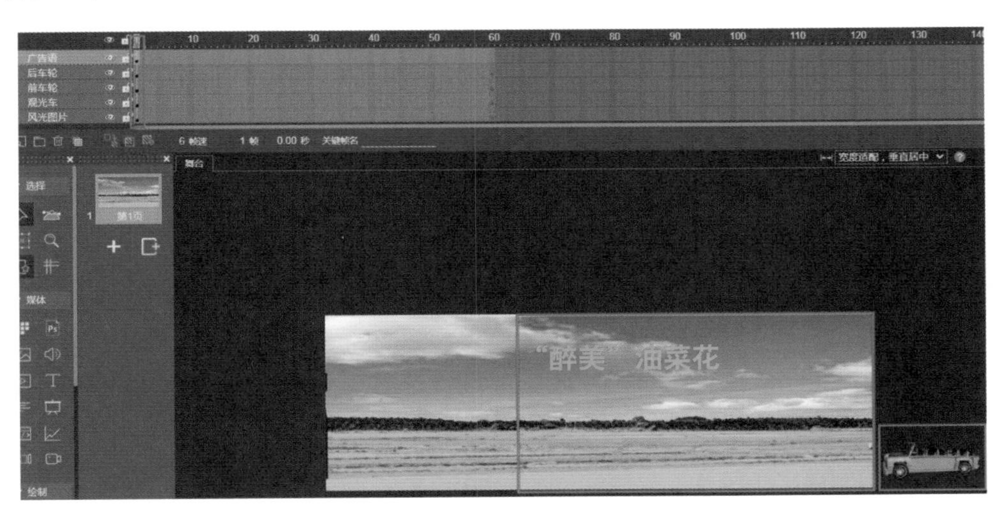

图 5.7

（1）制作观光车的帧动画

① 调整观光车图片的尺寸，将该图片移动到动画的起始位置。

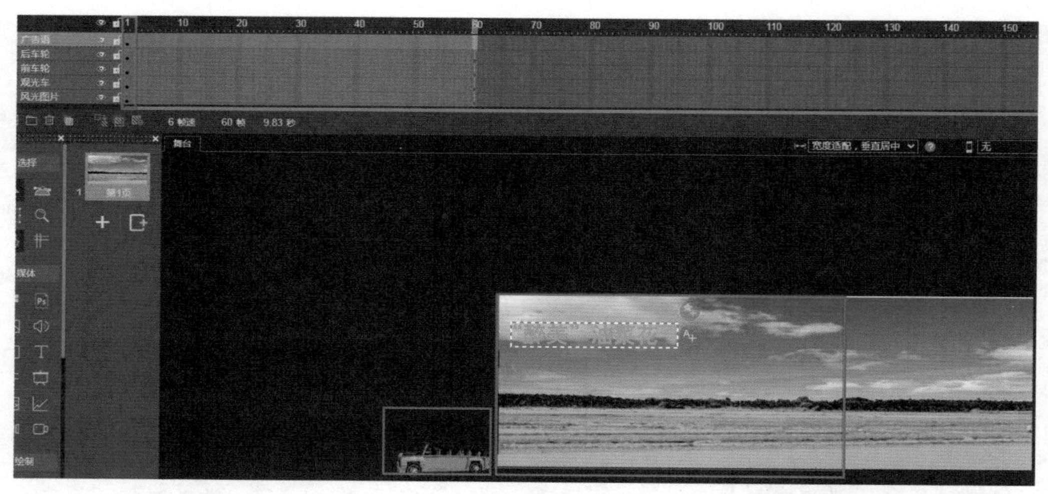

图 5.8

② 选中“观光车”图层，将鼠标指针移至该图层的第 60 帧位置，单击菜单栏中的【动画】选项，在弹出的菜单中执行【插入关键帧动画】命令。

③ 调整观光车图片到动画终止位置。

（2）制作风光图片、前车轮、后车轮的帧动画

按照制作“观光车”帧动画的方法制作即可。特别要强调的是，为了使观光车的前轮与后轮都能旋转，在“前车轮”及“后车轮”的帧动画制作完成后，要分别在帧动画的结束帧位置（第 60 帧位置）选中车轮，然后在【属性】选项卡的【旋转】输入框中输入“–3000”，即表示使车轮在移动过程中逆时针旋转 3000 圈。

（3）设置帧动画循环播放

单击菜单栏中的【动画】选项，在弹出的菜单中执行【循环】命令。

（4）“广告语”图层补帧

选中“广告语”图层，将鼠标指针移至该图层第 60 帧位置，单击菜单栏中的【动画】选项，在弹出的菜单中执行【插入帧】命令。

3. 预览、保存和发布作品

预览动画效果，然后保存并发布作品。

5.2 【技能型任务】交互帧动画制作——“把精彩留给自己”公益广告

【任务描述】公益广告作品“把精彩留给自己”是通过赛车比赛来表现人的自信、永不放弃的精神。作品内容分别由3个页面来表现：第1页为“出发”页，当发令旗给出发车指令后，两辆赛车同时冲出起点线；第2页为“冲刺”页，当赛车出现在用户视野中（页面中）时，落后的

赛车在最后关头冲刺并超过了前面的赛车，第一个冲过了终点线；第3页为“领奖”页。

在制作时会用到帧动画的特性：物体移动的距离和所占用的帧数决定物体的移动速度。此外，要通过简单的行为设置来控制赛车的运动过程。

【目的和要求】通过制作该作品，掌握简单的交互动画制作技巧，掌握帧动画特性，掌握删除、插入、复制动画帧等操作。在制作时，先根据任务描述初步完成作品，然后利用删除、插入、复制动画帧的操作来改变赛车速度，以实现赛车冲刺及反超的效果。具体步骤如下。

① 利用删除帧操作，将两辆赛车的速度都提高一倍。

② 在将两辆赛车的速度提高之后，再利用插入帧操作，将黄色赛车的速度减为原来的 1/2，将蓝色赛车的速度减为原来的 2/3。

③ 复制帧操作。利用复制帧操作，使两辆赛车在赛道上重复行驶两次，以实现动画重复播放的效果。

扫码看案例演示

5.2.1　完成 3 个页面的基本制作

1. 新建 H5

新建 H5，将舞台设置为宽 320 像素、高 626 像素，帧速设置为 6 帧 / 秒，背景颜色设置为深绿色。

2. 第 1 页赛车“出发”页制作

新建和分配图层，并在“按钮”图层导入发令旗、奖杯等图片素材，在发令旗下输入操作提示文字“点击比赛开始”，如图 5.9 所示。

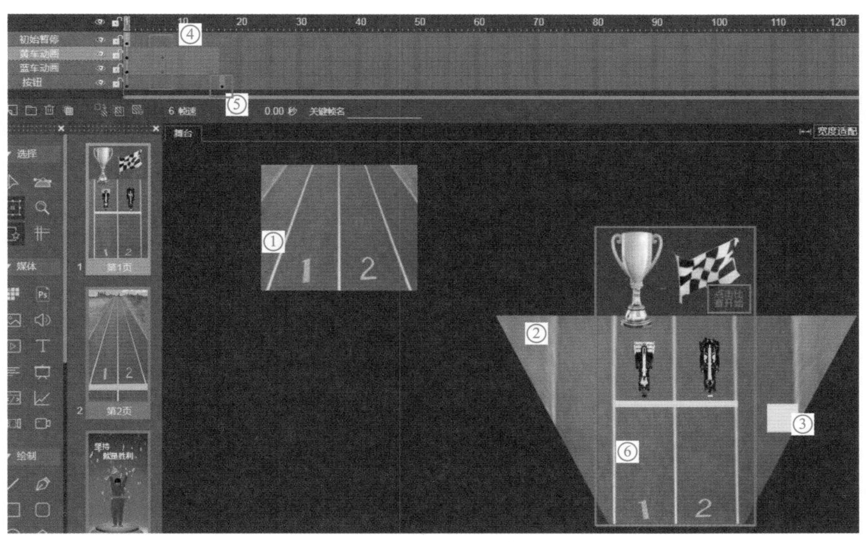

图 5.9

（1）背景赛道制作

图 5.9 中的①是②的原始素材。利用导入编辑界面的原始素材①可以制作出舞台上的赛道。

其方法是选中原始素材，在【属性】选项卡中，将【X 轴旋转】设置为“67”，将【透视度】设置为“69”。

（2）初始暂停设置

图 5.9 中的③单独占用一个图层。在时间线上，此图层只占用 1 帧。将其行为设置为“暂停”，触发条件设置为“出现”。

（3）赛车动画制作

赛车动画的起始帧为第 1 帧，终止帧为第 7 帧（见图 5.9 中的④）。在第 7 帧，两辆赛车都会冲出舞台。在第 8 帧到第 16 帧之间，两辆赛车都静止在第 7 帧的位置，持续时间为 1.5 秒，用于缓冲，这是为了从第 1 页跳转到第 2 页之前留出时间（1.5 秒），以实现更平滑的转场效果。

（4）跳转到第 2 页的行为设置

在“按钮”图层的第 17 帧的位置添加一个关键帧（见图 5.9 中的⑤）。在该帧的舞台之外绘制一个矩形，并对该矩形进行行为与触发条件设置（将行为设置为“跳转到下一页”，触发条件设置为“出现”），即当执行到此帧时，跳转到第 2 页。

（5）操作按钮制作

发令旗是控制比赛开始的操作按钮。单击该按钮，赛车就会冲出赛道（即执行赛车比赛的帧动画）。将该按钮的行为与触发条件设置为“点击、播放”。另外，对该按钮还添加了预置动画，动画效果设置为“强调、晃动”，播放方式设置为“循环播放”，便于用户操作。文字“点击比赛开始”为操作提示语。

3. 第 2 页赛车“冲刺”页制作

① 时间线与图层分配的情况如图 5.10 所示。其中第 1、14、18、26、28、29 帧为关键帧。

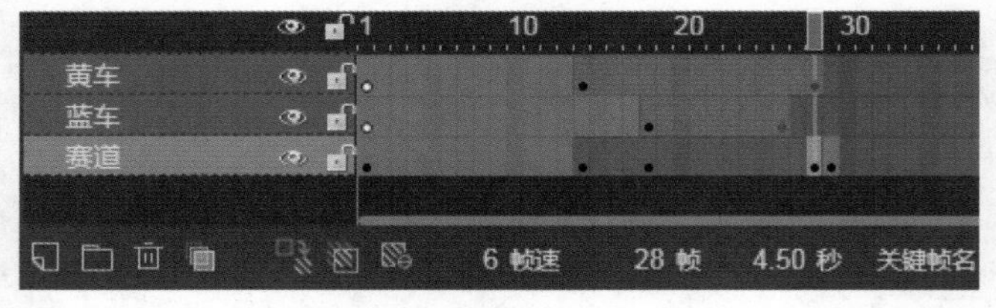

图 5.10

② 第 1 帧。在“赛道”图层导入赛道图片，效果如图 5.11 所示。

③ 第 14 帧为黄色赛车帧动画的起始帧。在“黄车”图层导入黄色赛车图片，调整赛车图片的尺寸、位置；在“赛道”图层插入文字“冲刺开始”，设置文字属性，调整文字位置，为文字添加预置动画，并将预置动画设置为“循环播放”。效果如图 5.12 所示。

④ 第 18 帧为蓝色赛车帧动画的起始帧。在“蓝车”图层导入蓝色赛车图片，调整赛车图片的尺寸、位置；在“赛道”图层插入文字“加速超车”，设置文字属性，调整文字位置，为文字添加预置动画，并将预置动画设置为“循环播放”。效果如图 5.13 所示。

⑤ 第 26 帧为蓝色赛车帧动画的终止帧。实现的效果是蓝色赛车冲出赛道终点，如图 5.14

所示。

⑥ 第28帧为黄色赛车帧动画的终止帧。实现的效果是黄色赛车冲出赛道终点，如图5.15所示。

⑦ 第29帧。在“赛道”图层插入一个关键帧，导入奖杯图片，并输入操作提示语“点击奖杯领奖”，如图5.16所示。将奖杯的行为与触发条件设置为“跳转到下一页、点击”，将操作提示语的行为与触发条件设置为“暂停、出现”。

图5.11 图5.12 图5.13

图5.14 图5.15 图5.16

4. 第3页“领奖”页制作

在第3页设置两个图层，用于制作出“散花”帧动画和领奖场景。该页的时间线及图层的占用和分配情况如图5.17所示，页面效果如图5.18所示。将“散花”帧动画的动画播放方式设置为“循环播放”。

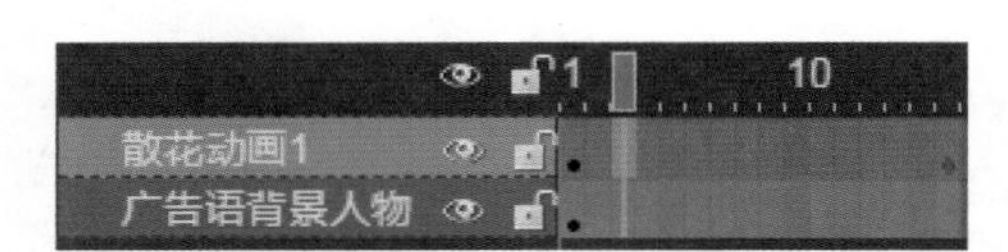

图 5.17

图 5.18

5.2.2 控制赛车的运动速度：插入、删除帧的操作

1. 利用删除帧操作提高赛车的车速

帧动画中，在物体的移动距离不变的情况下，提高物体的移动速度可通过删除物体的动画帧数来完成。将两辆赛车的速度提高一倍的操作过程如下。

① 打开作品，进入赛车“冲刺”页（第 2 页）。

② 将蓝色赛车的移动速度提高一倍的操作：选中“蓝车”图层，将鼠标指针移至该图层第 18 ~ 26 帧的任意位置，选中其中的 4 帧，单击鼠标右键，在弹出的菜单中执行【删除帧】命令。

③ 按上述操作方法将黄色赛车的移动速度提高一倍。

提示：选中物体所在的图层，在物体移动的起始帧与终止帧之间的任意位置，按住鼠标左键向左或向右拖动选中的帧，当选中的帧数达到所需的数量时，松开鼠标左键，被选中的帧的颜色会变成黄绿色。图5.19所示界面显示选中的帧数为21。

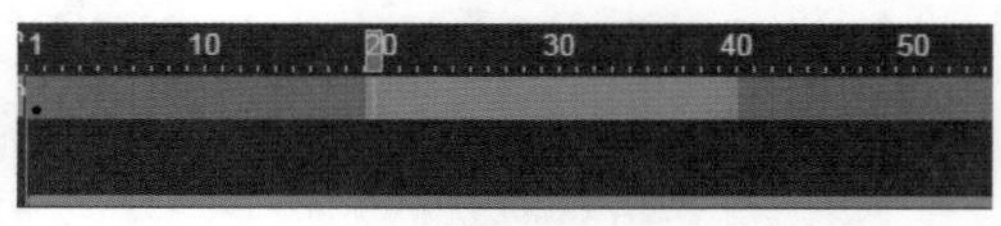

图 5.19

2. 利用插入帧操作放慢赛车的车速

放慢赛车车速的操作步骤和过程与提高赛车车速的操作步骤和过程基本一致。在物体动画帧之间选中所需的帧数后，单击鼠标右键，在弹出的菜单中执行【插入帧】命令即可。

5.2.3 帧动画重复播放设置：复制、移动帧的操作

1. 利用复制帧操作实现赛车在赛道上重复行驶的效果

限定动画重复播放次数的常见应用有行走、表情变化、机械运动等。利用复制帧、粘贴帧的操作，可快速实现限定动画重复播放次数的效果。具体操作过程如下。

① 全选动画帧。在时间线上选中动画的所有帧，如图 5.20 所示。

② 复制帧操作。在选中的帧上单击鼠标右键，在弹出的菜单中执行【复制帧】命令。

③ 确定复制动画的起始位置。将鼠标指针移至动画重复播放起始位置的帧上，单击鼠标将其选中，如图 5.21 所示。

④ 粘贴帧操作。在选中的起始帧上单击鼠标右键，在弹出的菜单中执行【粘贴帧】命令，效果如图 5.22 所示。

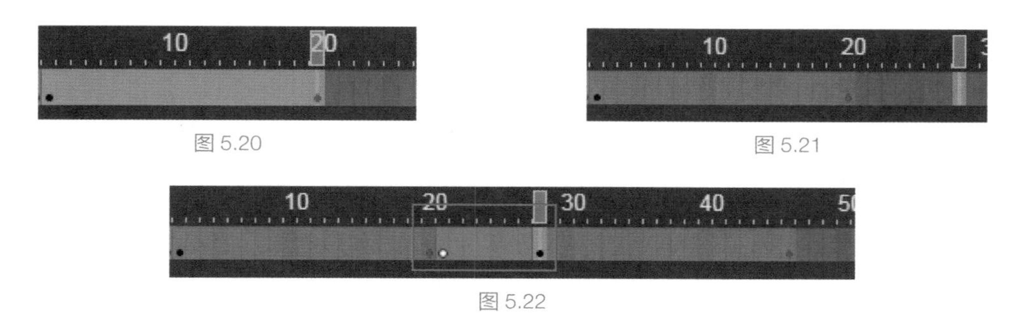

图 5.20

图 5.21

图 5.22

提示：在图5.22中，复制的动画起始位置没有与被复制的动画结束帧位置相邻，因此在第21帧到第27帧之间自动补上白点关键帧和空白帧。利用复制、粘贴操作，还可以将某个图层整体复制到同一页面或另一个页面的某个图层上。

2. 动画循环播放设置与移动帧

（1）动画循环播放设置

帧动画制作完成后，在菜单栏中选中【动画】选项，在弹出的菜单中执行【循环】命令。

（2）移动帧

① 拖动帧动画起始帧。选中帧动画起始帧，拖曳鼠标，物体帧动画的起始帧位置被改变，但物体在页面中的起始位置不会发生变化。

② 整体移动动画帧。全选物体动画帧，拖曳鼠标，物体动画帧整体位置被改变，但动画效果不会发生变化。需要注意的是，物体动画帧只能移至空帧位置。

5.3 【技能型任务】运动镜头帧动画制作——“中国电影博物馆”宣传介绍

【任务描述】动画通过移镜头、跟镜头、推镜头、拉镜头、摇镜头等艺术表现形式来介绍中国电影博物馆，使用户对中国电影博物馆有基本的认识和了解。

扫码看案例演示

【目的和要求】掌握移镜头、跟镜头、推镜头、拉镜头、摇镜头等运动效果的制作方法和技巧，并能够应用于实际任务中，以提高作品的表现力。

5.3.1 规划与设计

1. 页面规划与场景选择

通过4页内容展示中国电影博物馆。首页展示博物馆的正门全景，以明示地点；第2页展示博物馆大厅与介绍文字，反映博物馆的规模；第3页和第4页分别展示电影洗印设备长廊和主题电影展示墙，突出电影博物馆的特色。

2. 帧动画设计

① 首页用推镜头表现（制作动画）。画面从博物馆的正门全景聚焦到博物馆的大门。在这个过程中，弹出文字“走进中国电影博物馆”。动画播放结束后，博物馆大门变成了“进入博物馆”的按钮。点击该按钮，则跳转到第2页。

② 第2页的博物馆大厅用摇镜头表现（制作动画）。大厅画面从舞台右侧向左侧移动。同时，在舞台上半部分用移镜头展示博物馆的文字介绍动画。文字也是从舞台右侧向左侧移动。在文字介绍动画播放结束后，弹出跳转到电影洗印设备长廊页面和跳转到主题电影展示墙页面的按钮。点击相应的按钮，则跳转到相应的页面。

提示：摇镜头涉及视角问题，所以在制作动画时要处理好图片初始状态和终止状态的关系。

③ 第3页的电影洗印设备长廊用拉镜头表现（制作动画）。画面首先聚焦在图片文字“电影洗印设备”处，之后画面范围逐渐扩大，直至将长廊比较完整地展示出来。当动画播放结束后，弹出跳转页面按钮，点击该按钮，即可跳转到第2页。

④ 第4页的主题电影展示墙用移镜头表现（制作动画）。画面从舞台左侧向右侧移动，并伴有跳转页面按钮，点击该按钮，即可跳转到第2页。

提示：跟镜头是指摄像机始终跟随运动对象拍摄，连续而详尽地表现其运动状态或运动细节。在主题电影展示墙动画中，如果画面中有一位观众在边走边观赏展示画面，则制作帧动画时，用户看到的效果是，观众在走动，电影墙画面也在移动。但在实际页面中，观众的位置并不发生变化。这种效果就是跟镜头效果，跟的对象就是动画中的“观众”。

5.3.2 任务制作

1. 素材准备

本例需要用到的素材如图5.23所示。

2. 页面制作

新建H5，将舞台设置为宽320像素、高626像素，帧速设置为5帧/秒。

图 5.23

（1）首页制作

首页的图层及时间线的使用情况如图 5.24 所示。舞台与图片的关系如图 5.25 所示，图中红色矩形框为舞台。

图 5.24

① “文字和按钮”图层制作。在图 5.24 中，“文字和按钮”图层的第 1 ~ 39 帧为空白帧，在第 40 帧输入文字“走进中国电影博物馆”，在第 60 帧添加跳转按钮（博物馆大门处的红色三角形，其添加有预置动画）。将跳转按钮的行为与触发条件设置为“跳转到下一页、点击”。

② 推镜头效果制作。在“正门”图层的第 1 帧，导入博物馆正门的全景图片。在第 14 帧插入一个关键帧，并将其作为帧动画的起始帧，将第 60 帧作为帧动画的结束帧。

图 5.25

（2）第 2 页制作

第 2 页的图层及时间线的使用情况如图 5.26 所示。第 1 帧、第 5 帧、第 88 帧、第 89 帧的制作效果分别如图 5.27 至图 5.30 所示。图中红色矩形框为舞台。

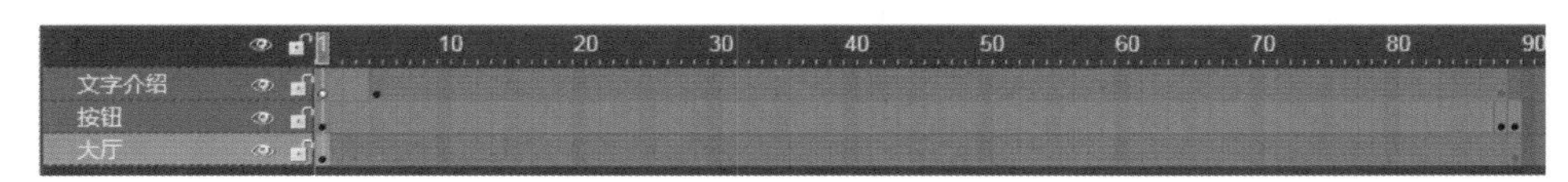

图 5.26

① 博物馆介绍文字的移镜头效果帧动画是在大厅帧动画开始 0.8 秒后才开始播放的。这样制作的好处是给用户留出反应时间。博物馆介绍文字的动画起始帧和结束帧在时间线上的位置如图 5.26 所示。

图 5.27

图 5.28

图 5.29

图 5.30

在“按钮”图层中，在舞台上方绘制了一个横贯舞台的白色矩形，其衬于文字下方，以便用户阅读文字。在博物馆介绍文字的最后一个字离开舞台的同时，白色矩形也从舞台上消失。

② “按钮”图层共有 89 帧，比博物馆介绍文字的帧动画多一帧，第 89 帧是新插入的关键帧，在该帧上不存在白色矩形，只有两个按钮及相应的提示文字，如图 5.30 所示。这是为了实现在博物馆介绍文字离开舞台后白色矩形消失并弹出跳转按钮的效果。将两个按钮的行为与触发条件都设置为“跳转到页、点击”，参数设置分别为“3”和“4”，即跳转到第 3 页和第 4 页。

③ 博物馆大厅摇镜头效果帧动画的起始帧为第 1 帧，终止帧为第 89 帧，它们在时间线上

的位置如图 5.26 所示。

（3）第 3 页制作

第 3 页的图层及时间线的使用情况如图 5.31 所示。

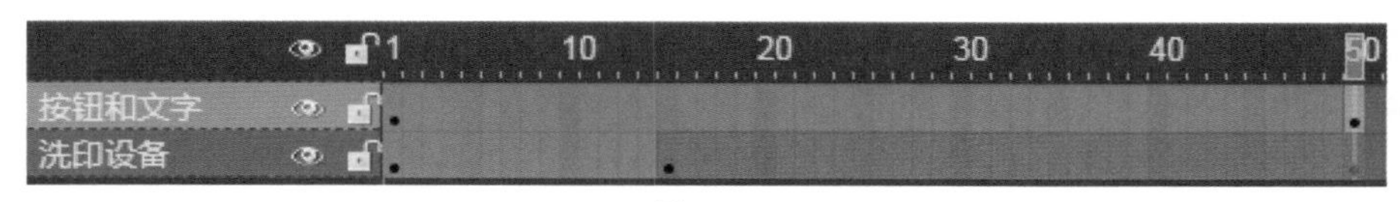

图 5.31

电影洗印设备长廊拉镜头效果的帧动画在舞台上的起始画面和终止画面分别如图 5.32 和图 5.33 所示。图中的红色矩形框为舞台。

图 5.32

图 5.33

图 5.33 右上角出现的按钮是返回第 2 页的操作按钮。按钮的行为与触发条件的设置是“跳转到页、点击”，参数设置为“2”（跳转到第 2 页）。

（4）第 4 页制作

第 4 页的图层及时间线的使用情况如图 5.34 所示。

图 5.34

主题电影展示墙移镜头效果帧动画的制作方法与博物馆介绍文字移镜头效果的制作方法相同，这里不再介绍。

提示：本任务中，在第2～4页底部的文字都处于“按钮”图层中。

5.4　【技能型任务】逐帧动画“倒霉的猫”

【任务描述】“倒霉的猫”动画配有背景音乐，表现的是这样一个情景：一只猫纵身跃起，欲抓从其头顶飞过的大雁，在猫快要抓到大雁时，大雁的便便正好落下，掉在了猫的头上，结果猫扑了个空，而大雁安然飞出了画面。

扫码看案例演示

【目的和要求】掌握逐帧动画设计和制作的方法和过程。

5.4.1 规划与设计

1. 任务分析

动画“倒霉的猫”中需要场景、猫、大雁、大雁的便便和背景音乐这些物体。除背景音乐需要单独使用一个图层外，对于其余物体都需要制作帧动画，因此也需要各占一个图层。根据故事描述，理清物体之间的层次关系非常重要。场景图层必须处于猫、大雁和大雁的便便所在的图层之下，而猫、大雁和大雁的便便在画面中不存在遮挡关系，因此可以不用考虑这 3 个图层的前后（上下）顺序。

2. 规划设计

（1）图层规划与设计

本任务的图层顺序从下到上分别是图层 0（场景）、图层 1（猫）、图层 2（大雁）、图层 3（大雁的便便）、图层 4（背景音乐）。

（2）猫的动作规划与设计

猫抓大雁的跳跃动作可分解为 9 个，如图 5.35 所示。

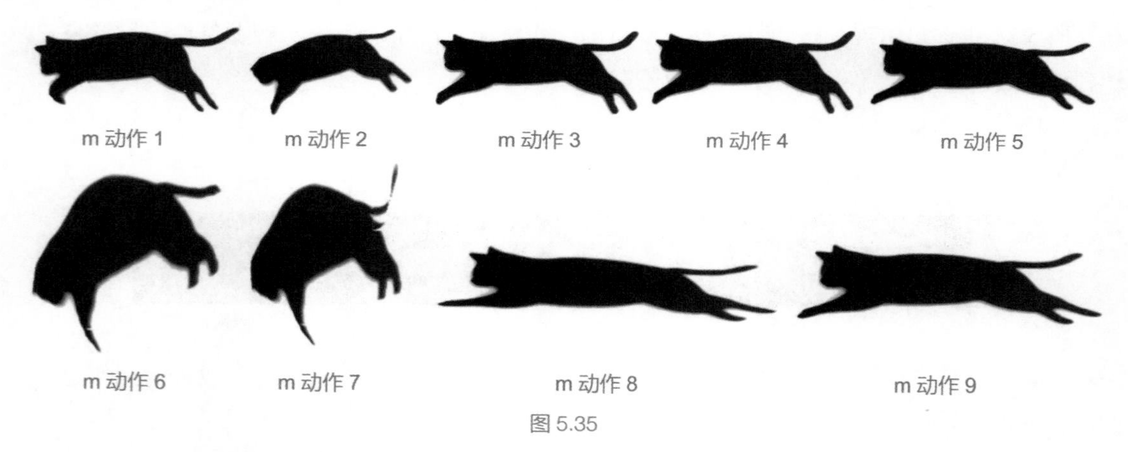

图 5.35

（3）大雁的动作规划与设计

大雁飞行的动作可分解为 9 个，如图 5.36 所示。

图 5.36

图 5.36（续）

（4）动画行为规划与设计

本任务的动画行为规划脚本如图 5.37 所示，图中展示了猫和大雁的起始位置，以及猫接近大雁、大雁飞至猫头顶的位置。

图 5.37

（5）配乐设想

本任务的动画内容较短，所以可准备一段 10 秒左右并适合故事情节的音乐作为背景音乐。

5.4.2　任务制作

1. 准备素材

准备 1 张场景图片素材，如图 5.38 所示；准备 9 张猫抓大雁的跳跃动作分解图（见图 5.35）和 9 张大雁飞行动作的分解图（见图 5.36）；准备一段 10 秒左右的背景音乐。大雁的便便可在舞台上绘制。

图 5.38

2. 新建作品和图层

新建一个 H5，将舞台设置为宽 520 像素、高 320 像素。除已有的图层 0 外，再依次建立 4 个图层，如图 5.39 所示。

3. 制作动画场景

选中场景图层，将场景图片导入舞台，根据舞台尺寸调整图片大小。

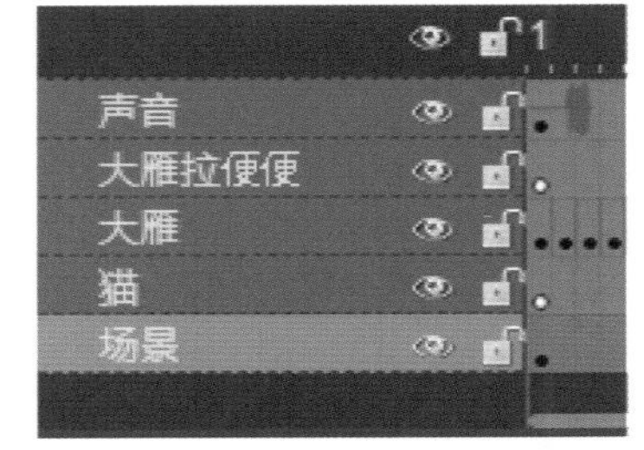

图 5.39

制作场景帧动画，起始帧为第 1 帧，终止帧为第 72 帧。图片在起始帧和终止帧的位置如图 5.40 和图 5.41 所示。图中的红色矩形框为舞台。

图 5.40

图 5.41

4. 制作猫抓大雁的跳跃动作的动画

在制作动画时，每个动作的起始帧都必须是关键帧。猫抓大雁 9 个动作的动画制作过程如下。

① 在“猫”图层的时间线上添加 9 个关键帧，分别作为 9 个动作的起始点，本任务中添加的 9 个关键帧的位置（动作起始帧号）如表 5.1 所示。

② 按顺序分别选中表 5.1 中的 9 个关键帧，并将动作分解图导入舞台。

③ 在“猫”图层的时间线上再分别添加 9 个关键帧作为动画结束帧，如表 5.1 所示。移动图片到动画的结束位置，调整图片的尺寸和角度。

表 5.1

猫跳跃动作顺序号	1	2	3	4	5	6	7	8	9
动作起始帧号（插入关键帧位置）	9	14	18	23	26	30	35	39	43
动作终止帧号	13	17	22	25	29	34	38	42	45

按照上面的步骤制作完成后，猫跳跃动作的 9 个分解动作在舞台上的位置和角度如图 5.42 所示。图中的蓝色区域为舞台，黑色矩形块表示猫。

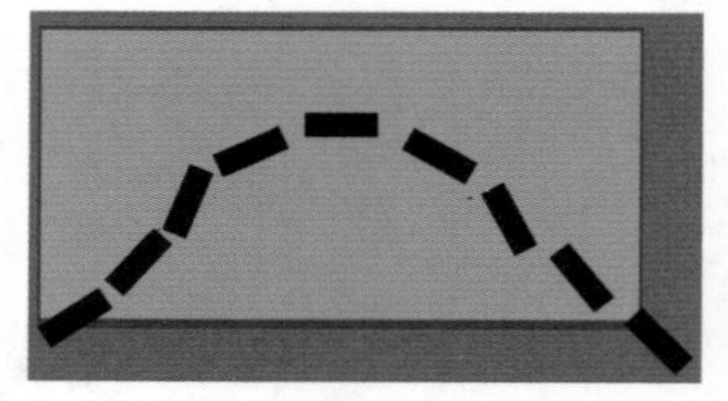
图 5.42

5. 大雁飞行动作的动画制作

大雁飞行的动画在图层 2 上制作。从大雁飞入舞台到水平移动飞出舞台，共需 72 帧（从时间线上的第 1 帧开始到第 72 帧结束）。本任务中，大雁飞行动画的一个分动作只占用一帧，因此连续播放 9 张图即可完成一套完整的飞行动作。

① 选中“大雁”图层，在第 2 帧到第 9 帧之间插入关键帧。

② 按大雁飞行动作分解图的顺序，将 9 张图片分别导入第 1 帧到第 9 帧的关键帧。

③ 调整每张大雁飞行动作分解图的尺寸和位置。

④ 选中 9 帧（第 1 帧到第 9 帧），复制 7 次。每复制一次，就调整一次分解图的位置。

提示：大雁的每个动作占用一帧，8组动作共占72帧。每个动作（除结束动作外）移动7像素，共移动448像素［8组（动作）×8次×（每个动作移动）7像素=448像素］。每个结束动作移动9像素，共占用72像素。448+72=520（像素），这正好与舞台宽度（520像素）相等。所以，大雁从舞台

左侧向舞台右侧移动，第1个动作距舞台左侧0像素，第2个动作距舞台左侧7像素，第3个动作距舞台左侧14像素，以此类推，即可安排大雁在舞台上的位置。本任务中，大雁飞行动作分解图距舞台上边缘的距离设置为41像素。

6. 大雁拉便便的动画制作

时间线的第 19 帧至第 25 帧是舞台上大雁和猫相逢的一段。大雁的便便在此段中落下能于第 25 帧处掉在猫的头上。这段动画的具体制作方法如下。

① 选中“大雁拉便便”图层，在第 19 帧处插入一个关键帧，然后选中这一帧，在舞台上绘制图 5.43 所示的褐色小圆点作为大雁的便便。

② 在第 25 帧上单击鼠标右键，在弹出的菜单中执行【插入关键帧动画】命令。

③ 选中第 25 帧，将大雁身体下方的褐色小圆点移至猫的头上，效果如图 5.44 所示。

图 5.43

图 5.44

7. 导入背景音乐

① 选中“声音”图层的第 1 帧，在工具箱中单击导入声音工具，将准备好的背景音乐导入舞台，并将声音图标拖曳至舞台外的任意位置，以避免声音图标出现在动画中。

② 选中声音图标，然后在【属性】选项卡中打开【自动播放】设置。

③ 在图层 4 的第 72 帧上单击鼠标右键，在弹出的菜单中执行【插入关键帧】命令，可使背景音乐从动画开始播放至动画结束。

提示：在本任务中，猫和大雁的动画都只分解了9个动作。如果要使猫和大雁的动画看起来更流畅、自然，可以将动作分解得更细致。

5.5　【技能型任务】逐帧交互动画“风景如画”

【任务描述】本任务要实现的主要效果：用户在窗帘绳上每做一次向下滑动操作，窗帘就打开一部分，直到将窗帘全部打开；窗帘每打开一部分，小猫就摇动一下尾巴。

扫码看案例演示

【目的和要求】掌握逐帧动画的交互设计与制作技术。

5.5.1 规划与设计

1. 图层规划与设计

本任务中包括小猫、床、窗帘（包括左、右窗帘及窗帘绳）、房屋墙壁和窗外风景 6 个物体，并且 6 个物体之间存在由里到外（由前到后）的层次关系，如图 5.45 所示。明确物体之间的层次关系，安排好图层非常重要。

图 5.45

小猫、窗帘（左、右窗帘）需要制作动画，须各安排一个图层。窗外风景处于这两个动画图层之后，也需要安排一个图层。床、窗帘绳处于窗帘之前，但它们不需要制作动画，所以分配一个图层即可。由于执行作品后，初始画面须处于静止状态，所以需要制作一个“静止装置”（“静止装置”只需要一帧），因此还要为此分配一个图层。

2. 动画规划与设计

任务中，用户每在窗帘绳上向下滑动一次，窗帘就打开一部分，小猫就摇动一下尾巴（小猫的行为与窗帘打开的行为是同步的）。为此小猫动画以一帧一个画面（逐帧）制作，窗帘动画利用帧动画技术制作。

5.5.2 任务制作

1. 素材准备

准备素材，并利用图片处理软件对素材进行处理，处理结果如图 5.46 所示。

图 5.46

2. 动画制作

本任务的图层安排如图 5.47 所示，时间线的第 1 帧和第 10 帧（最后一帧）页面的制作效果分别如图 5.48 和图 5.49 所示。

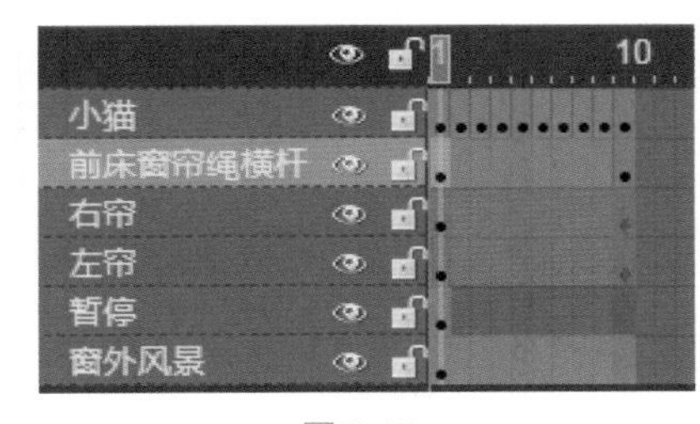

图 5.47

图 5.48

图 5.49

① 新建 H5，将舞台设置为宽 320 像素、高 520 像素。

② 新建图层。导入素材到相应图层中，调整素材的尺寸和位置。

③ 制作小猫逐帧动画和窗帘帧动画。小猫第 1 ~ 10 帧的动作所导入的图片顺序是小猫 1、小猫 2、小猫 3、小猫 2、小猫 1、小猫 2、小猫 3、小猫 2、小猫 1、小猫 2。

④ 窗帘帧动画起始帧和终止帧在舞台上的位置和尺寸如表 5.2 所示。

表 5.2

窗帘	帧号	宽/像素	高/像素	左/像素	上/像素
左窗帘	1	136	388	23.4	32.3
	10	25	387	20	30
右窗帘	1	127	389	157.7	50
	10	25	379	241	52

⑤ 窗帘绳在舞台上的尺寸和位置分别为宽 23 像素、高 505.8 像素、左 –2 像素、上 –200 像素。在【属性】选项卡中，设置窗帘绳为垂直拉动，拉动结束后不复位。将窗帘绳的行为与触发条件设置为“向下滑动、下一帧”。

⑥ 将白色矩形的行为与触发条件设置为“暂停、出现”。

⑦ 在窗帘绳所在图层，在窗帘顶端位置，绘制一个窗帘横杆，使其遮住窗帘顶部。在本图层中，需要将“窗帘横杆”及“床”排列在“窗帘绳”图片之前。

5.5.3　循环交互效果逐帧动画设计与制作

在本任务中，循环交互是指在连续向下拉动窗帘绳的情况下，实现窗帘“拉开—关闭”的无限循环效果。制作此效果仅需在 5.5.2 小节所讲内容的基础上进行改进即可。

制作效果如图 5.50 至图 5.53 所示。

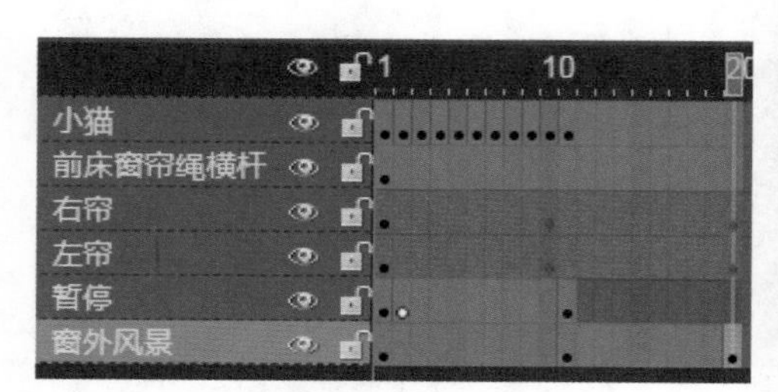

图 5.50

图 5.51

图 5.52

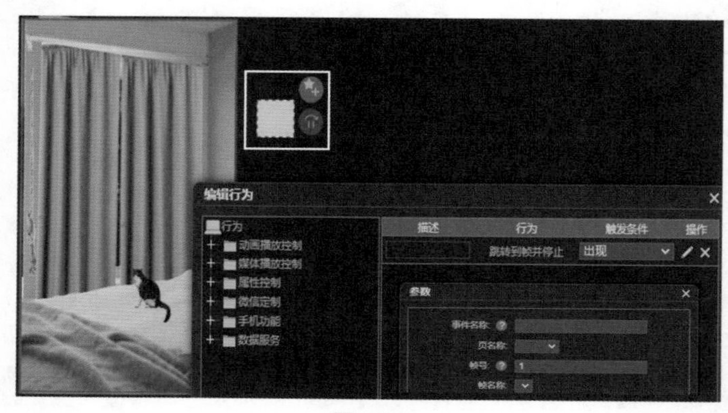

图 5.53

图 5.50 所示为图层分配和时间线的使用情况。图 5.51 至图 5.53 所示分别为窗帘在第 1 帧、第 10 帧、第 20 帧时在页面中的位置。

在“窗外风景”图层的第 20 帧位置插入一个关键帧，在该图层、该帧位置上绘制一个白色矩形（图 5.53 所示的白色矩形）。将白色矩形的行为与触发条件设置为“跳转到帧并停止，出现”，参数设置为“1”，即跳转到第 1 帧，如图 5.53 所示。

5.6 任务训练

“流星雨”游戏交互帧动画设计与制作

【任务内容】动画表现的是天空中不断地出现流星雨，有3个小朋友坐在山坡上，人手一个气球，边看流星雨边放气球。当用户点击任意一位手中有气球的小朋友后，该小朋友手中的气球就会飞向空中。对于手中没有气球的小朋友，点击其身旁的小包包，小朋友手中就会出现气球。

扫码看案例演示

训练提示

（1）制作内容和交互方式

首先需要分析出制作作品所包括的内容，如添加舞台背景、制作流星雨动画、制作小朋友和气球图片、制作气球动画，设置气球、小朋友、小包包三者之间的互动行为与触发条件。

（2）制作内容及基本步骤

① 素材准备与处理。

② 新建 H5，设置舞台属性。

③ 制作流星雨帧动画和流星雨动图。

④ 规划图层，导入小朋友、气球、流星雨动图到舞台上，并排版。

⑤ 绘制小包包。

⑥ 制作气球帧动画。

⑦ 设置气球、小朋友、小包包之间的互动行为与触发条件，完成互动效果制作。

（3）收集和处理素材

参照作品样例，收集和处理图片素材，包括 1 张背景图片、3 张小朋友图片、3 张气球图片、3 张小包包图片。

第 6 章

特型动画

利用木疙瘩平台，除了可以制作预置动画和帧动画，还可以制作进度动画、路径动画、变形动画、遮罩动画、元件动画等特型动画。创作者可以根据设计的需求，灵活选择合适的动画效果进行设计创作。本章主要介绍特型动画，主要内容如图6.1所示。

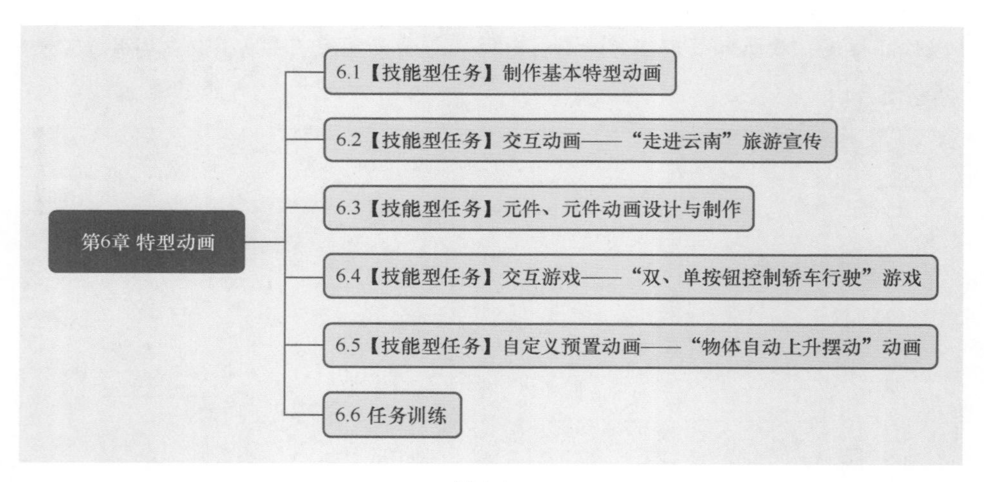

图 6.1

6.1　【技能型任务】制作基本特型动画

【任务描述】利用进度动画、路径动画、变形动画、遮罩动画技术分别完成“节约用水”“UFO来了”“企业标志转换为产品”“春节快乐”这4个动画的制作。

【目的和要求】认识和理解各种特型动画的表现形式和特点，掌握各种特型动画制作技术的使用方法和过程。

6.1.1　进度动画——“节约用水”公益广告

进度动画是用于呈现图形和文字形成过程的动画。

扫码看案例演示

1. 任务要求

制作水滴滴落和文字“水是生命之源”的进度动画。要求水滴、文字进度动画连续播出，播出顺序是水滴、文字。

2. 任务制作

① 新建 H5，将舞台设置为宽 320 像素、高 520 像素。为舞台添加背景图片，如图 6.2 所示。

② 选中图层 0 的第 1 帧，利用绘制工具、变形工具、节点工具绘制水滴图形，将水滴填充色设置为无色、边框颜色设置为黑色；然后输入文字“水是生命之源”，设置文字的字体、字号和颜色。最终效果如图 6.3 所示。

图 6.2

图 6.3

提示：将填充色设置为无色的操作是将调色板中的调色球滑动到滑杆的最左端，如图6.4所示。

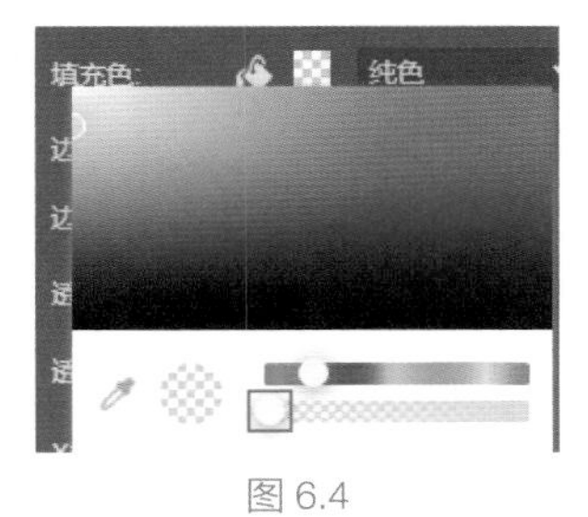

图 6.4

3. 添加进度动画

① 在图层 0 及时间线的第 49 帧位置插入帧。

② 在图层 0 及时间线的第 1 帧至第 49 帧之间的任意一帧位置，单击鼠标右键，在弹出的菜单中执行【插入进度动画】命令，结果如图 6.5 所示。

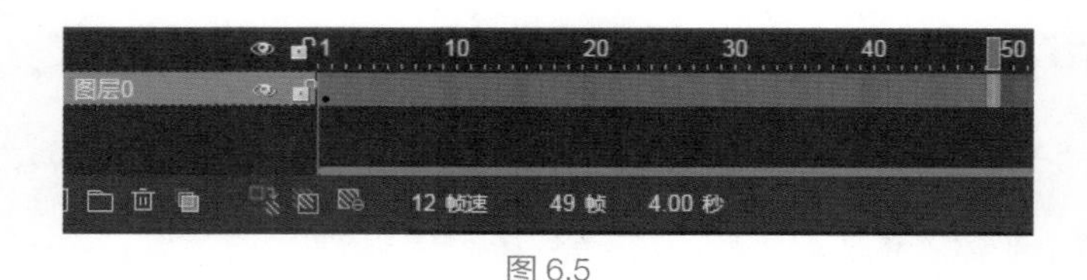

图 6.5

提示：包含多个物体的进度动画，遵循先制作先播出的原则。另外，制作进度动画时，需要掌控好动画播放速度，播放速度受动画帧数和舞台帧速的影响。

③ 设置动画循环播放。单击菜单栏中的【动画】选项，在弹出的菜单中执行【循环】命令。

4. 预览、保存和发布作品

预览动画效果，然后保存并发布作品。

6.1.2 路径动画——“UFO 来了”动画

路径动画指物体沿指定的运动路径运动的动画，简化了对帧动画运动路径的设置，使帧动画中运动的物体能够根据制作要求，沿为其设置的运动路径运动。路径动画本质上还是帧动画。

1. 任务要求

“UFO 来了”路径动画的制作要求：H5 作品宽 520 像素、高 320 像素；以提供的城市夜空图片（见图 6.6）作为舞台背景；将提供的 UFO 图片（见图 6.7）导入舞台，制作 UFO 路径动画，使 UFO 从右上角进入页面，然后在页面上半部分盘旋，之后从页面底部离开。

图 6.6

图 6.7

扫码看案例演示

2. 任务制作

（1）设置舞台方向，导入图片素材

新建一个 H5，将舞台设置为横屏（宽 520 像素、高 320 像素），将城市夜空图片设置为舞台背景。

（2）制作 UFO 直线飞行帧动画

将 UFO 图片导入舞台，然后制作 UFO 直线飞行的帧动画。将帧动画设置为 60 帧，起始帧为第 1 帧，终止帧为第 60 帧。UFO 直线飞行帧动画在舞台上的起始位置如图 6.8 所示，终止位置如图 6.9 所示。

图 6.8

图 6.9

（3）设置路径变化节点

完成上一步操作后，预览的动画效果是 UFO 从画面的右上角飞入，然后直线飞至画面正下方，再飞出画面。由任务要求可知，UFO 的飞行路径是曲线型的，因此需要在帧动画直线运动的基础上制作 UFO 曲线飞行的效果，这就要设置路径变化节点，即在时间线的第 1 帧（起始帧）至第 60 帧（终止帧）之间插入 5 个关键帧（设置 5 个路径变化节点），如图 6.10 所示。

图 6.10

（4）自定义路径

在时间线的第 1 帧至第 60 帧之间的任意一帧上单击鼠标右键，在弹出的菜单中执行【自定义路径】命令，舞台上将显示出动画的运动路径，注意执行该命令后显示的动画路径为直线。要想制作出 UFO 曲线飞行的效果需要对图 6.10 中所添加的关键帧进行相应的操作才能实现。调整路径的方法有以下两种。

① 拖动物体。在时间线上分别选中每个关键帧，在舞台上拖动物体（UFO），移动其位置，即可改变物体（UFO）的运动路径，如图 6.11 所示。

② 利用节点工具。在工具箱中单击节点工具，然后在舞台上用鼠标框选整个路径，可以看到路径上显示出前面设置的路径变化节点，如图 6.12 所示，调整这些节点即可改变物体（UFO）的运动路径。

图 6.11

图 6.12

提示：在时间线上的任意一个动画帧上单击鼠标右键，在弹出的菜单中执行【切换路径显示】命令，即可显示/隐藏动画路径。

（5）调整 UFO 的大小、形状和角度

① 显示帧动画路径后，单击工具箱中的变形工具 / 节点工具，然后在动画路径中的任意位置单击，动画路径上将显示出关键帧节点（黄色圆点），如图 6.13 所示。

② 单击选中需要调整的关键帧节点，该节点的两端会弹出调节拉杆，如图 6.14 所示。

图 6.13

图 6.14

③ 拖曳调节拉杆端头上的小圆球，调整 UFO 的大小、形状和角度。

本任务制作的效果是 UFO 从画面的右上角飞入，由远到近飞至画面正下方后飞出画面。表现远距离时需要将 UFO 调小。

提示：在作品“UFO来了”中，利用路径动画制作出了UFO飞行的效果。下面来分析能否利用路径动画技术制作汽车行驶的效果。

表现汽车行驶的视角不同，视觉图也不同。其中，俯视汽车行驶的视觉图如图 6.15 所示，平视汽车行驶的视觉图如图 6.16 所示。

图 6.15　　图 6.16

从图 6.15 中可以确定，俯视汽车行驶完全可以利用路径动画技术制作完成。对于平视汽车行驶（见图 6.16）的效果是无法利用路径动画技术制作完成的，因为路径动画无法制作车辆“变形”的效果，制作前需要先准备好车辆运动分解图，然后利用帧动画进行分段制作。分解图越多，分解得越细，制作出的动画效果越好。

6.1.3 变形动画——“企业标志转换为产品”动画

变形动画是指将一个图形变成另一个图形的动画。

1. 任务要求

默认舞台设置，利用绘制工具在舞台上绘制一个红色的五角星（企业标志），如图 6.17 所示。制作变形动画，将五角星变形为绿色轿车（产品），如图 6.18 所示。

图 6.17

图 6.18

扫码看案例演示

2. 绘制五角星

① 单击图层 0 的第 1 帧，然后使用绘制工具在舞台中绘制一个五边形，如图 6.19 所示。

② 单击工具箱中的变形工具，弹出物体转换提示对话框，单击【确定】按钮，如图 6.20 所示。

③ 单击工具箱中的节点工具，五边形上会出现节点，拖动这些节点，将五边形调整成五角星，并设置五角星的颜色和边框宽度，效果如图 6.21 所示。

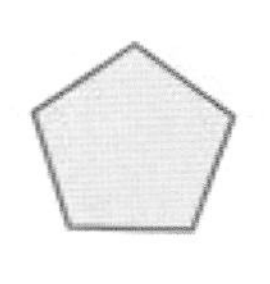

图 6.19

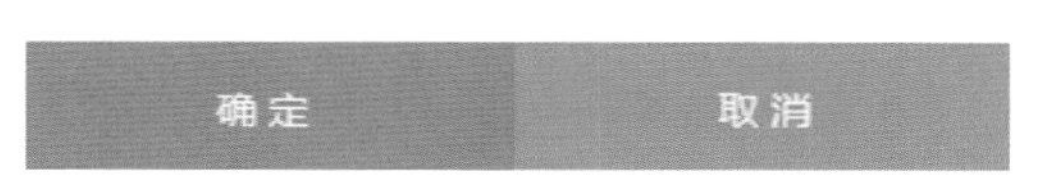

图 6.20

图 6.21

提示：用五边形绘制五角星的另一种方法。

① 绘制出五边形，如图 6.19 所示。

② 选中五边形，单击工具箱中的节点工具，五边形上会出现 3 个节点，如图 6.22 所示。

③ 选中图 6.22 中五边形边的中间节点，按住鼠标左键逆时针拖动图形，如图 6.23 所示。

④ 当出现一个新节点之后松开鼠标左键，如图 6.24 所示。

⑤ 选中图 6.24 中五边形上的新增节点，如图 6.25 所示。按住鼠标左键向图形中心方向拖动图形，在呈现出五角星状态时，松开鼠标左键，结果如图 6.26 所示。

⑥ 转换图形类型。单击工具箱中的变形工具 ，弹出物体转换提示对话框，单击【确定】按钮，如图 6.20 所示。

⑦ 选中五角星，图形右上角出现一个绿色的旋转图标，如图 6.27 所示。

⑧ 选中旋转图标，根据需要转动图形，将五角星调正。

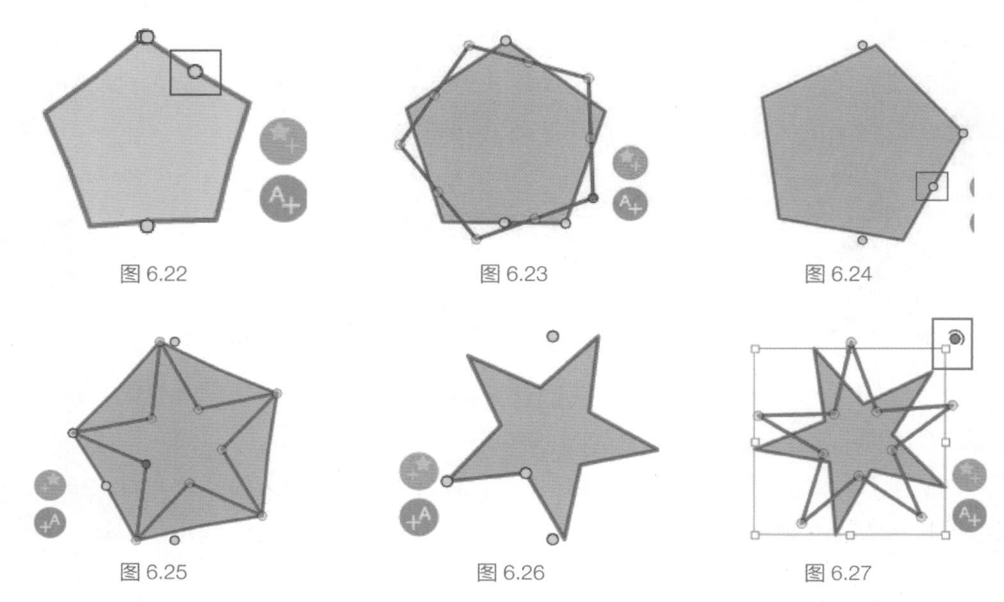

图 6.22 图 6.23 图 6.24

图 6.25 图 6.26 图 6.27

另外，用五边形还可绘制各种多边形。图 6.22 中的 3 个节点，在绘制不同的图形时所承担的作用也是不同的。选中不同的节点，进行上、下、左、右，以及逆时针或顺时针方向拖动或旋转后所呈现出的图形是不同的。拖动图 6.22 中的不同节点并旋转后产生的 5 个图形实例如图 6.28 所示。

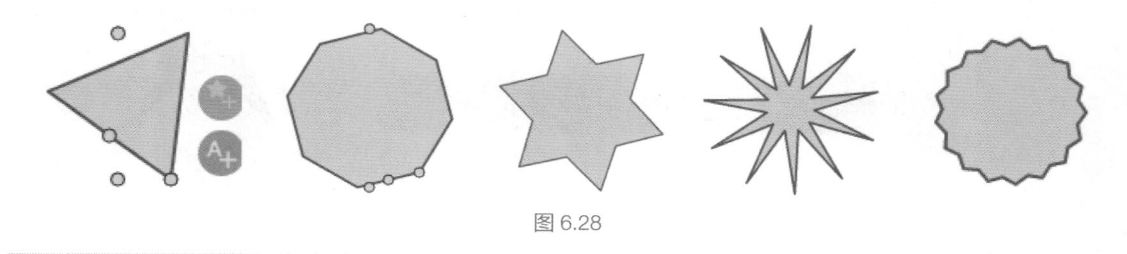

图 6.28

3. 制作变形动画

① 在图层 0 的第 60 帧上单击鼠标右键，在弹出的菜单中执行【插入变形动画】命令，结果如图 6.29 所示。

图 6.29

② 单击五角星，选中并拖动五角星上的节点，将五角星调整为汽车图形，并填充颜色，如图 6.30 所示。

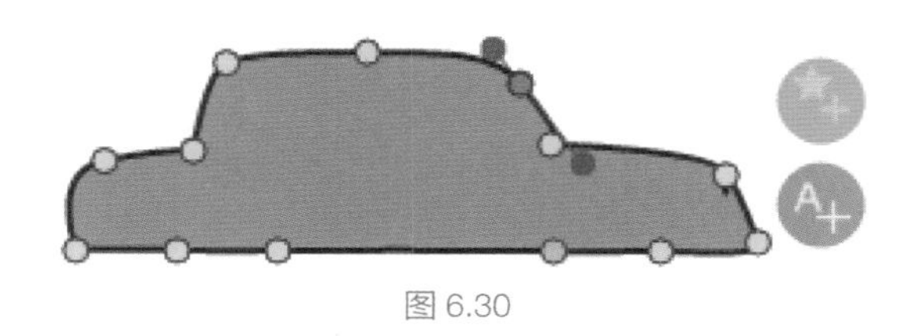

图 6.30

提示：如果五角星上的节点数量不足以将其调整为汽车图形，那么就需要在五角星上添加节点，方法是选中五角星上的某个节点并单击鼠标右键，在弹出的菜单中执行【节点】/【添加节点（细分）】命令，如图 6.31所示。

图 6.31

③ 为汽车添加车窗和车轮。新建图层 1，在图层 1 的第 60 帧上单击鼠标右键，在弹出的菜单中执行【插入关键帧】命令。然后绘制汽车的车窗和车轮，并为其填充颜色，完成后的汽车如图 6.18 所示。

4. 为汽车增加一段展示时间

分别在图层 0 和图层 1 的第 80 帧上单击鼠标右键，在弹出的菜单中执行【插入帧】命令，如图 6.32 所示。

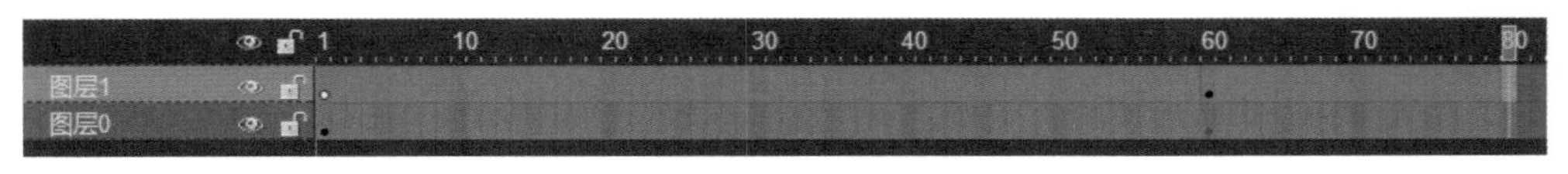

图 6.32

提示：如果需要页面停留在变形动画结束帧，可采取的方案是，在变形动画结束帧后添加一个关键帧，在舞台之外绘制一个图形，将图形的行为与触发条件设置为“暂停、出现”。制作文字变形动画的方法与制作图形变形动画的方法相同，扫描二维码即可观看制作过程讲解。

扫码看案例演示

6.1.4　遮罩动画——“春节快乐”音乐贺卡

1. 遮罩的概念

遮罩，简单来说，就是在动画层上盖一个有“窗口”的盖子，透过“窗口”可以看到动画层中的内容。当内容为动画时，就被称为遮罩动画。例如，有 A（见图 6.33）、B（见图 6.34）两张扑克牌，将 B 扑克牌上开了一个“窗口”，如图 6.35 所示。然后将其盖在 A 的上面，这样就可通过 B 上的“窗口”看到 A 中的内容，如图 6.36 所示。

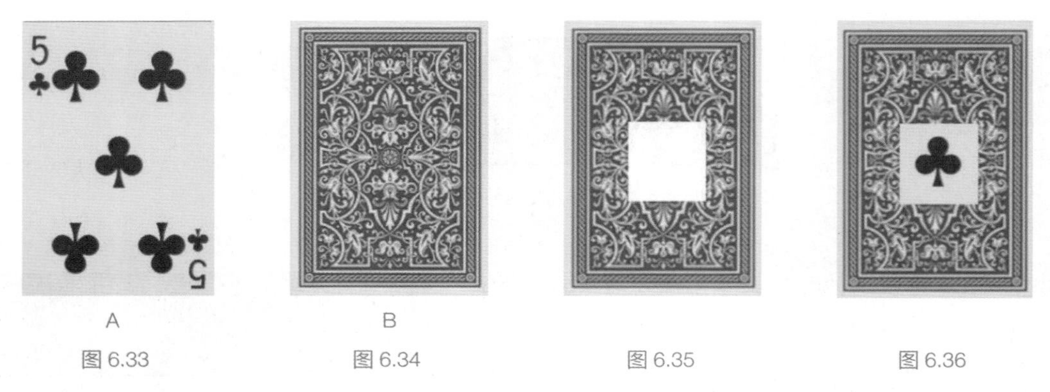

A B

图 6.33 图 6.34 图 6.35 图 6.36

制作遮罩效果，至少需要两个图层，遮罩层在上方，被遮罩层在下方。遮罩层只需提供“窗口”即可，也就是说，制作遮罩就是制作遮罩层的显示“窗口”。制作遮罩效果最重要的是明确遮罩与被遮罩的关系。

2. 任务要求

利用提供的公有素材（见图 6.37）及音乐制作页面。其中，最后两个素材是 GIF 动画。在页面上制作“春节快乐”走光遮罩动画。

图 6.37

3. 基础页面制作

① 新建 H5，将舞台设置为宽 530 像素、高 320 像素。

② 添加 5 个图层，图层分配结果如图 6.38 所示。

③ 添加背景音乐，并选中“基础页面”图层的第 1 帧，导入背景图片素材，调整图片的尺寸和位置，效果如图 6.39 所示。

图 6.38

图 6.39

④ 在“文字衬图黄色”图层的第 1 帧输入文字“春节快乐”，绘制黄色矩形，并将文字排列在前。

⑤ 在“装饰框和星星”图层的第1帧导入星星动图。

基础页面的制作效果如图6.39所示。

4. 遮罩动画制作

① 制作“走光”帧动画。在“帧动画”图层制作“走光”帧动画。动画的起始帧为第1帧，结束帧为第41帧，效果分别如图6.40和图6.41所示。

图6.40

图6.41

② 制作遮罩。首先在“白圆角矩形遮罩”图层的第1帧中绘制白色圆角矩形，即制作遮罩图层显示区域，效果如图6.42所示。

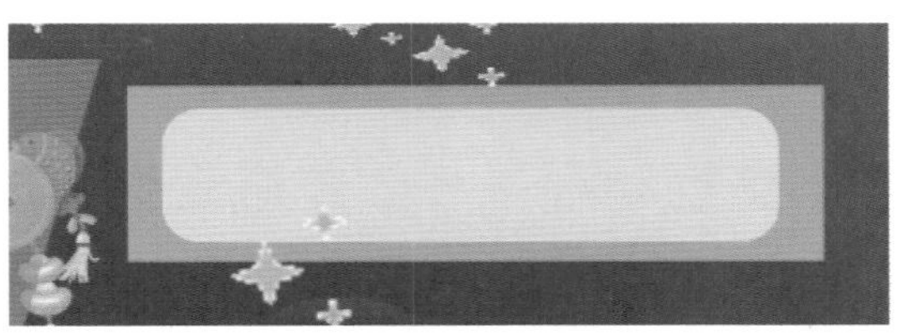

图6.42

③ 遮罩图层设置。选中“白色圆角矩形”图层，单击【转为遮罩层】按钮，“帧动画”图层变为被遮罩层，如图6.43所示。选中“文字衬图黄色”图层，单击【添加到遮罩】按钮，“文字衬图黄色”图层也变为被遮罩层，如图6.44所示。

图6.43

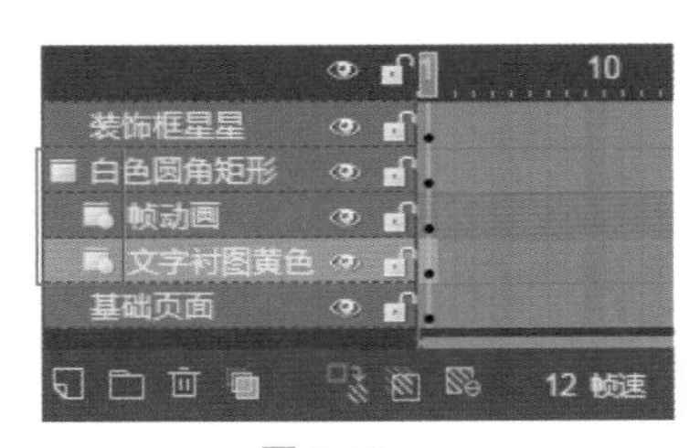

图6.44

5. 绘制装饰图形，将图层补帧

① 在“装饰框星星”图层绘制圆角矩形装饰框。将装饰框的填充色设置为无色，边框色设置为红色。

② 将所有图的图层帧数补齐为41帧，如图6.45所示。第1帧的制作效果如图6.45所示。

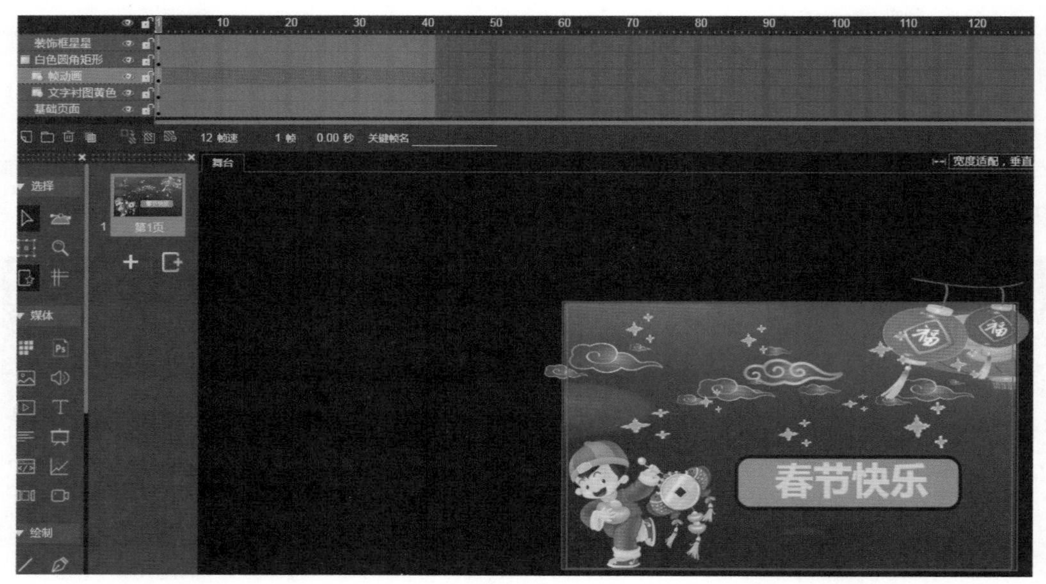

图 6.45

6.2 【技能型任务】交互动画——“走进云南”旅游宣传

【任务描述】任务包括两个页面。第1页为旅游宣传页，以蓝天白云、绿色的山脉和草地为背景，场景是一架飞机由远及近掠过页面，高铁和旅行车横穿页面；在页面中间的窗口处嵌入一张风光图片，在风光图片上面显示有文字“走进云南”；宣传语“彩云之南人间仙境”以渐进的方式出现在页面左上方。单击按钮跳转到第2页。第2页的内容是云南主要旅游区的线路动画和云南风光图片的展示动画。

【目的和要求】熟练掌握各种动画的制作技能，提高综合运用多种动画技术设计制作作品的能力。

扫码看案例演示

6.2.1 规划与设计

1. 第 1 页规划与设计

① 宣传语用进度动画表现。

② 为页面中嵌入的图片添加一个装饰框，使页面呈现出层次感。在表现形式上，为装饰框添加进度动画以突出重点，并加强层次感。

③ 飞机动画用路径动画制作。

④ 高铁动画用帧动画制作。

⑤ 旅行车和高铁动画分层制作，使画面具有立体感。

⑥ 旅行车动画用添加预置动画的方式制作。

⑦ 采用叶片作为跳转页面的按钮，以使按钮与页面内容风格统一。为按钮添加预置动画，以便用户识别、操作。

2. 第 2 页规划与设计

① 主要旅游区的线路用路径动画展示，比较生动。根据线路特点，以云南省会——昆明为中心，规划出昆明 ~ 昭通、昆明 ~ 红河、昆明 ~ 怒江、昆明 ~ 德宏、昆明 ~ 西双版纳这 5 条线路。

② 风光图片，采用将图片先处理成长图，再制作成遮罩动画的方式展示。

6.2.2　任务制作

1. 素材准备和处理

按任务描述的要求准备和处理素材，如图 6.46 所示。

图 6.46

2. 第 1 页制作

新建 H5，将舞台设置为宽 626 像素、高 320 像素。然后新建图层，导入素材，制作动画。第 1 页制作完成后，图层的设置、分配及动画占用时间线的情况如图 6.47 所示。

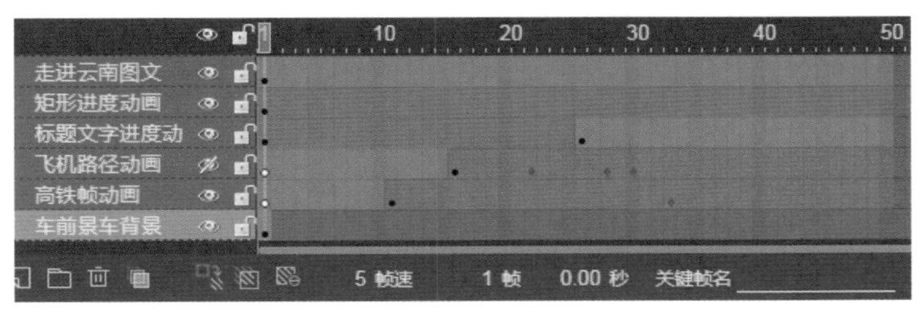

图 6.47

（1）“车前景车背景”图层的第 1 帧制作

“车前景车背景”图层的制作效果如图 6.48 所示。

图 6.48

① 导入素材。素材由底层到顶层（从后往前）的排列顺序依次为蓝天白云图片、旅行车图片、绿植图片、叶片按钮图片、文字“点击”。

② 图 6.48 中的两辆旅行车预置动画的动画选项设置结果分别如图 6.49 和图 6.50 所示，预置动画的属性设置结果都如图 6.51 所示。

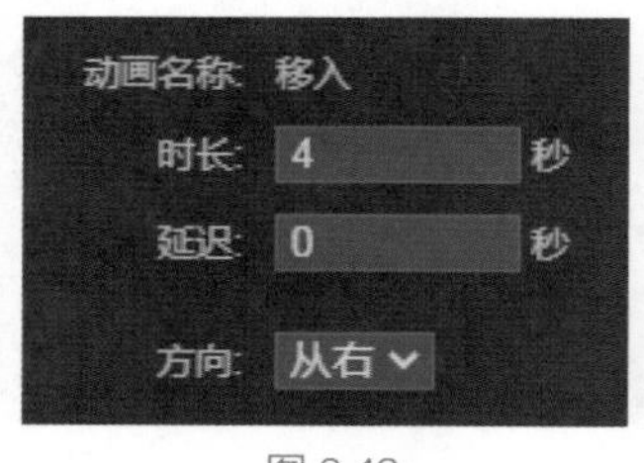

图 6.49

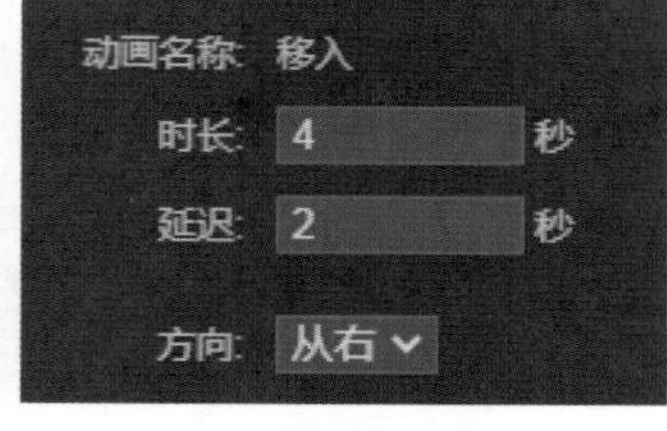

图 6.50

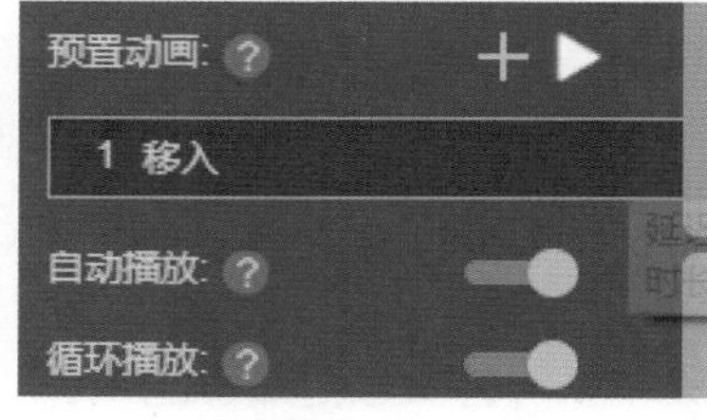

图 6.51

③ 将叶片按钮图片的预置动画设置为“强调，晃动，自动循环播放”。

④ 将文字“点击”的行为与触发条件设置为“点击、跳转到下一页”。

（2）进度动画制作

① 在“标题文字进度动画”图层中输入标题文字，制作进度动画。进度动画的起始帧是第 1 帧，结束帧是第 25 帧。

② 在“矩形进度动画”图层的第 1 帧绘制矩形，填充色设置为白色，边框色设置为深绿色，边框宽度设置为 6 像素，效果如图 6.52 所示。矩形进度动画的起始位置是第 1 帧，终止位置是第 50 帧。

（3）矩形框中的文字、图片处理

导入图 6.46 中左下角的风光图片，输入文字“走进云南”，调整图片、文字的属性，效果如图 6.53 所示。

（4）飞机路径动画制作

飞机路径动画的起始帧为第 16 帧，结束帧为第 30 帧。在第 22 帧和第 28 帧处添加了两个关键帧，用于改变飞行路径，如图 6.54 所示。

（5）高铁帧动画制作

高铁帧动画的起始帧为第 11 帧，结束帧为第 33 帧，即高铁在第 11 帧时与舞台右侧的关系如图 6.55 所示，高铁在第 33 帧驶出舞台时与舞台左侧的关系如图 6.56 所示。这样设计的目的是使高铁“驶出”舞台后，隔一段时间可以再次进入舞台。高铁在第 33 帧后，停留在动画终止位置，直到动画再次播放时，才返回动画起始位置。

图 6.52

图 6.53

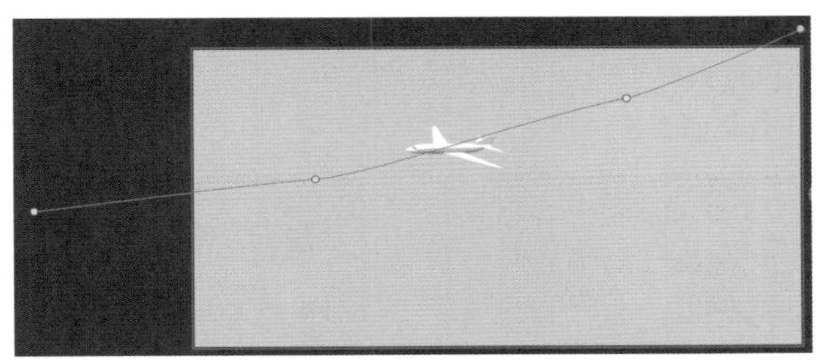

图 6.54

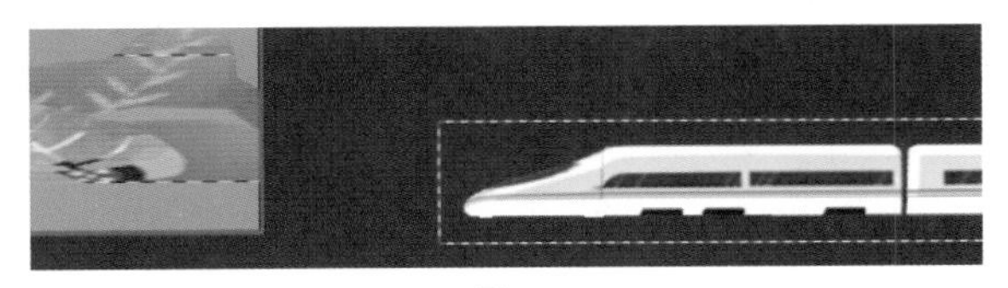

图 6.55

图 6.56

（6）播放设置与图层补帧

设置动画循环播放，将所有图层帧数补齐至 50 帧。

3. 第 2 页制作

第 2 页制作完成后，图层的设置、分配及时间线的占用情况如图 6.57 所示。

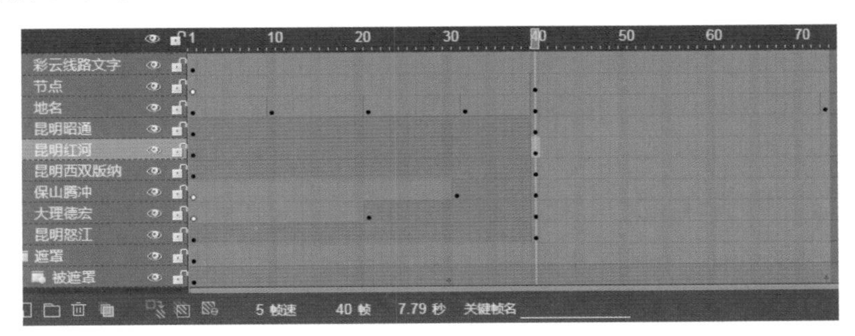

图 6.57

（1）“遮罩”图层安排与遮罩动画制作

为了使遮罩层不影响线路路径动画的显示，将“遮罩”图层和“被遮罩”图层安排在时间线最下面的图层中。被遮罩的图片帧动画，起始帧为第1帧，结束帧为第30帧。

（2）地名的帧位置与输入方式

① 在“地名”图层中的第1帧输入“昆明”，在第10帧输入“玉溪”“曲靖”，在第21帧输入“大理”“文山”，在第32帧输入“丽江”“保山”“红河”，在第40帧输入“昭通”“西双版纳”“迪庆”“怒江”。

② 文字输入过程的第1步是在“地名”图层的第40帧位置执行【插入帧】命令，第2步是按第1、10、21、32、40帧的顺序，边插入关键帧边输入地名。

（3）旅游线路安排及进度动画制作

所有旅游线路都是以昆明为中心展开，各线路安排及线路途径的地域，以及各线路进度动画的起始帧、结束帧位置如图6.57所示。时间线第39帧的舞台制作效果如图6.58所示，时间线第40帧的舞台制作效果如图6.59所示。

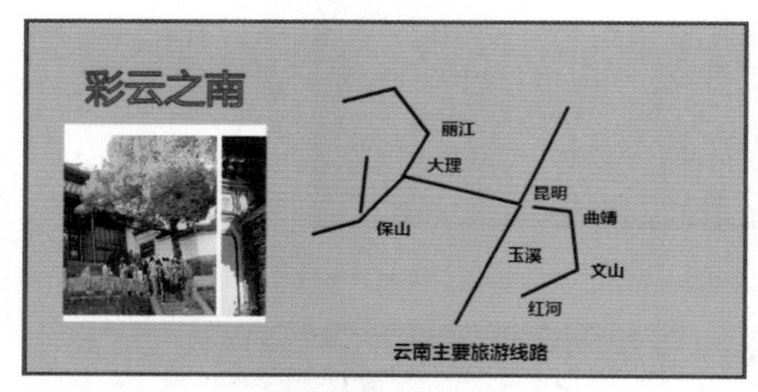

图6.58

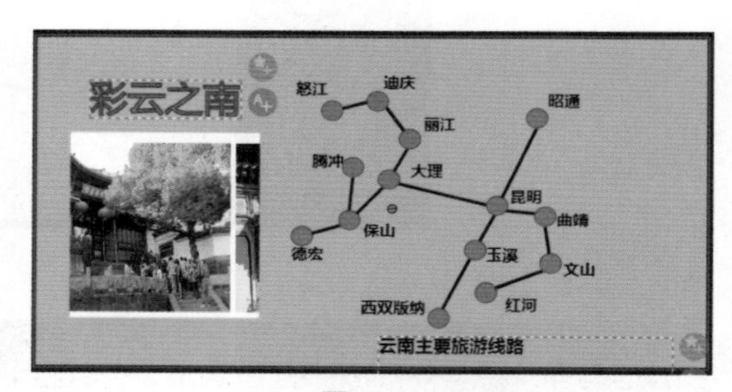

图6.59

提示：在“节点”图层的第40帧插入一个关键帧，在该帧上绘制了14个红色圆形，并将这些红色圆形安置在地名旁边的位置，目的是在进度动画结束后，弹出这些红色圆形。

在时间线第41帧至第73帧添加帧的作用是在旅游线路进度动画播放结束后，使旅游线路在舞台上停留一段时间。

6.3 【技能型任务】元件、元件动画设计与制作

元件是作品中独立的活动单元，可以是图片、动画、音乐等。学习制作元件可以大大提高H5作品的制作效率。这是因为在创作H5作品的过程中，经常会遇到需要重复使用某一个或某几个素材的情况，为了避免重复制作，可将那些在作品中会重复用到的素材制作成元件，这样在使用时直接调用即可。在动画控制等一些应用中，经常会利用元件来提高制作效率。

【任务描述】按任务要求制作、调用元件。

【目的和要求】掌握元件的制作、调用，以及元件动画播放控制的设计与制作方法。了解元件动画在交互动画中所起的特殊作用，并能够根据任务要求进行规划、设计和制作。

扫码看案例演示

6.3.1　元件动画制作与调用——“C919 大飞机介绍”动画

1. 任务要求

“C919 大飞机介绍”元件动画的制作要求是将舞台设置为宽 320 像素、高 520 像素。页面版式的要求是上半部分呈现 C919 大飞机在一个窗口中进行曲线飞行的场景，下半部分显示介绍 C919 大飞机的文字。制作要求是用元件制作飞机曲线飞行的动画，用遮罩制作飞机飞行的显示窗口，并为窗口添加装饰框。

2. 素材准备

为作品准备的素材如图 6.60 所示。

舞台背景

C919 飞机

遮罩显示框背景

遮罩显示窗口（PNG 图）

图 6.60

3. 导入飞机图片，并将其转换为元件

① 新建一个 H5，将舞台设置为宽 320 像素、高 520 像素。在舞台上导入图 6.60 中的舞台背景图片和飞机图片，调整图片的尺寸。

② 选中飞机图片，单击鼠标右键，在弹出的菜单中执行【转换为元件】命令。

③ 在舞台上双击飞机图片，进入元件状态（这一步非常重要）。

④ 在属性面板中单击【元件】选项卡。在【元件】选项卡中将元件名改为“飞机”，如图 6.61 所示。

图 6.61

4. 制作飞机飞行的动画

（1）制作飞机飞行的帧动画

在元件状态下制作飞机从左向右飞行的帧动画。动画起始帧为第 1 帧，选中飞机图片，在

【属性】选项卡中将飞机设置为旋转 5 度，效果如图 6.62 所示。动画结束帧为第 48 帧，选中飞机图片，在【属性】选项卡中将飞机设置为旋转 35 度，效果如图 6.63 所示。

图 6.62

图 6.63

（2）调整飞行路径

① 选中飞机，单击鼠标右键，在弹出的菜单中执行【路径】/【切换路径显示】命令，如图 6.64 所示。图 6.62 和图 6.63 中粉红色的直线为显示出的飞机飞行路径。

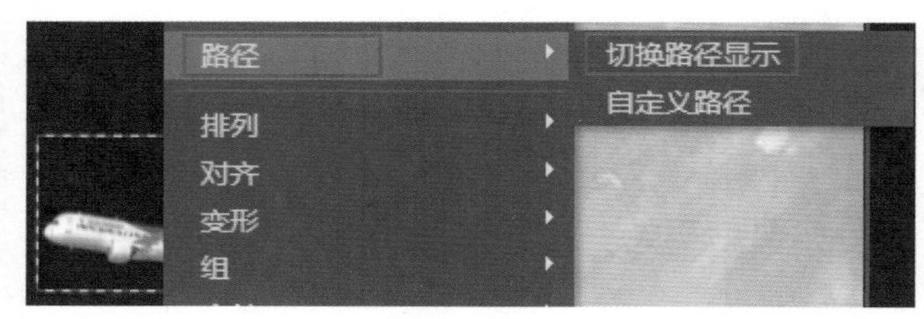

图 6.64

② 在时间线上第 30 帧的位置插入一个关键帧。

③ 选中飞机，单击鼠标右键，在弹出的菜单中执行【路径】/【自定义路径】命令。

④ 单击工具箱中的节点工具。

⑤ 框选舞台上的帧动画，在帧动画运动路径上弹出帧动画运动路径中的所有关键帧节点，如图 6.65 所示。

图 6.65

⑥ 单击选中节点，节点变成红色，并弹出调节拉杆。拖曳拉杆，调整飞行路径，如图 6.66 所示。

⑦ 选中第 30 帧位置的飞机图片，在【属性】选项卡中将飞机设置为旋转 24 度。

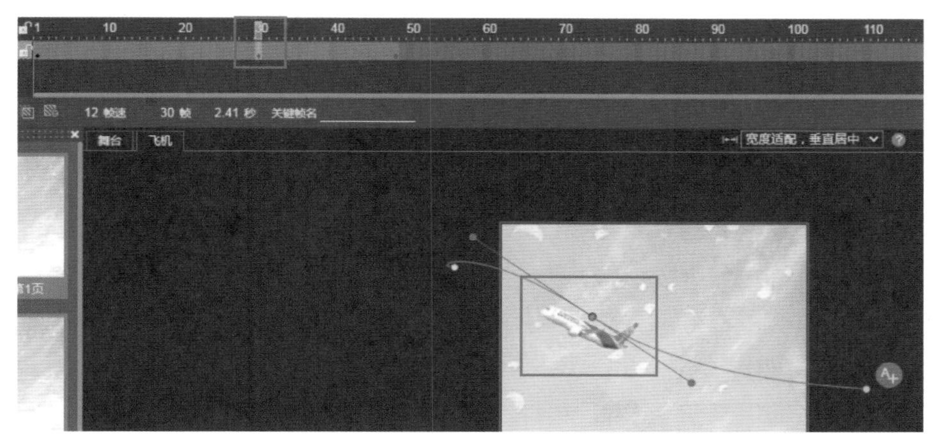

图 6.66

5. 退出元件状态并新建图层

① 单击页面栏，退出元件状态，回到舞台状态。

② 新建图层，如图 6.67 所示。

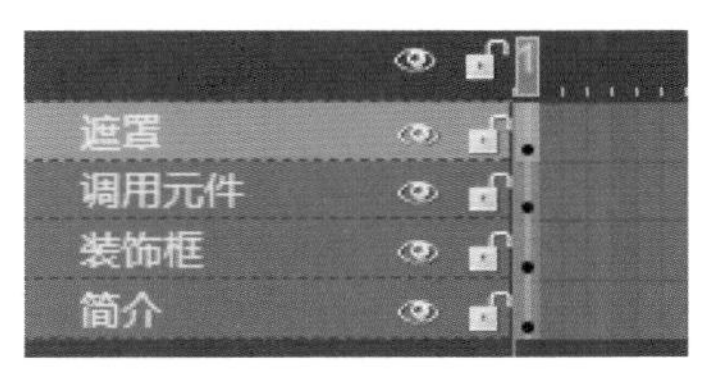

图 6.67

6. 页面制作

导入图片素材，输入文字，并进行排版，确定装饰框背景和边框的前后顺序，效果如图 6.68 所示。

7. 调用元件

① 选中“调用元件”图层，在属性面板中单击【元件】选项卡，选中“飞机”元件。

② 按住鼠标左键将“飞机”元件前端的按钮拖曳到舞台。

③ 在舞台上调整“飞机”元件的位置和尺寸，效果如图 6.69 所示。

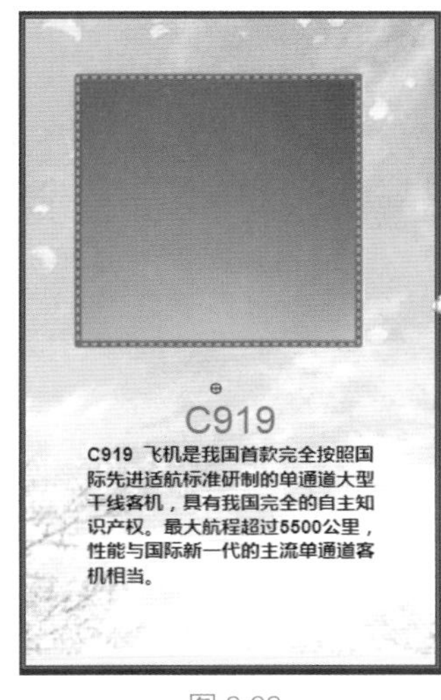

图 6.68

图 6.69

提示：调用元件后，系统默认的是循环播放元件动画。如果希望控制元件动画的播放次数，则需要对导入舞台的元件动画进行行为设置，或在舞台上通过添加物体、设置物体行为来实现。对元件播放进行控制的设计是非常灵活的，需要根据任务要求来规划设计。另外，也可以在元件内部完成对元件播放控制的设置。

8. 绘制遮罩显示窗口，设置遮罩

① 选中“遮罩”图层，在“遮罩”图层绘制矩形遮罩显示窗口，本任务中为矩形遮罩显示窗口设置了粉色填充色，效果如图 6.70 所示。

② 设置遮罩。选中遮罩层，单击【转为遮罩层】按钮，结果如图 6.71 所示。

图 6.70

图 6.71

提示：在属性面板中单击【元件】选项卡，选项卡底部提供了图6.72所示的9个按钮。

图 6.72

①【新建元件】按钮
②【复制元件】按钮
③【新建文件夹】按钮（用于对元件进行分类管理）
④【导出】按钮（将其他任务中的作品转换成元件）
⑤【导入】按钮（将导出的元件导入本任务）
⑥【导出至元件库】按钮
⑦【添加到绘画板】按钮
⑧【编辑元件】按钮
⑨【删除元件】按钮（删除任务中没有使用过的元件，可以节省存储空间）

其中，导出和导入元件的操作是先将一个作品中的元件导出，然后再导入另一个作品，使导出的元件变成另一个作品的元件。例如，将 A 作品中名为“飞机飞行”的元件导入 B 作品。导出与导入“飞机飞行”元件的方法和过程如下。

① 将 A 作品导入舞台。

② 在属性面板中单击【元件】选项卡，在元件列表中单击选中“飞机飞行”元件，然后单击【元件】选项卡底部的【导出】按钮。

③ 将 B 作品导入舞台。

④ 单击【元件】选项卡底部的【导入】按钮。

至此，A 作品中的“飞机飞行”元件就被导入 B 作品的元件库。

6.3.2　元件交互动画制作与播放控制——“新龟兔赛跑”动画

1. 任务要求

“新龟兔赛跑”元件交互动画的制作要求：将舞台设置为宽 500 像素、高 320 像素，利用提供的素材制作一个包含 5 个页面的 H5 作品。

第 1 页为比赛开始页。执行作品后，兔子和乌龟都在起跑线前处于静止状态，定时器从 3 开始倒计时，当倒计时时间变为 0 时，乌龟首先爬出起跑线，兔子则仍处于静止状态，直到用户点击兔子，兔子才跑出起跑线。为了控制动画速度，减少时间线上帧的占用量，将舞台帧速设置为 5 帧 / 秒。比赛状态和结果分以下 3 种情况。

① 比赛开始后，如果乌龟先到达页面底端，就翻页到乌龟单独爬行冲刺页（第 3 页）。当乌龟爬行到终点后，翻页到感言显示页（第 4 页）。

② 比赛开始后，如果兔子先到达页面底端，就翻页到兔子和乌龟的冲刺页（第 2 页）。

③ 在冲刺页，首先显示的是兔子悠闲地蹲坐着，而乌龟则在赛道上，从页面顶端向页面底端的终点努力地爬着。只有用户点击兔子，兔子才继续向终点跑。其中一方到达终点后就跳转到感言显示页。

扫码看案例演示

第 4 页为感言显示页。在感言显示页显示用户输入的感言和一张有意义的图片。

第 5 页为用户感言输入页。

提示：本任务中，执行作品后，当定时器开始计时且时间到时，乌龟自动出发，兔子则需用户点击一下才出发。由于在时间线上无法实现同时播放不同的帧，所以就需要利用元件技术。本任务主要是通过舞台上的定时器来控制元件的播放，实现页面的跳转、帧的跳转，以达到任务要求。

2. 素材准备

为作品准备的素材如图 6.73 所示。

3. 元件动画制作

（1）兔子动作元件制作

兔子动作元件被命名为“兔子”，该元件只有 4 帧，每一帧都包含一张兔子动作图片，帧与帧之间的动作相互交叉，并且各帧的图片尺寸相同，在舞台上的位置相同（重叠）。图 6.74 至图 6.77 所示的分别是从第 1 帧至第 4 帧所导入的兔子图片。

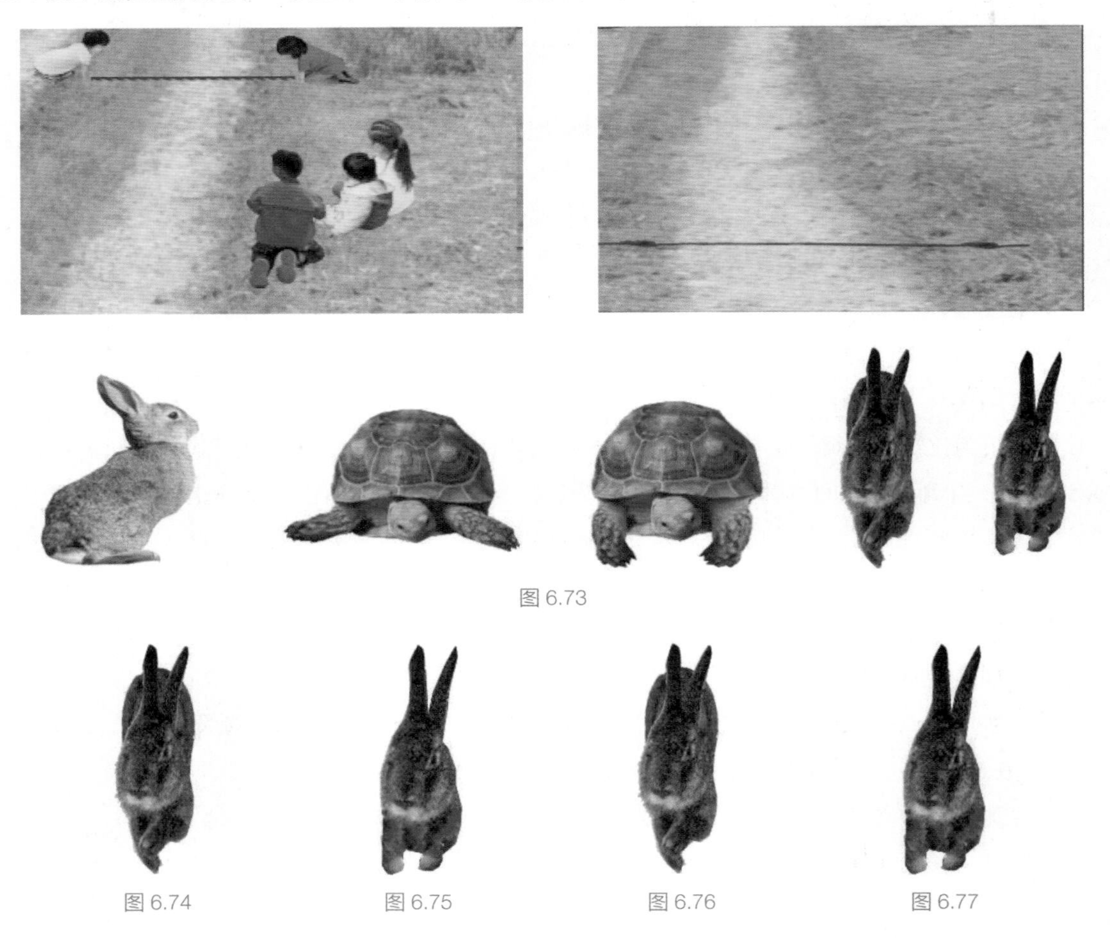

图 6.73

图 6.74　图 6.75　图 6.76　图 6.77

提示：制作兔子元件，可以减轻在舞台上制作兔子运动帧动画的负担。

（2）乌龟爬行元件制作

乌龟爬行元件被命名为“龟”，在时间线上的第 1 帧和第 88 帧之间（包括第 1 帧和第 88 帧），每隔 4 帧添加一个关键帧，共添加 23 个关键帧。“龟”元件帧动画的时间为 17.40 秒（第 1 ~ 88 帧），如图 6.78 所示，17.40 秒至 21.40 秒（第 89 ~ 107 帧）为龟停留的时间。

图 6.78 中，在每个关键帧都导入一张与相邻关键帧中不一样的乌龟爬行动作图片，所有导入的图片在舞台上的宽、高、左的参数均相同。第 1 帧上的图片在舞台中“上”的位置为 116 像素，如图 6.79 所示。之后每个关键帧中的图片在舞台中“上”的位置都在前一帧“上”的位置的基础上增加 10 像素，即第 4 帧、第 8 帧、第 12 帧在舞台中“上”的位置分别为 126 像素、136 像素、146 像素，以此类推，直至第 88 帧。

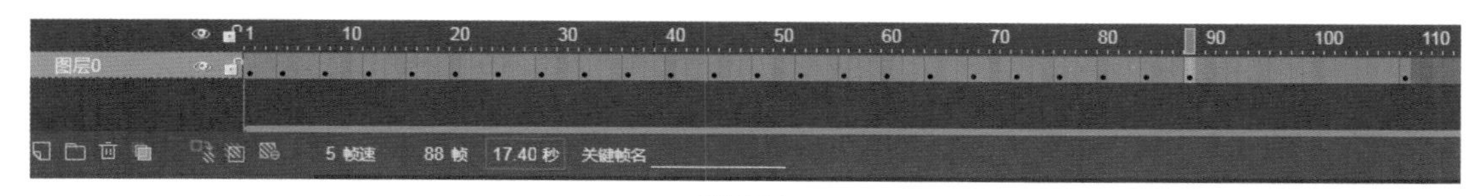

图 6.78

4. 第 1 页（比赛开始页）制作

第 1 页的制作效果如图 6.80 所示，图层和时间线的设置情况如图 6.81 所示。

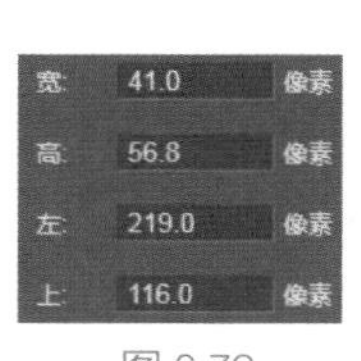

图 6.79

图 6.80

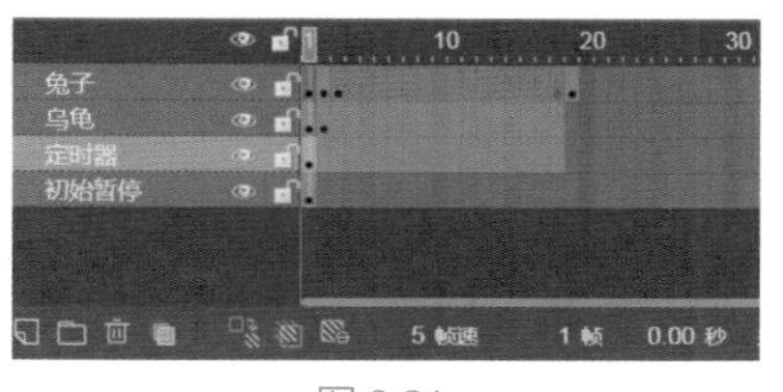

图 6.81

① “初始暂停”图层只设置了 1 帧（第 1 帧）。在该帧上绘制了一个白色矩形，并将其行为与触发条件设置为“暂停、出现”，目的是执行作品后，使作品停留在时间线的第 1 帧上。

② 在“定时器”图层的第 1 帧上添加两个定时器（见图 6.80），两个定时器的设置如下。

将一个定时器设置为倒计时 3 秒，命名为“龟出发计时”，用于比赛开始。当该定时器的倒计时时间为 0 时，乌龟开始爬出起跑线。将该定时器的行为设置为“跳转到帧并停止”，将触发条件设置为“定时器时间到”，将参数帧号设置为“2”。

将另一个定时器设置为倒计时 17 秒，命名为“舞台计时”，用于控制页面翻页，将该定时器的行为设置为“跳转到页”，将触发条件设置为“定时器时间到”，将参数页号设置为“3”，作用是当时间线运行了 17 秒时就翻页到第 3 页（因为乌龟的爬行时间为 17.40 秒，如图 6.78 所示）。也就是说，从定时器开始计时，乌龟爬出起跑线开始，到乌龟爬行了 17 秒，还没有跳转页面，就说明乌龟先到达页面底端，按制作要求，需要跳转到乌龟单独爬行页。

③ “乌龟”图层制作。在“乌龟”图层的第 1 帧导入乌龟图片（保持乌龟为静止状态），输入文字“倒计时开始”，在第 2 帧调用“龟”元件（开始爬行）。

④ “兔子”图层制作。在“兔子”图层的第 1 帧、第 2 帧导入同一张兔子图片，表示兔子准备就绪。在第 1 帧为兔子图片添加预置动画“晃动”。

为第 2 帧的兔子图片添加行为与触发条件，设置为“跳转到帧并播放、点击”，将参数帧号设置为“3”，即点击兔子后兔子从起跑线跑出。

在“兔子”图层的第 3 帧调入“兔子”元件，并用调入的“兔子”元件制作兔子跑动的帧动画。在兔子跑动帧动画结束后，添加一个关键帧，在该帧上绘制一个在舞台外的图形，并将其行为与触发条件设置为“下一页、出现”，表示兔子先到达了页面底端，需要跳转到“冲刺”页。

5. 第 2 页（冲刺页）制作

第 2 页图层和时间线的设置情况如图 6.82 所示。时间线上第 1 帧页面的制作效果如图 6.83 所示，图中红色矩形框标出的是乌龟爬行的起始位置、结束位置和爬行方向。第 2 帧和兔子帧动画结束帧页面的制作效果如图 6.84 和图 6.85 所示。

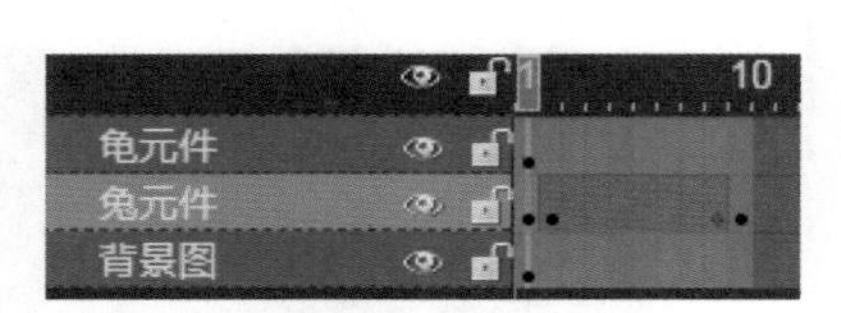

图 6.82

图 6.83

图 6.84

图 6.85

提示：元件的起始位置和结束位置除了与元件制作有关，还与将元件导入舞台后所安排的位置和对元件尺寸的缩放有关。

① 在“龟元件”图层的第 1 帧调用“龟”元件，即跳转到该页面后，龟就开始爬行。添加一个倒计时时间为 17 秒的定时器，将定时器的行为与触发条件设置为“跳转到页、定时器时间到”，将参数页号设置为“4”。其表示从定时器开始计时，乌龟爬行开始，到爬行了 17 秒，还没有跳转页面，就说明乌龟先到达终点，应跳转到第 4 页。

② 在“兔元件”图层的第 1 帧导入兔子蹲坐的图片。将图片的行为与触发条件设置为“下一帧、点击”，目的是使兔子开始跑动。对兔子蹲坐的图片设置预置动画“晃动”，用来提醒用户点击。在该图层的第 1 帧上绘制一个白色圆形，将其行为与触发条件设置为“暂停、出现”，用于控制兔子帧动画的执行，即在点击兔子之前，页面只执行第 1 帧，没有执行兔子跑动帧动画，页面上只能看到乌龟在爬行（只执行了“龟”元件）。

在“兔元件”图层的第 2 帧导入“兔子”元件，并制作兔子跑动帧动画。在兔子跑动帧动画的结束帧后，添加一个关键帧，在该关键帧上导入兔子悠闲蹲坐的图片，将其行为与触发条件设置为“跳转到页、出现”，将参数帧号设置为“4”，表示兔子先到达了终点，需要跳转到感言显示页。

③ 在“背景图”图层的第 1 帧导入图片，用于覆盖舞台背景。

6. 第 3 页（乌龟单独爬行冲刺页）制作

第 3 页只需“背景图”图层和“龟元件”图层，在时间线上只需一帧，设置结果如图 6.86 所示。需要注意的是，调用“龟”元件到舞台后，需要安排好“龟”元件在舞台上的起始位置，调整好“龟”元件的尺寸。在图 6.87 中，虚线部分是调整后的元件在舞台上的位置和尺寸。

图 6.86

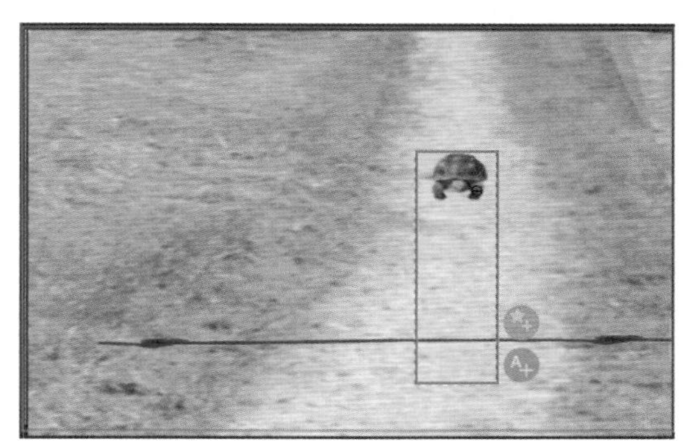

图 6.87

7. 第 4 页（感言显示页）制作

第 4 页仅需一个图层，占用时间线一帧。

① 输入感言文字，设置感言文字的字体、字号、颜色，并进行排版。

② 绘制一个矩形作为文本框的底图，将填充色和边框色都设置为绿色。

③ 在绿色矩形上添加文本框，单击工具箱中的文字工具，制作出比绿色矩形稍小一些的文本框，将其命名为“感言”。在文本框中输入文字“点击，用户输入感言”，将文本框的行为与触发条件设置为“跳转到下一页、点击”。

④ 绘制一个圆角矩形，将填充色设置为白色，边框色设置为绿色，将其行为与触发条件设置为“定制图片、点击”。作品执行到本页后，用户点击该圆角矩形，即可导入一张图片。在圆角矩形下方添加操作提示文字。

第 4 页的制作效果如图 6.88 所示。

8. 第 5 页（用户感言输入页）制作

第 5 页的制作效果如图 6.89 所示。

① 绘制一个矩形作为感言输入框的底图，将填充色设置为灰色，边框色设置为绿色。

② 在绿色矩形上添加输入框，用于用户输入感言，具体操作是，单击工具箱中【表单】内的输入框工具。调整输入框的尺寸和位置，并将其命名为“输入感言”。在输入框内输入“请输入感言：”。

③ 制作【提交】按钮。单击工具箱中的文字工具，绘制文本框，在文本框中输入文字“提交”，为文本框设置行为，设置结果如图 6.90 和图 6.91 所示。图 6.91 是图 6.90 中第 2 行行为的参数设置。

图 6.88

图 6.89

执行作品到该页面后，输入感言，然后单击【提交】按钮，便可跳转到第 4 页，在第 4 页可以看到用户所输入的感言。

图 6.90

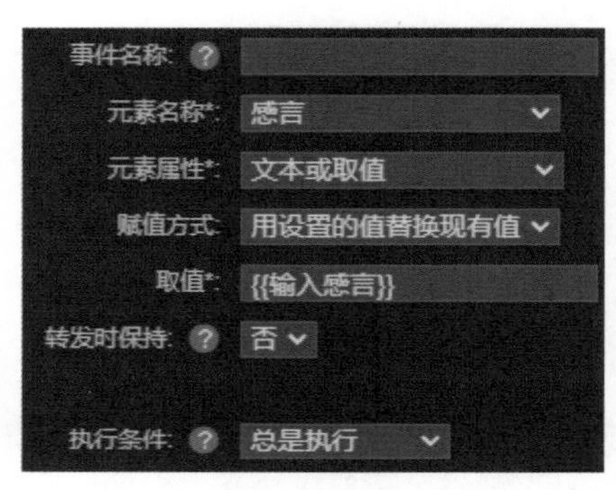

图 6.91

6.4 【技能型任务】交互游戏——“双、单按钮控制轿车行驶”游戏

【任务描述】制作一个不断有轿车在公路上行驶的帧动画。制作两个按钮，一个按钮用于使轿车停止行驶（动画暂停），另一个按钮用于使轿车启动行驶（动画播放）。执行作品后，点击轿车启动行驶按钮，轿车开始行驶，点击轿车停止行驶按钮，轿车停止行驶。当轿车行驶到信号灯附近，遇到红色信号灯时，如果没有点击轿车停止行驶按钮，则会造成轿车闯红灯的后果。这种情况将迫使轿车停止行驶，并显示出提示文字“闯信号灯了”。待信号灯变为绿色时，点击轿车启动行驶按钮，使轿车继续行驶。在信号灯没有变为绿色时，点击启动行驶按钮，轿车也不会启动行驶。

【目的和要求】掌握用两个或一个按钮来控制动画播放或暂停播放的方法，提高对作品的规划和设计能力。

扫码看案例演示

6.4.1 “双按钮控制轿车行驶”的规划与设计

“按钮控制轿车行驶”交互动画游戏在规划和设计方面，需要设计制作者具备比较严谨的逻辑，并且需要合理地利用平台提供的工具，对互动物体进行恰当的行为设置。

1. 图层规划

本任务包括轿车行驶动画、暂停和播放按钮、红色信号灯和绿色信号灯、停车线，以及公路背景等。任务中涉及的物体众多且物体之间联系密切，因此规划和安排好图层非常重要，这也体现出设计制作者对任务的认识和理解程度。但为了制作和行为设置的方便，本任务中，分别给文字、红色信号灯和绿色信号灯、停车线、暂停和播放按钮、轿车行驶动画分配了图层。其中，停车线图层应安排在最底层，其他物体之间互不干扰，可不考虑层次关系。另外，公路作为任务中最底层的物体，其不参与交互行为，因此将其作为背景图片即可。

2. 任务设计

本任务设计考虑的重点和需要解决的几个关键问题如下。

（1）不断有轿车行驶在公路上的效果制作

本任务中只制作一辆车行驶的帧动画。要实现有车不断行驶在公路上的效果，本任务采用的制作方法：在轿车行驶动画的结束帧后面，添加一个关键帧，在该关键帧上绘制一个图形，将其行为与触发条件设置为“跳转到帧并播放、出现”，将跳转到帧的帧号设置为“2”。因为第1帧有暂停设置，因此，如果跳转到第1帧，轿车动画将无法播放。

（2）信号灯随机变换设计

要实现信号灯随机变换，即信号灯随机变换色彩，可绘制一个图形，通过行为设置，使其变换颜色。信号灯颜色变换的条件可利用随机数工具来设置，即在舞台上添加一个随机数，设置随机数只能随机出现“1”或“2”这两个数值。其中用“1”表示红色信号灯，用“2”表示绿色信号灯。也就是当随机数为“1”时，信号灯图形变为红色，当随机数为“2”时，信号灯图形变为绿色。

（3）文字“闯信号灯了”的出现和消失控制设置

要实现在轿车闯红灯的情况下显示出文字“闯信号灯了”，方法是，确定轿车跨过停车线的场景在时间线上的帧位置，在文字图层的此帧位置上添加一个关键帧，并输入文字“闯信号灯了”，设置文字透明度值为“0”，借用一个媒介控制文字的出现。本任务中借助一个定时器，判断随机数数值（数值是否为1）和轿车当前位置（是否在停车线位置），来决定是否将文字的透明度值改变为“100”，以及是否使轿车停止行驶（轿车帧动画停止播放）。

6.4.2 “双按钮控制轿车行驶”的任务制作

1. 素材准备

为作品准备的素材如图6.92所示。

图 6.92

2. 基本页面制作

图层安排、时间线的使用情况，以及第 1 帧页面的制作效果分别如图 6.93 和图 6.94 所示。图 6.94 中，将定时器命名为“定时器 1”，随机数命名为“随机数 1”，轿车命名为“车”，信号灯命名为“红绿灯”，停车线命名为“停车线 3”。

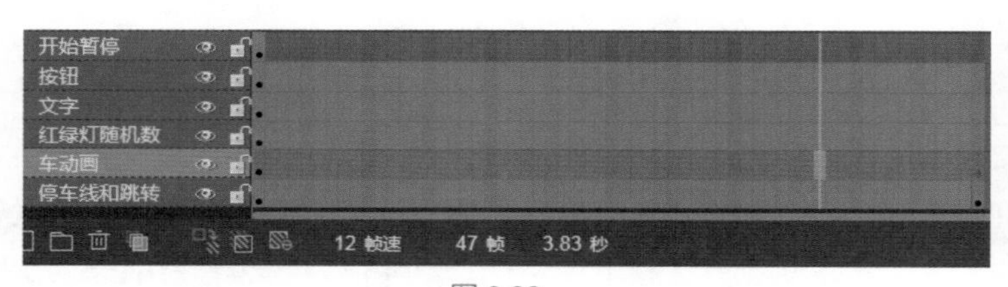

图 6.93

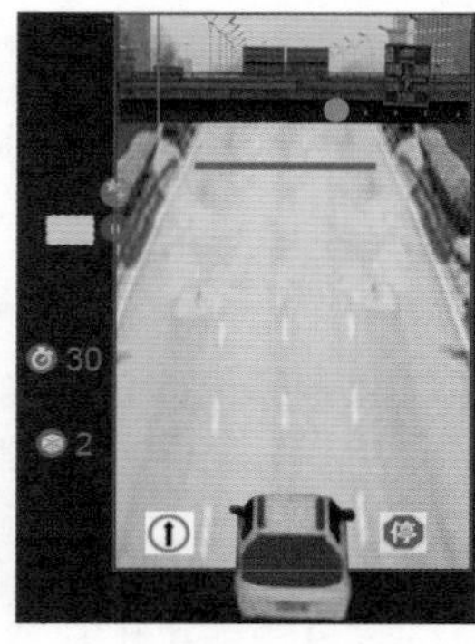

图 6.94

3. 交互行为设置

(1) 轿车启动行驶与停止行驶按钮的行为与触发条件设置

轿车启动行驶与停止行驶按钮的行为与触发条件设置结果分别如图 6.95 和图 6.96 所示。

图 6.95

图 6.96

（2）随机数属性及行为设置

① 随机数属性设置的方法：选中随机数，在【属性】选项卡下方的【专有属性】处设置随机数属性，设置结果如图 6.97 所示。

② 随机数行为设置包括 2 个，如图 6.98 所示，2 个行为的参数设置分别如图 6.99 和图 6.100 所示。

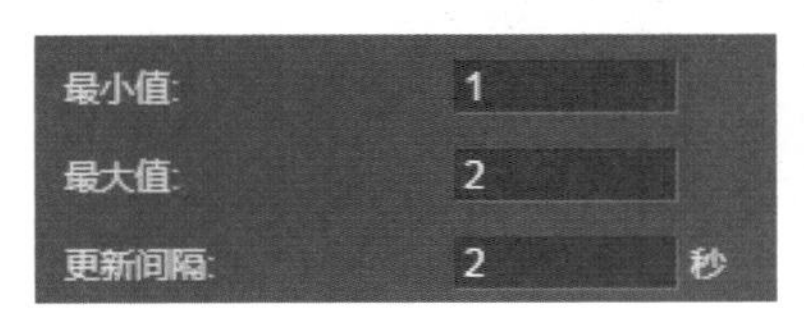

图 6.97

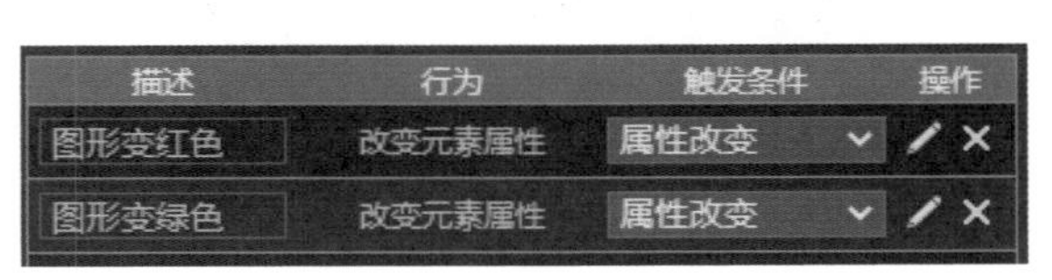

图 6.98

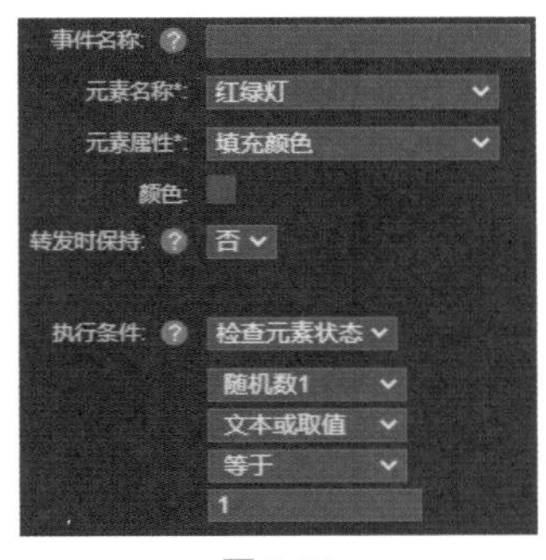

图 6.99

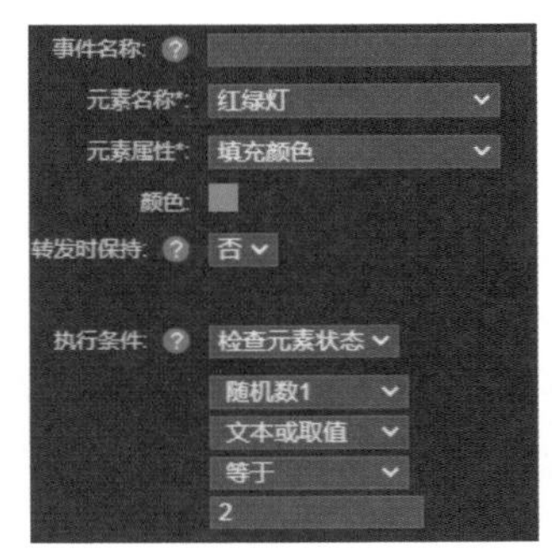

图 6.100

（3）轿车闯信号灯停车及显示文字的行为设置

在文字图层的第 1 帧位置添加一个定时器，专门用来测试轿车位置、信号灯状态。定时器属性设置如图 6.101 所示，其行为设置包括 2 个，如图 6.102 所示。其中第 1 个行为是使轿车停止行驶的设置，参数设置结果如图 6.103 所示。第 2 个行为是显示出文字的设置，参数设置结果如图 6.104 所示。特别要强调的是，为了提高测试精度，需要将定时器的精度设置为毫秒。

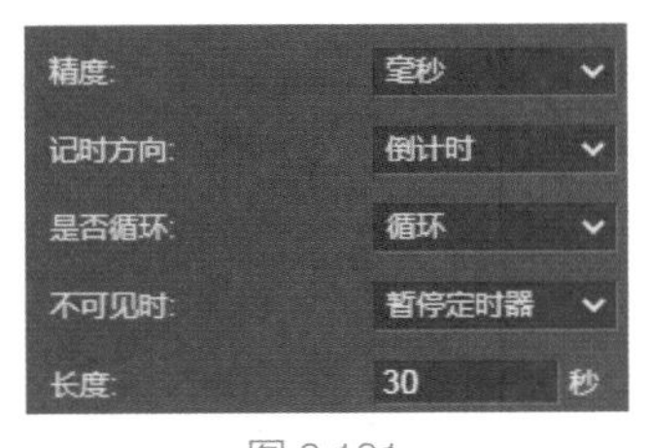

图 6.101

图 6.102

图 6.103、图 6.104 的逻辑表达式都为 {{ 车 .top}} < 126 && {{ 车 .top}} > 123 && {{ 随机数 1.text}} == 1，表示当车（轿车图片在舞台上被命名为“车”）的上端在页面 123 像素 ~ 126 像素之间，并且随机数的值为“1”（添加在舞台上的随机数被命名为“随机数 1”，其值为 1 时，信号灯为红色）时，在页面上显示出文字“闯信号灯了”。

图 6.103

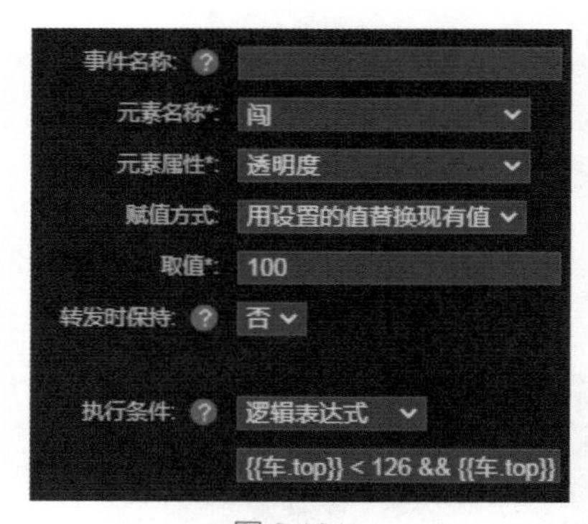

图 6.104

提示：逻辑表达式中包括物体名称、属性名称、运算符。下面通过一个简单的例子来介绍逻辑表达式中，物体属性的表示方式。先在舞台上输入文字“大家好”，并在舞台上将文字命名为“文字”，其在舞台上的位置及其透明度等属性如图6.105所示，该物体属性在逻辑表达式中的表达方式如表6.1所示。

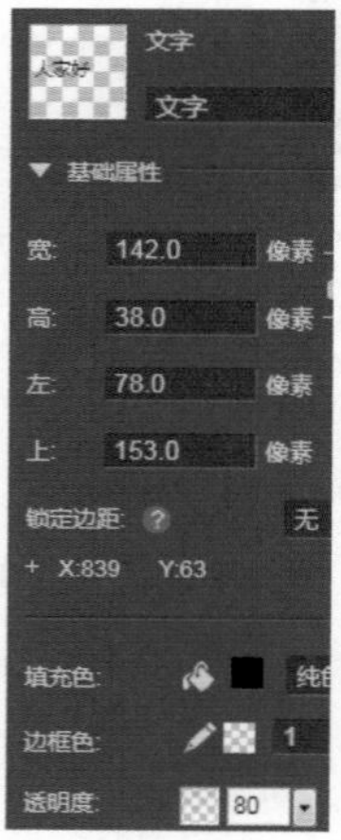

图 6.105

表 6.1

属性名称	在逻辑表达式中的表达方式	属性值
宽	{{文字.width}}	142
高	{{文字.height}}	38
左	{{文字.left}}	78
上	{{文字.top}}	153
透明度	{{文字.alpha}}	80
文本取值	{{文字.text}}	大家好
字符长度	{{文字. length}}	6

以表 6.1 中文字属性【左】的值为例，其运算符及逻辑表达式的对应情况如表 6.2 所示。

（4）初始暂停与跳转循环设置

在“开始暂停”图层的第 1 帧，绘制一个图形，将其行为与触发条件设置为“暂停、出现”。

在“停车线和跳转”图层的最后一帧添加关键帧，绘制一个图形，将其行为与触发条件设置为“跳转到帧并播放、出现”，将参数帧号设置为“2”。

提示：在本任务的制作中，将【属性】选项卡中的【动画循环】设置为“关闭”。

表 6.2

运算类型	运算符号	运算名称	逻辑表达式	运算结果
算术运算	+	加法	{{文字.left}} + 10	152
	–	减法	{{文字.left}} – 10	132
	*	乘法	{{文字.left}} * 2	284
	/	除法	{{文字.left}} / 2	71
比较运算	==	等于	{{文字.left}} == 142	True
	!=	不等于	{{文字.left}} != 142	False
	>	大于	{{文字.left}} > 100	True
	<	小于	{{文字.left}}< 100	False
	>=	大于等于	{{文字.left}} >= 100	True
	<=	小于等于	{{文字.left}} <= 100	False
逻辑运算	&&	与	{{文字.left}}>100 && {{x.left}}==100	False
	||	或	{{x.left}}>100 || {{x.left}}==100	True
	!	非	!({{x.left}}>100)	False

6.4.3 “单按钮控制动画播放与暂停”的设计与制作

制作单按钮控制动画的播放与暂停效果，是通过制作元件实现的。在掌握了制作双按钮控制动画的播放与暂停效果技术之后，请用户制作出用单按钮控制轿车行驶的交互动画游戏。

1. 制作要求

在 6.4.1 小节和 6.4.2 小节中，介绍了“双按钮控制轿车行驶”的设计、制作方法和过程。

接下来，在作品中制作 1 个按钮，使其既用于控制动画暂停，又用于控制动画播放，实现“暂停”与“播放”两种交互控制。页面布局如图 6.106 所示。

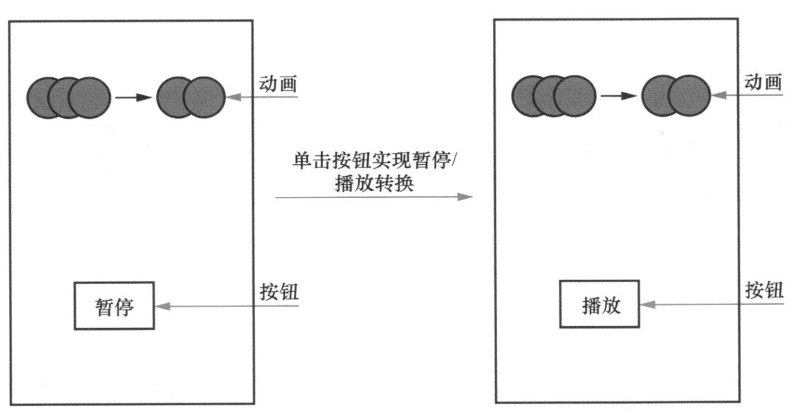

图 6.106

2. 单按钮控制动画播放与暂停的制作

（1）新建 H5

① 新建 H5，在图层 0 上制作帧动画，并在【属性】选项卡中将【动画循环】设置为“打开”，

并将图层 0 命名为“动画”。

② 新建图层 1，并将图层 1 命名为“按钮”。

（2）制作按钮元件

① 在属性面板中，单击【元件】选项卡中的【新建元件】按钮。

② 将新建的元件命名为“单按钮”。

③ 在元件时间线上新建一个图层，使元件中有两个图层，分别将其命名为“内部暂停”和“按钮”。在“按钮”图层添加一个关键帧。

④“内部暂停”图层只需 1 帧。在此帧的舞台上绘制一个黄色圆形，将其行为设置为“暂停，出现”。

⑤ 在“按钮”图层第 1 帧的舞台上绘制一个绿色矩形，在第 2 帧的舞台上绘制一个与绿色矩形尺寸相同的红色矩形，并且使两个矩形在舞台上的位置相同。

按钮元件第 1 帧的制作效果如图 6.107 所示。

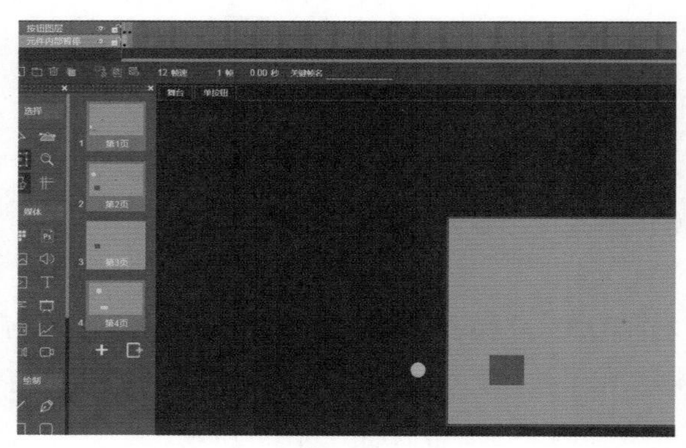

图 6.107

⑥ 分别为绿色矩形和红色矩形设置行为与触发条件，设置结果如图 6.108 和图 6.109 所示。

图 6.108

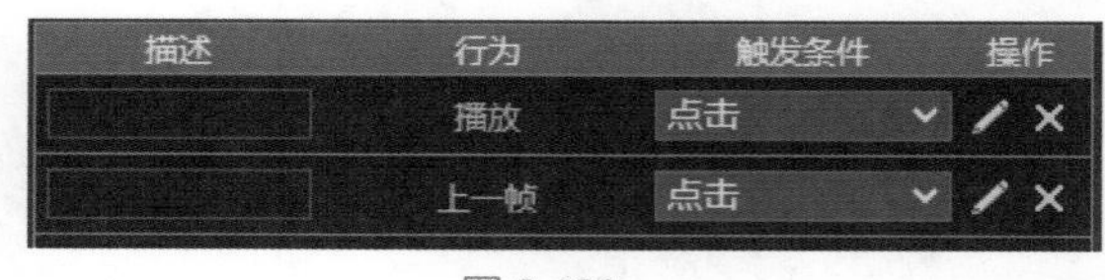

图 6.109

图 6.108 和图 6.109 中的两行行为的参数设置完全相同，如图 6.110（第 1 行行为的参数设置）和图 6.111（第 2 行行为的参数设置）所示。

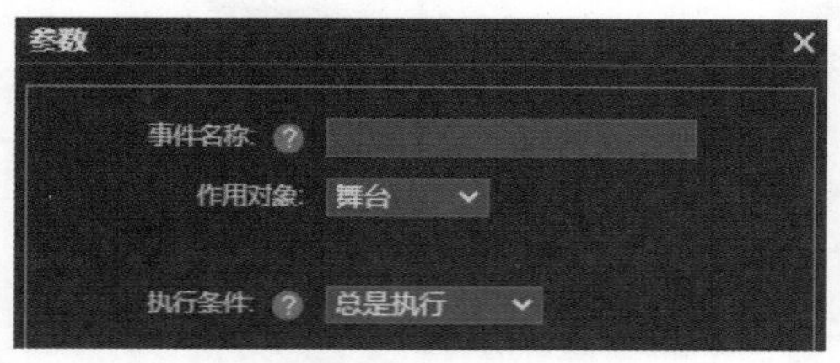

图 6.110

图 6.111

（3）返回舞台调用元件

为按钮设置行为与触发条件后，在页面栏单击页面缩略图，返回舞台编辑状态。

选中“按钮”图层的第 1 帧，将元件“单按钮”拖曳到舞台，同时插入普通帧，使“按钮”图层的帧数与“动画”图层的帧数相同。

提示：为了在执行作品时不显示出元件中的暂停图形（黄色圆形），可将其填充色设置为“无色”。

6.5　【技能型任务】自定义预置动画——“物体自动上升摆动”动画

制作出的动画可以被生成自定义预置动画，以丰富预置动画的种类，为用户设计与制作作品提供便利。本节将通过一个简单的实例来介绍自定义预置动画的制作与使用方法。

【任务描述】绘制一个图形，并制作图形上升摆动的帧动画，然后将其转换成自定义预置动画并提供给用户，使用户可以预置动画的方式调用。

【目的和要求】掌握自定义预置动画的制作和使用方法。

6.5.1　任务制作

1. 制作动画

制作一个圆形上升摆动的路径动画。

2. 保存为自定义预置动画

将鼠标指针移至时间线上，单击鼠标右键，在弹出的菜单中执行【保存为预置动画】命令，如图 6.112 所示，然后在弹出的【修改计时】对话框中填写【动画名称】【时长】【延迟】等信息，如图 6.113 所示。

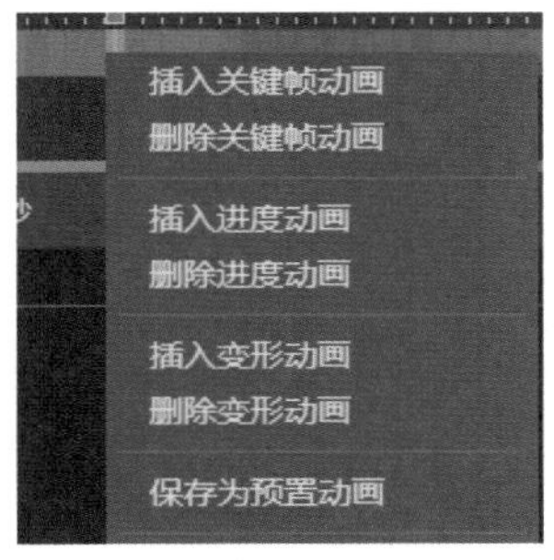

图 6.112

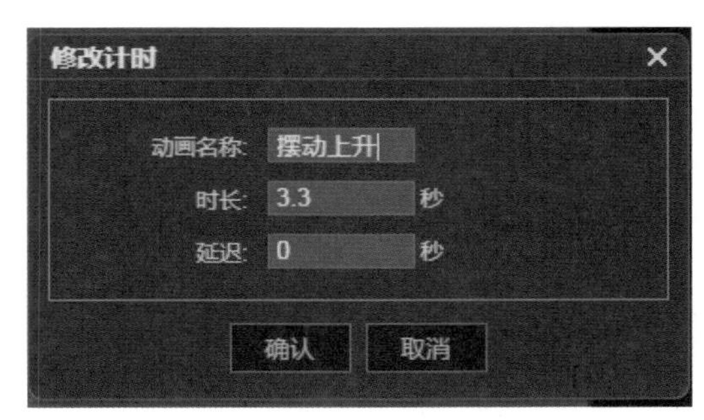

图 6.113

6.5.2 自定义预置动画的使用

① 新建一个 H5，在舞台上绘制一个图形。

② 选中图形，单击【添加预置动画】快捷按钮，在弹出的【添加预置动画】对话框中，可以看到名为“摆动上升”的自定义预置动画。

③ 添加该自定义预置动画。

④ 单击图形右侧蓝色的【编辑预置动画】快捷按钮，弹出【动画选项】对话框，在该对话框中设置相关参数。

6.6 任务训练

“寂默然上人”诗句元件交互动画设计与制作

【任务内容】本任务要求利用变形动画、路径动画、元件动画等技术制作“寂黯然上人”诗句元件的交互动画。执行作品后，页面处于静止状态，页面中火红的太阳挂在天空中，远处是层峦叠嶂的山脉。点击按钮，太阳渐渐从天空中落下，天色也随之黯淡下来，诗句渐渐弹出页面，月亮升起，群星闪现。

扫码看案例演示

训练提示

（1）利用元件制作技术制作出“太阳落山，月亮升起”的元件动画。

（2）参照样例，选择一张符合诗句意境的图片作为页面背景，并对图片做相关处理。

（3）利用透明度的变化实现从白天到夜晚的变化。可参考如下过程制作。

① 建立“白天变夜晚”图层，在第 1 帧的位置绘制一个填充色为黑色的矩形，将矩形覆盖整个舞台，并将矩形的透明度设置为“0”。

② 将鼠标指针移至与变形动画结束帧相同位置的帧上，单击鼠标右键，在弹出的菜单中执行【插入变形动画】命令。

③ 在动画结束帧的位置（最后一帧的位置），将矩形的透明度设置为“97”。

第 7 章

关联动画

关联是实现交互功能的重要手段。在木疙瘩中，关联和行为与触发条件的设置相互配合，能够实现用户期望达到的各种动画联动效果。本章以前面的各章内容为基础，对关联技术进行介绍。本章的主要内容如图7.1所示。

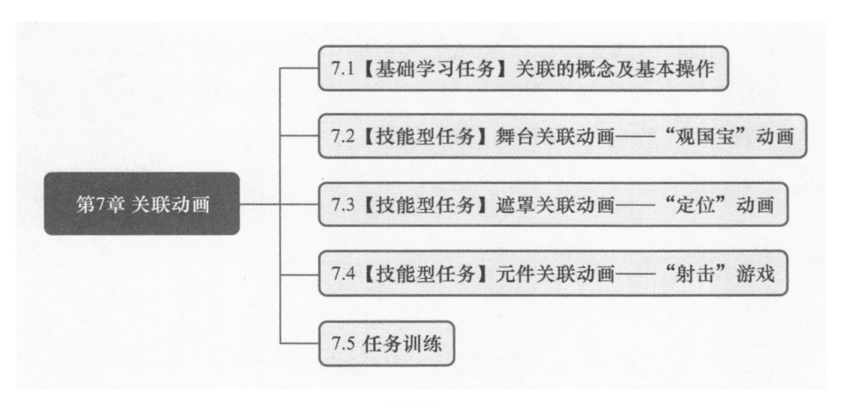

图 7.1

7.1 【基础学习任务】关联的概念及基本操作

【任务描述】利用动画关联技术，按任务效果要求完成作品制作。执行作品后，向下拖动页面上的粉色矩形，页面上的蓝色圆形会向页面左侧移动，向上拖动页面上的粉色矩形，页面上的蓝色圆形会向页面右侧移动。

【目的和要求】通过任务制作认识和理解关联的概念和作用，掌握动画关联的基本操作。

7.1.1 认识关联

1. 关联与动画关联的概念

关联是由相关和联系两个词组合起来的词，是指事物之间发生牵连和影响。在这里，关联是指用舞台上一个物体的属性去控制舞台中另外一个或几个物体属性的方式。关联动画则是强调关联在动画中的应用。

2. 属性与关联

在【属性】选项卡中，部分物体属性后面有按钮，这个按钮就是【关联】按钮。当变为状态，并且在其后面出现【编辑】按钮时，表明当前物体中的该属性已经被另一个物体控制，即被关联。图 7.2 中，圆形 L 在舞台上的属性【左】被舞台上另一个物体所控制，即被设置了关联。

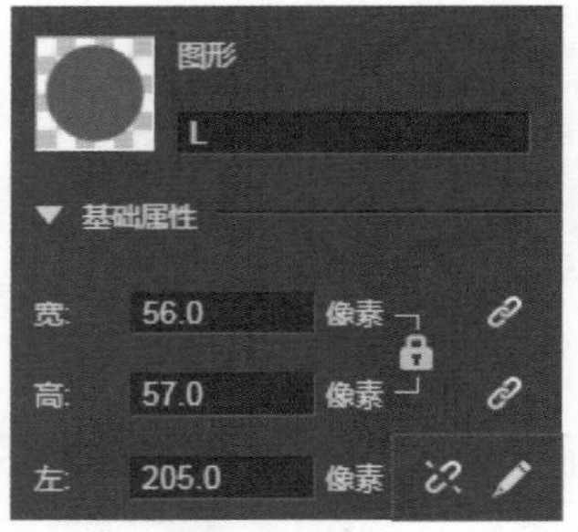

图 7.2

7.1.2 “矩形与圆形互动”关联制作

1. 页面制作

新建 H5，在舞台上分别绘制一个粉色的矩形（命名为“F”）和一个蓝色的圆形（命名为“L”），在【属性】选项卡中将粉色矩形的【拖动】属性设置为“垂直拖动”，如图 7.3 所示。

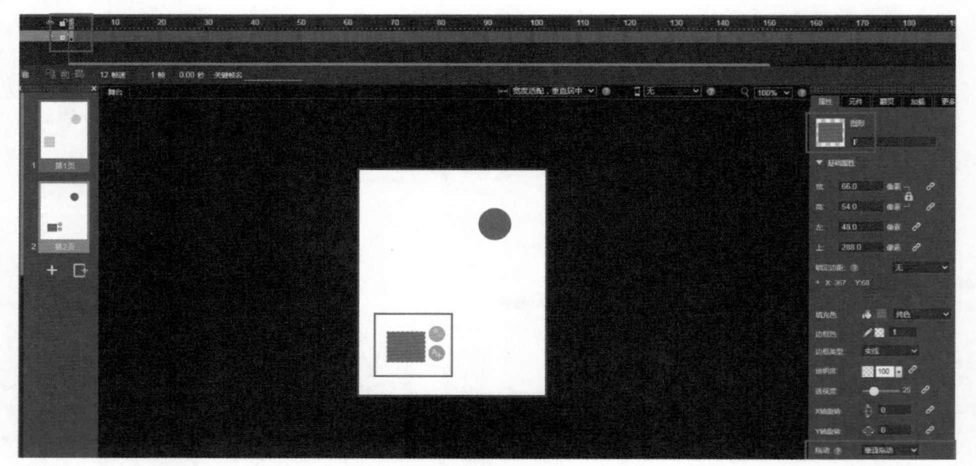

图 7.3

2. 关联设置

① 在舞台上选中蓝色图形 L。

② 单击【属性】选项卡中属性【左】后面的【关联】按钮。

③ 单击【编辑】按钮。

④ 进行关联参数的设置，设置结果如图 7.4 所示。

图 7.4 中，被控对象是 L，关联对象 F 是控制 L 的物体。关联属性是 F 的属性【上】，表明是用 F 的属性【上】控制 L 的【左】。关联方式选择的是“自动关联”，即根据用户设置的控制与被控制范围自动关联。

主控量和被控量设置的是 F 和 L 行为的对应关系。图 7.4 中，将【主控量】设置为“250”时，【被控量】设置为“230”；将【主控量】设置为“300”时，【被控量】设置为“100”，即将 F 的【上】设置为“250”时，L 的【左】设置为“230”；将 F 的【上】设置为“300”时，L 的【左】设置为“100”；执行的效果就是在舞台中 250 ~ 300 的区间上下拖动 F，使 L 在舞台中 230 ~ 100 的区间左右移动。主控量与被控量的对应关系如图 7.5 所示。

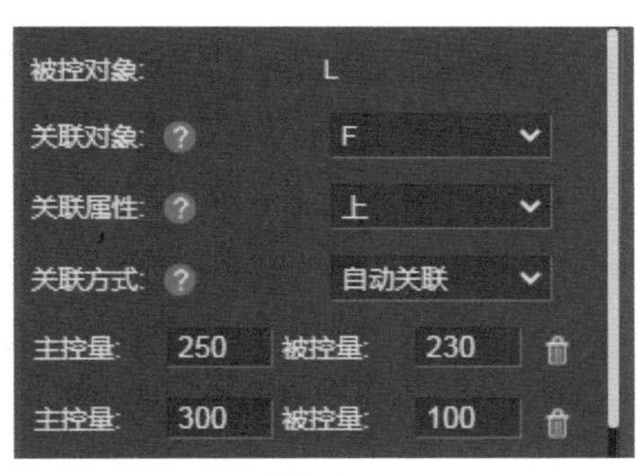

图 7.4

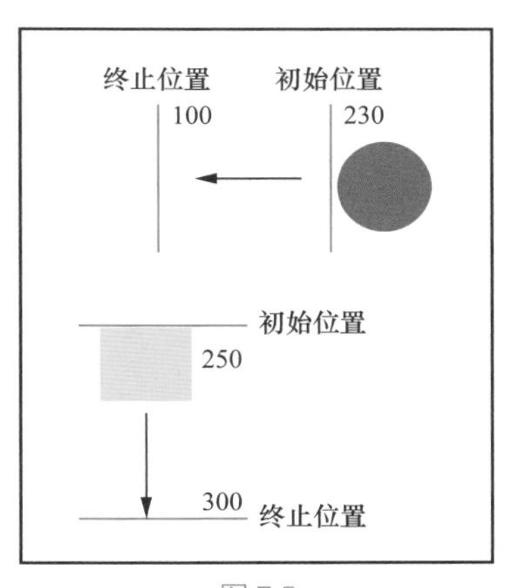

图 7.5

提示：在【属性】选项卡中，很多属性后面都有【关联】按钮，用户可根据制作需要选择关联属性，完成关联参数的设置。在关联参数的设置中，【关联属性】选项中包括的选项如图7.6所示。【关联方式】选项包括的选项如图7.7所示。

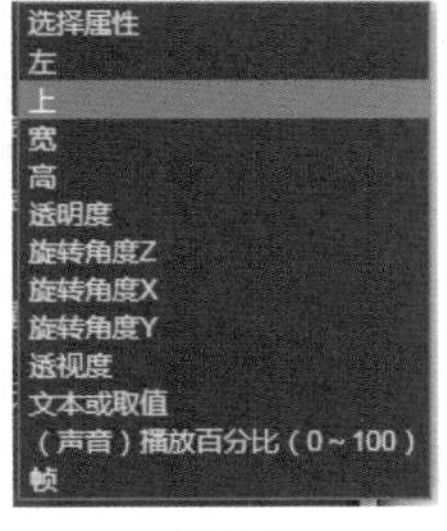

图 7.6

图 7.7

7.2 【技能型任务】舞台关联动画——“观国宝”动画

【任务描述】“观国宝”任务的内容是执行作品后，呈现出两块红色的展帘分列左、右遮住后面，展帘左侧有一条红色拉绳，向下滑动拉绳，展帘被展开。展帘展开后，呈现出展品——国宝虎首。向上滑动拉绳，展帘关闭，遮住展品。

【目的和要求】想实现滑动拉绳使展帘打开或关闭的效果，需要利用关联技术。目的是在掌握关联技术的同时，结合第5章任务5“风景如画”逐帧交互动画来分析不同技术的特点，为创作时选择恰当技术打下基础。

扫码看案例演示

7.2.1 规划与设计

1. 图层规划

任务中包含的物体主要是展品、展帘、拉绳。其中，展品应排列在底层，展帘排列在中间层，拉绳是用户操作的对象，应排列在页面上层。

2. 确定关联关系

本任务中，展帘是在拖动拉绳的条件下展开或关闭的。在关联中，主控是拉绳，被控是展帘，因此，应该对展帘进行关联设置。

3. 设计

① 处理一张展品图片，将其作为背景图片。

② 将拉绳上下滑动，会出现图 7.8、图 7.9 所示的情况。为了避免这样的现象出现，这里采取的解决方式是在页面顶端与展帘顶部的盖帘之间添加一个矩形，矩形的颜色与背景的颜色相同，使矩形、拉绳、顶部盖帘的顺序从前到后排列为拉绳、顶部盖帘、矩形。本任务为矩形添加了一个图层。另外，延长拉绳的长度，使拉绳顶部被盖在展帘之下，拉绳底端到页面底端的距离要使在将拉绳拖到页面底端的情况下，拉绳顶部还被盖在展帘顶部的盖帘中，如图 7.10 所示。

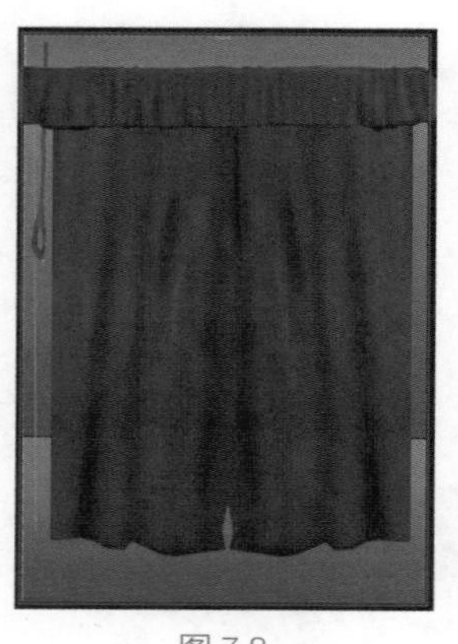
图 7.8

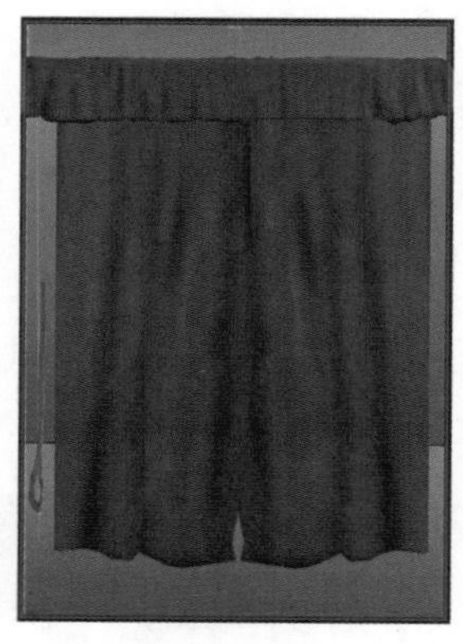
图 7.9

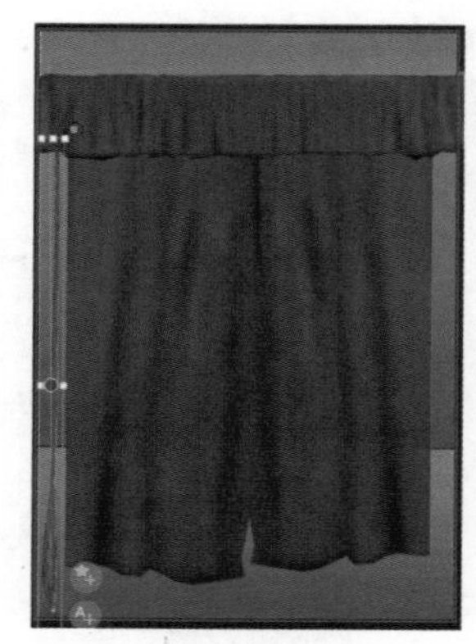
图 7.10

7.2.2　任务制作

1. 素材准备

制作本任务要准备的素材如图 7.11 所示。

图 7.11

2. 页面制作

① 新建 H5，将舞台设置为宽 360 像素、高 520 像素，将展品图片素材作为背景添加到舞台上。

② 新建并按前后顺序安排图层，将拉绳、展帘、展帘顶部盖帘的图片素材导入相应图层的第 1 帧中，并在舞台上排版。

③ 在“页面顶端矩形块”图层的第 1 帧中绘制矩形，设置填充色，调整矩形的尺寸和位置。

制作效果如图 7.10 所示，图层和时间线的使用情况如图 7.12 所示。

图 7.10 中，左展帘和右展帘的尺寸及在舞台上的位置设置分别如图 7.13 和图 7.14 所示。

图 7.12

图 7.13

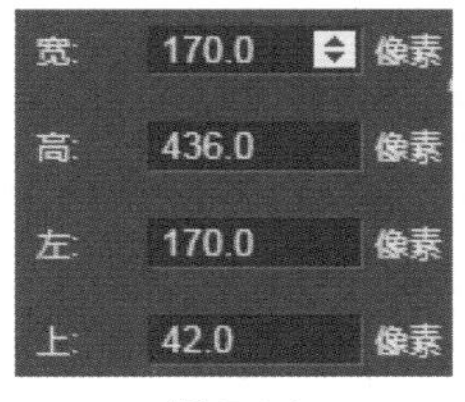

图 7.14

3. 关联设置

（1）展帘移动量设置

关联设置需要设置主控量和被控量。在设置关联之前，本任务需要先计算出被控量。在左展帘遮盖住展品时，左展帘的起始位置为【左】25 像素，将左展帘向左移动 141 像素，实现左展帘展开的效果，即将被控量设置为 –116 像素（25–141=116）。右展帘的移动距离应该与左展帘的移动距离相等。右展帘的起始位置为【左】170 像素，向右移动 141 像素，实现右展帘展开的效果，即将被控量设置为 311 像素（170+141=311）。

（2）拉绳拖动属性设置

在舞台上选中展帘拉绳，在【属性】选项卡中设置【拖动】属性为“垂直拖动”。

（3）左、右展帘与拉绳关联设置

在舞台上选中左展帘图片，将左展帘的【左】设置为与拉绳的【上】关联，结果如图 7.15 所示。同理，将右展帘的【左】设置为与拉绳的【上】关联，结果如图 7.16 所示。本任务中将【主控量】的值设置为 50 和 80。

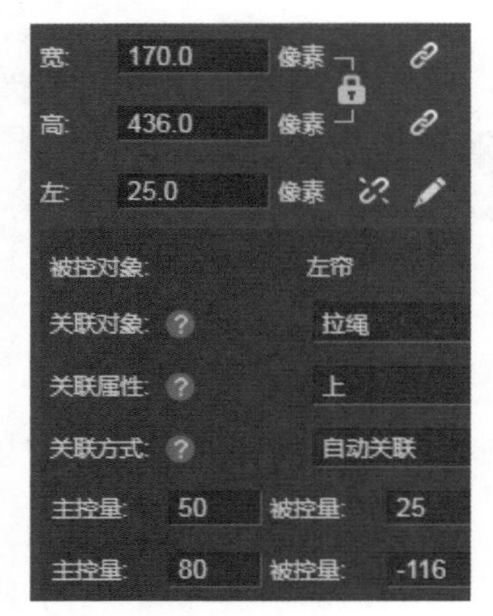

图 7.15

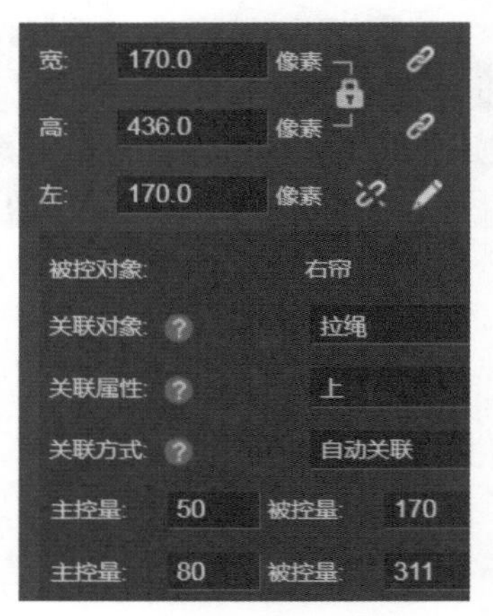

图 7.16

7.3 【技能型任务】遮罩关联动画——“定位”动画

扫码看案例演示

【任务描述】任务内容是执行作品后，用户按住鼠标左键，任意移动望远镜观察窗口，以此来扫描场景动画。用户松开鼠标左键时就实现定位，即望远镜观察窗口停止移动，场景动画也随之停止运动（动画播放停止）。

【目的和要求】通过任务设计和制作，掌握遮罩关联动画的设计与制作方法。

7.3.1 规划与设计

1. 图层规划

通过案例演示可知：望远镜观察窗口对场景动画进行了遮盖，因此需要为其设置两个图层；页面中显示出了场景动画全貌，但与在望远镜观察窗口中看到的场景相比，清晰度较差，因此在遮罩之外还要设置一个图层用于制作另一个场景动画，并且为这个动画再设置一个蒙板图层，用以降低其清晰度。

2. 遮罩显示窗口任意移动效果设计

（1）添加覆盖遮罩显示窗口层

在“遮罩”图层上添加一个图层，在新添加的图层上绘制一个稍大于遮罩显示窗口的图形，用于覆盖遮罩显示窗口。

（2）设置关联

① 在【属性】选项卡中，将覆盖遮罩显示窗口的图形的【拖动】属性设置为“自由拖动”，将【透明度】设置为“0”。

② 选中遮罩显示窗口图形，并将其设置为与覆盖遮罩显示窗口图形相关联。此时，遮罩显示窗口图形为被控物体。

7.3.2 任务制作

1. 素材准备

本任务中只需一张图片素材，如图 7.17 所示。

2. 图层设置

图层设置如图 7.18 所示。注意，“场景动画”图层和“蒙板”图层必须被依次安排在最下面。

图 7.17

图 7.18

3. 页面制作

① 新建 H5，将舞台设置为宽 300 像素、高 500 像素。

② 动画和遮罩显示窗口制作。在“被遮场景动画”图层制作场景动画，在“遮罩”图层绘制一个圆形，并将其命名为“遮罩”。

③ 遮罩外场景动画制作。在“场景动画”图层制作与遮罩动画中的动画相同的动画。在“蒙板”图层上绘制一个覆盖整个页面的矩形，并将填充色设置为浅蓝色，将透明度设置在 70 到 80 之间，从而形成一个蒙板。

页面制作效果如图 7.19（动画起始帧页面）和图 7.20（动画结束帧页面）所示。

4. 遮罩显示窗口任意移动效果制作

（1）绘制覆盖遮罩显示窗口的图形

在“拖动用图片”图层绘制一个稍大于遮罩窗口的图形，并将其命名为“拖动关联”，用于覆盖遮罩显示窗口。

（2）关联设置

① 选中“拖动关联”图形，在【属性】选项卡中，将【拖动】属性设置为“自由拖动”。

图 7.19

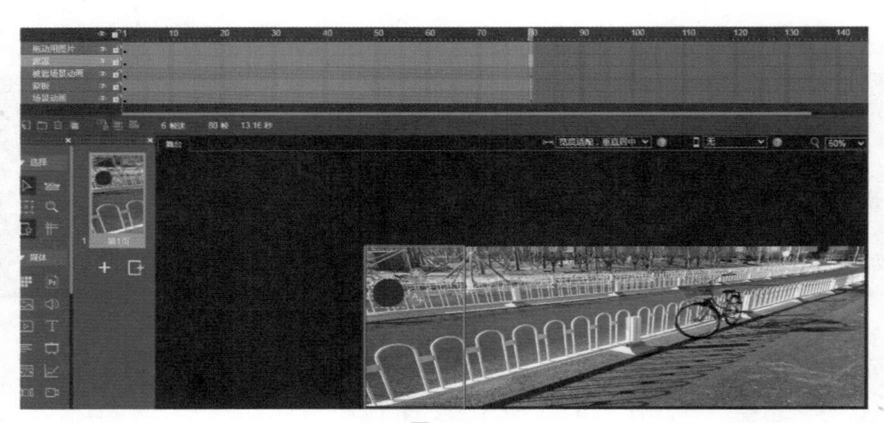

图 7.20

② 选中“遮罩”图形，将其设置为与“拖动关联”图形相关联。关联设置结果如图 7.21 和图 7.22 所示。其中，【公式关联】不需要进行主控量和被控量参数的设置。

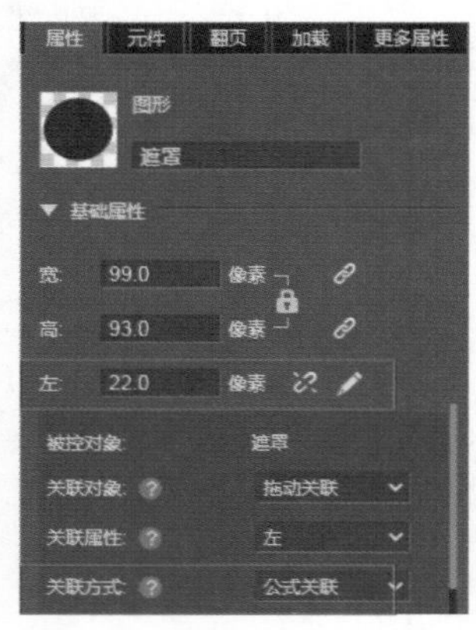

图 7.21

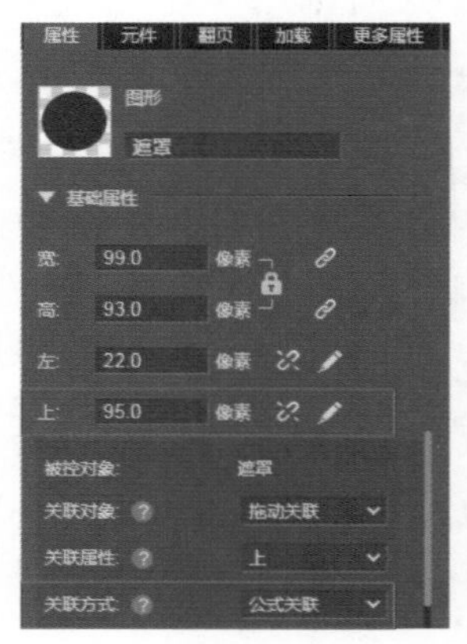

图 7.22

（3）“拖动关联”图形的透明度设置及遮罩设置

① 设置“拖动关联”图形的【透明度】为“0”。

② 遮罩设置。遮罩设置完成后，作品图层和时间线的设置情况如图 7.23 所示。

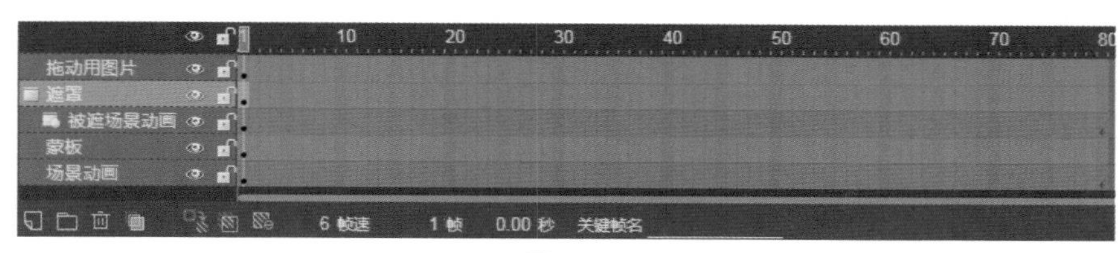

图 7.23

提示：“场景动画”图层和“蒙板”图层不是被遮罩层，不属于遮罩范围。执行作品后，被遮罩的场景动画画面与遮罩外的场景动画画面在页面中需要保持一致，为此需要制作两个完全相同的场景动画。

7.4 【技能型任务】元件关联动画——“射击”游戏

【任务描述】“射击”游戏的制作要求是多架飞机在空中飞行，拖动炮台上的转向盘，炮管和海面随着炮台转向盘的转动而移动，点击炮弹发射按钮，在炮管所指方向的上空会出现炮弹爆炸的画面。

扫码看案例演示

【目的和要求】掌握元件关联动画设计与制作的方法和过程，并能够利用元件关联动画技术设计、制作出比较复杂的作品。

7.4.1 规划与设计

1. 物体规划

由任务描述可知，制作该游戏需要的物体包括飞机、炮台、转向盘、炮管、海面、炮弹发射按钮、爆炸画面等素材。

2. 关联关系规划

① 制作炮台上可转动的转向盘，实现炮管和海面随着炮台转向盘的转动而移动的效果，这就需要在炮台转向盘、炮管、海面这 3 个物体之间设置关联。其中，炮台转向盘为主控物体，炮管、海面为被控物体。

② 制作炮弹发射按钮，实现在炮管所指方向的上空出现炮弹爆炸的画面效果，这就需要在炮弹发射按钮、爆炸画面两个物体之间设置关联。其中，炮弹发射按钮为主控物体。

3. 制作策略

为了将复杂问题简单化，可将**海面图片的水平移动动画**、**爆炸画面图片的水平移动动画**、飞机图片的水平移动动画、炮管图片的转动动画分别制作成元件。然后根据任务效果设置关联。

4. 设计

① 舞台设置。该游戏有炮弹爆炸、飞机飞行等场景，因此舞台高度很重要。本任务需要将舞台设置为竖屏。

② 飞机机型选择。炮台射击通常是针对战斗机等军用飞机的，因此选择战斗机素材。

③ 炮弹发射按钮颜色。将炮弹发射按钮确定为红色，便于用户识别、操作。

④ 炮台设计。该游戏的重点在于炮击的行为和场面，又因页面尺寸有限，所以，尽量减少炮台在页面中所占用的空间。

7.4.2 任务制作

1. 准备素材

制作本作品需要的素材图片如图 7.24 所示。

图 7.24

2. 制作动画元件

新建一个 H5 作品，将舞台设置为宽 320 像素、高 520 像素。本任务中需要制作 4 个动画元件：海面图片水平移动的动画元件、爆炸画面图片水平移动的动画元件、飞机图片水平移动的动画元件、炮管图片转动的动画元件。具体制作方法如下。

（1）海面图片水平移动的动画元件

① 在【元件】选项卡中新建第 1 个元件，用于制作海面图片水平移动的动画元件，本任务中将这个元件命名为“gong”。

② 让作品编辑区处于第 1 个元件的编辑状态，在时间线上插入 50 帧关键帧。选中第 1 帧（动画起始帧），将海面图片导入舞台，并调整其大小和位置，如图 7.25 中的“动画图片起始区域”所示。选中第 50 帧（动画终止帧），调整海面图片的大小和位置，如图 7.25 中的“动画图片结束区域”所示。设置完成后，海面图片会在舞台上从右向左水平移动。

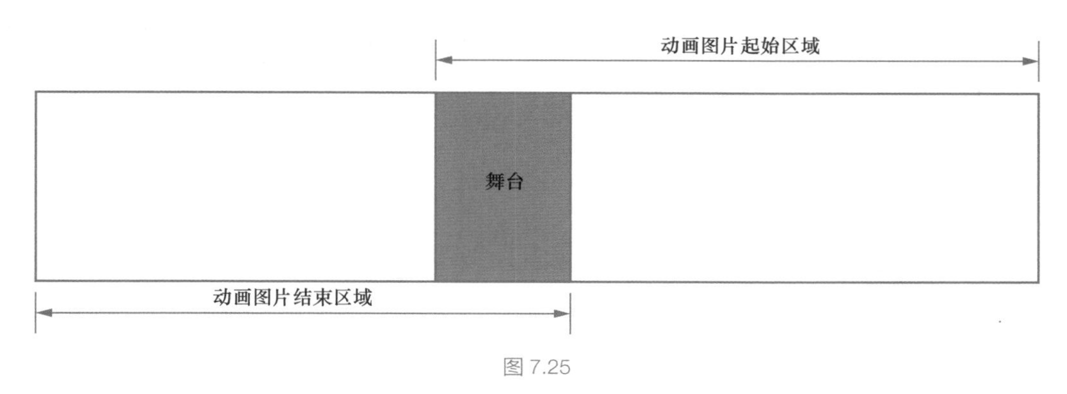

图 7.25

（2）爆炸画面图片水平移动的动画元件

① 在【元件】选项卡中新建第 2 个元件，用于制作爆炸画面图片水平移动的动画元件，本任务中将这个元件命名为“BB”。

② 让作品编辑区处于第 2 个元件的编辑状态，在时间线上插入 15 帧关键帧。选中第 1 帧（动画起始帧），将爆炸画面图片导入舞台，并调整其大小和位置，如图 7.26 中的“起始位置”所示。选中第 15 帧（动画终止帧），调整爆炸图片的大小和位置，如图 7.26 中的“终止位置”所示。设置完成后，爆炸画面图片会从左向右水平移动。

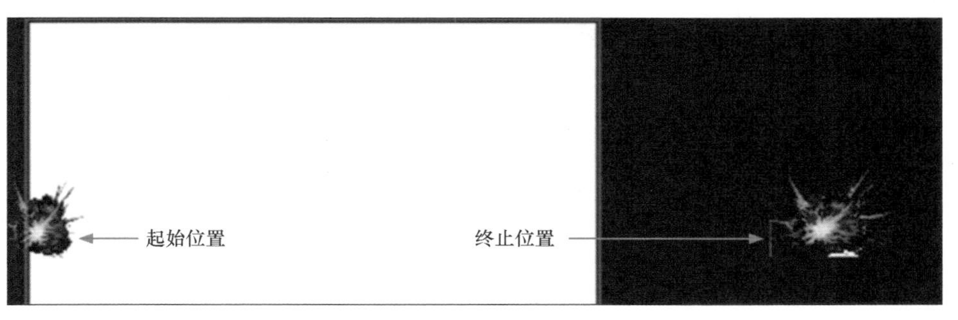

图 7.26

（3）飞机图片水平移动的动画元件

① 在【元件】选项卡中新建第 3 个元件，用于制作飞机图片水平移动的动画元件，本任务中将这个元件命名为“FEI”。

② 让作品编辑区处于第 3 个元件的编辑状态，在时间线上插入 40 帧关键帧。选中第 1 帧（动画起始帧），将飞机图片导入舞台，并调整其大小和位置，如图 7.27 中的“起始位置”所示。选中第 40 帧（动画终止帧），调整飞机图片的大小和位置，如图 7.27 中的“终止位置”所示。设置完成后，飞机图片会从左向右水平移动。

（4）炮管图片转动的动画元件

① 在【元件】选项卡中新建第 4 个元件，用于制作炮管图片转动的动画元件，本任务中将这个元件命名为“AA”。

图 7.27

② 让作品编辑区处于第 4 个元件的编辑状态，在时间线上插入 60 帧关键帧。选中第 1 帧（动画起始帧），将炮管图片导入舞台，并调整其大小、位置和角度，如图 7.28 中的“起始角度”所示。选中第 60 帧（动画终止帧），调整炮管图片的大小、位置和角度，如图 7.28 中的“终止角度”所示。设置完成后，炮管图片会绕着一个支点顺时针转动。

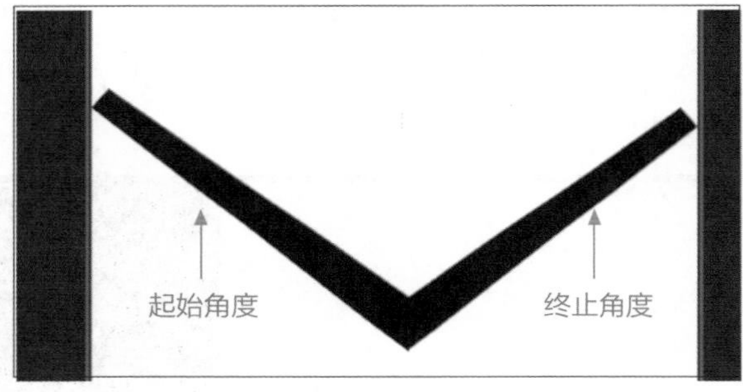

图 7.28

3. 添加动画元件

① 按照上述提示将 4 个动画元件制作完成后，退出元件编辑状态，回到作品的舞台编辑状态。

② 在图层 0 的时间线上选中第 1 帧，然后分别将制作好的 4 个动画元件添加到舞台，并调整元件的位置和大小。由于本任务的动画中有 4 架飞机，所以需要将飞机动画元件添加 4 次到舞台上。

4. 导入其他素材图片

在时间线上选中图层 0 的第 1 帧，将转向盘图片导入舞台，本例中将其命名为“FXP”，调整其位置和大小。然后再将炮弹发射按钮图片和炮台图片导入舞台，并调整它们的位置和大小，效果如图 7.29 所示。

图 7.29

5. 行为与触发条件设置及关联设置

(1) 设置炮弹发射按钮的行为与触发条件

炮弹发射按钮的关联(控制)对象是爆炸画面图片。本任务中需要为炮弹发射按钮设置两个行为与触发条件，如图 7.30 所示。第 1 个行为与触发条件的参数设置如图 7.31 所示，其作用是使用户点击炮弹发射按钮后，将舞台上爆炸画面图片的透明度变为“100”(显示爆炸画面)；第 2 个行为与触发条件的参数设置如图 7.32 所示，其作用是使在舞台上显示出来的爆炸画面图片消失。

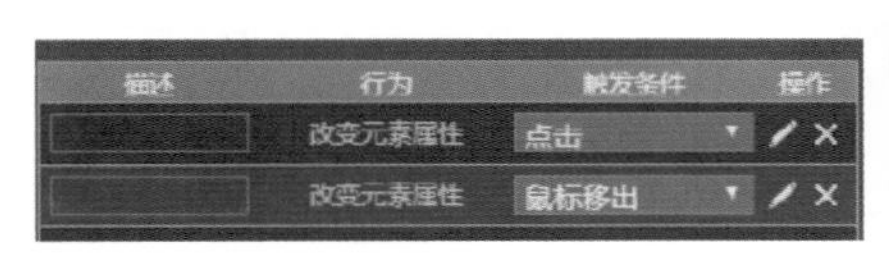

图 7.30

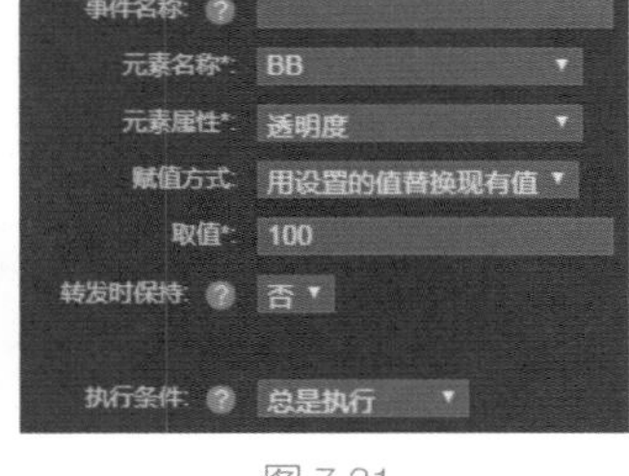

图 7.31

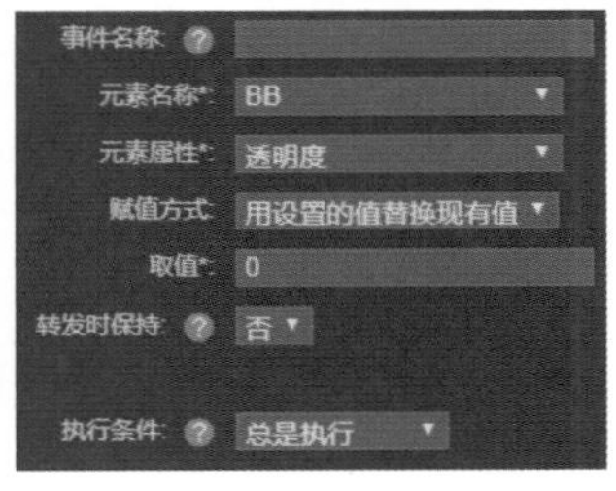

图 7.32

提示：由于爆炸画面图片的移动状态需要隐藏，只有在用户点击炮弹发射按钮时才显示出来，因此爆炸画面图片透明度的初始值必须设置为“0”。

(2) 设置转向盘的行为与触发条件

在舞台上选中转向盘图片，在【属性】选项卡中将转向盘的【拖动】属性设置为“旋转”，然后为其设置两个行为与触发条件，如图 7.33 所示，目的是设定转向盘的旋转范围。第 1 个行为与触发条件的具体参数设置如图 7.34 所示，第 2 个行为与触发条件的具体参数设置如图 7.35 所示。

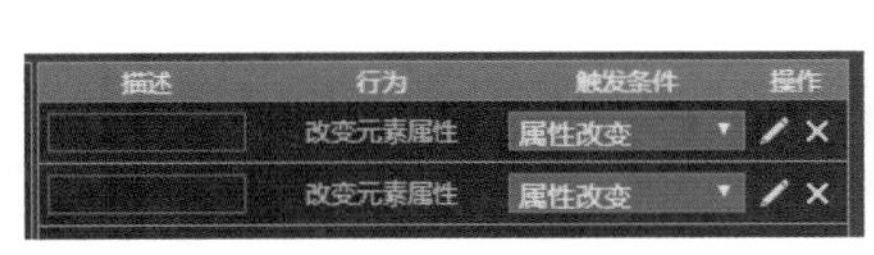

图 7.33

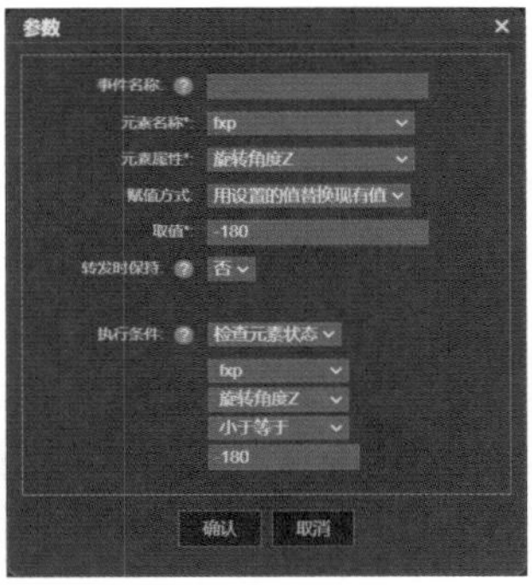

图 7.34

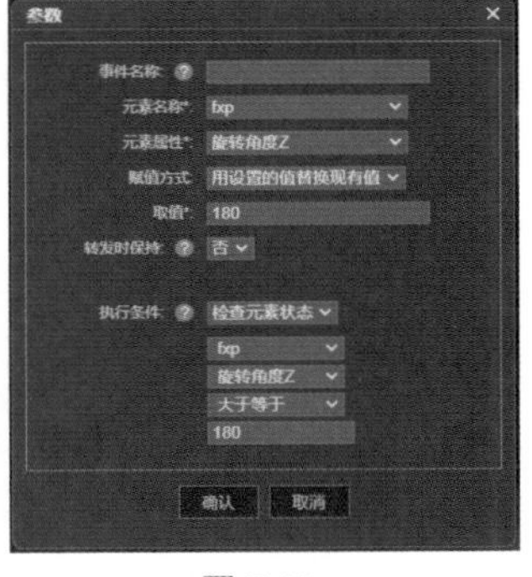

图 7.35

(3) 转向盘的关联设置

转向盘的关联设置中，转向盘是主控物体，其控制的对象包括海面图片水平移动的动画元件、爆炸画面图片水平移动的动画元件和炮管图片转动的动画元件。关联的具体操作方法如下。

在【属性】选项卡下方的【动画关联】设置框中选择“启用”，如图 7.36 所示。

图 7.36

单击【动画关联】设置框右侧的关联按钮，弹出关联设置项，填写参数完成关联设置。本任务中，转向盘与海面图片水平移动的动画元件（gong）的关联参数设置如图 7.37 所示，转向盘与爆炸画面图片水平移动的动画元件（BB）的关联参数设置如图 7.38 所示，转向盘与炮管图片转动的动画元件（AA）的关联参数设置如图 7.39 所示。

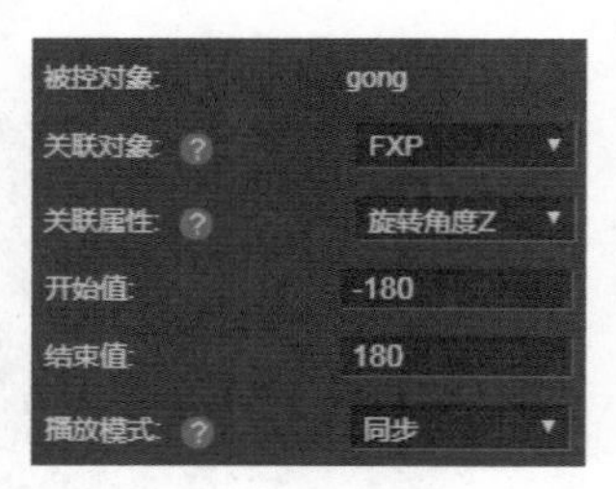

图 7.37

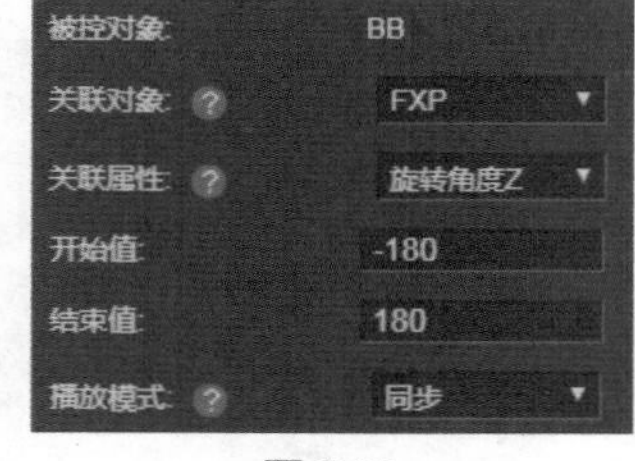

图 7.38

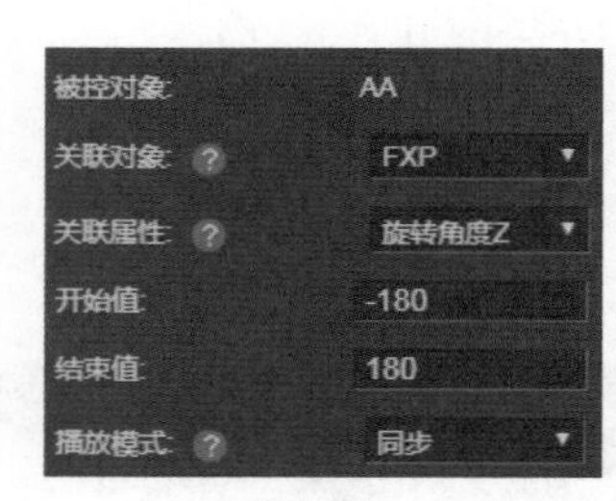

图 7.39

7.5 任务训练

“互动图文新闻”综合设计与制作

【任务内容】“互动图文新闻”的互动性、便捷性和快速生成图文内容等特性，很好地体现了H5应用的特征。

扫码看案例演示

训练提示

（1）制作一个地球旋转的帧动画元件。

（2）任务只占用时间线的第 1 帧，如图 7.40 所示。

（3）为文字内容制作一个遮罩。

（4）控制滑杆的操作，实际上是用两个矩形将滑杆遮住（见图 7.41 中的两个矩形）。

（5）文字需要与滑杆进行关联，并且滑杆是主控物体。

（6）需要发稿人输入的新闻标题、文字内容、发稿时间等都在另一页中，利用输入框工具完成。图 7.42 中的白色矩形是一个禁止翻页装置，即将其行为与触发条件设置为“禁止翻页、出现”。

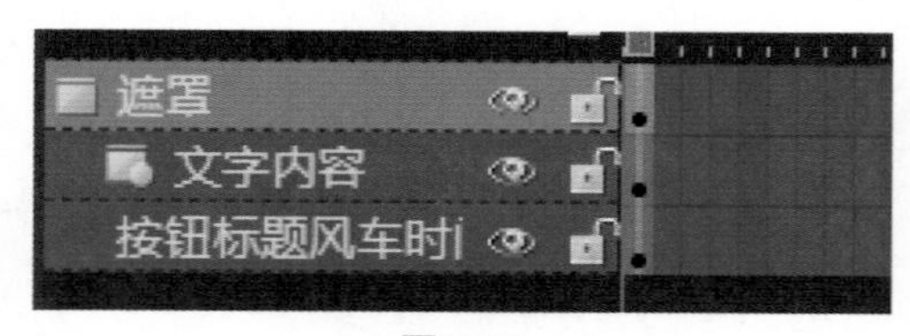

图 7.40

图 7.41

图 7.42

实用工具及控件的基本操作与使用

木疙瘩提供了众多的实用工具和控件，如虚拟现实、图表、表单、预置考题、陀螺仪、幻灯片、擦玻璃、点赞、绘画板等，这些工具的操作非常简单。附录介绍了主要和常用的实用工具和控件的操作及使用方法，以便教师教学、用户创作时随时索引。附件的主要内容如下图所示。

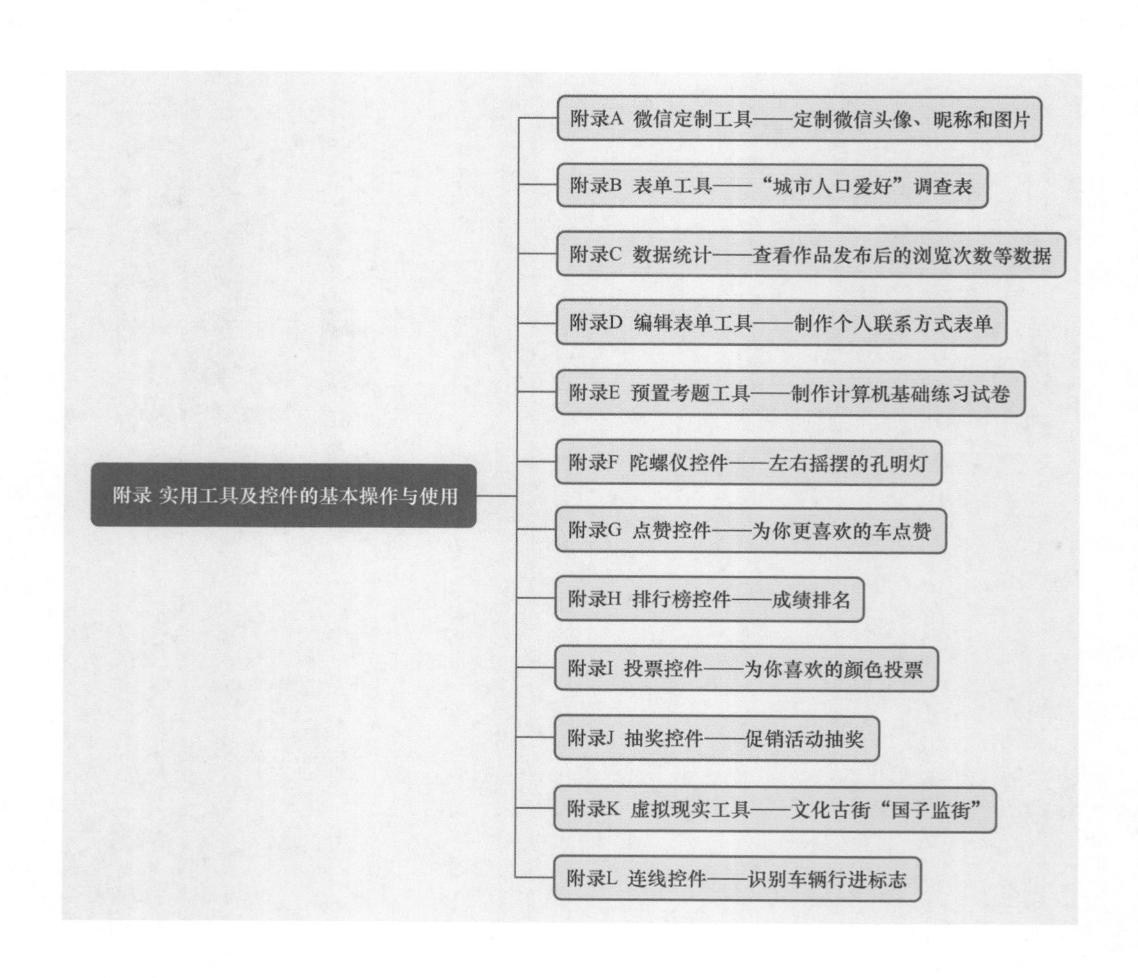

附录 A　微信定制工具——定制微信头像、昵称和图片

微信是 H5 的重要应用场景，木疙瘩提供的微信定制工具如图 A.1 所示。这里仅介绍微信头像、微信昵称和定制图片工具。

1. 微信头像

（1）添加微信头像获取图标

单击工具箱中的微信头像工具，舞台上会出现一个用于获取微信头像的图标，如图 A.2 所示。

图 A.1　　图 A.2

（2）设置行为与触发条件

微信头像获取图标的行为与触发条件一般使用系统默认设置，如无特殊需求，不需要修改。将微信头像的行为与触发条件设置为“显示微信头像、出现”。

（3）调整微信头像的位置和尺寸

选中微信头像获取图标，调整其在舞台上的位置和尺寸。

（4）替换微信头像

① 选中图 A.2 中微信头像获取图标，在【属性】选项卡的【专有属性】中单击【背景图片】后的缩略图。

② 在弹出的图片的【素材库】对话框中选择合适的图片，完成微信头像的替换。

2. 微信昵称

（1）输入微信昵称

单击工具箱中的微信昵称工具，舞台上会出现一个文字输入框。双击文字输入框，可在框中输入微信昵称。

（2）设置行为与触发条件

微信昵称的行为与触发条件一般使用系统默认设置，如无特殊需求，不需要修改。

（3）设置属性

选中微信昵称，调整其在舞台上的位置，并设置微信昵称的字体、字号、颜色等属性。

3. 定制图片

（1）添加定制图片获取图标

单击工具箱中的定制图片工具，舞台上会出现一个用于获取图片的图标，如图 A.3 所示。

定制图片获取图标的行为与触发条件一般使用系统默认设置，如无特殊需求，不需要修改。

（2）调整定制图片获取图标及图片显示区域

定制图片获取图标外围有一个红圈，红圈区域为定制图片显示区域（见图 A.3）。单击工具箱中的变形工具可调整图标的大小。单击工具箱中的节点工具，定制图片获取图标周围会出现节点，拖曳节点可调整定制图片显示区域的大小和形状。

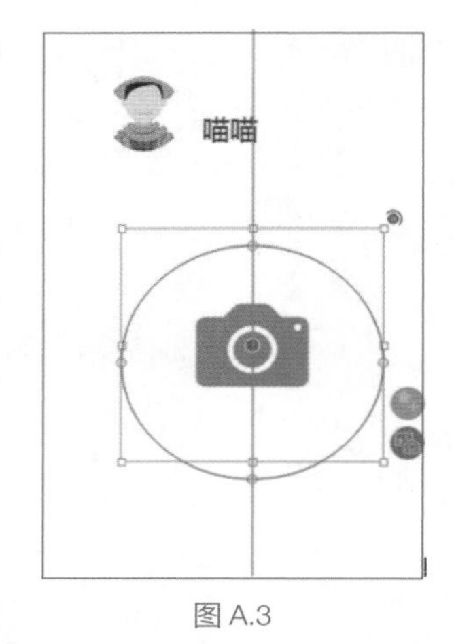

图 A.3

4. 转发作品

在菜单栏上单击【查看发布地址】按钮，用手机扫描跳转界面中的二维码，即可打开作品页面。点击作品页面右上角的图标 ···，在弹出的页面中，点击【转发给朋友】按钮，即可选择朋友，将作品转发出去。

朋友在接收到有定制图片功能的作品后，在手机上可以通过点击定制图片获取图标，将自己手机的图片库中的图片导入页面中，并转发给其他朋友。

附录 B　表单工具——“城市人口爱好”调查表

表单主要用于各种表格和题目的制作。表单工具包括输入框、单选框、多选框、列表框和表单这 5 个工具，如图 B.1 所示。其中，前 4 个工具分别用于制作输入框、单选框、多选框、列表框这 4 种类型的表单，表单工具用于编辑表单。

图 B.1

以制作一张“城市人口爱好”调查表为例来介绍表单工具的使用，目标城市为北京、上海、广州、重庆。

1. 规划表单内容

调查表的调查内容包括姓名（必填项）、性别、爱好、城市这 4 项，其表单类型分别对应为输入框（姓名）、单选框（性别）、多选框（爱好）、列表框（城市）。此外，在调查表中还需要设计一个【提交】按钮。

2. 制作表单

（1）输入调查任务名称

新建一个 H5 作品，单击工具箱中的文字工具，将调查任务的名称分别输入舞台，然后调整文字的字号、字体和位置，效果如图 B.2 所示。

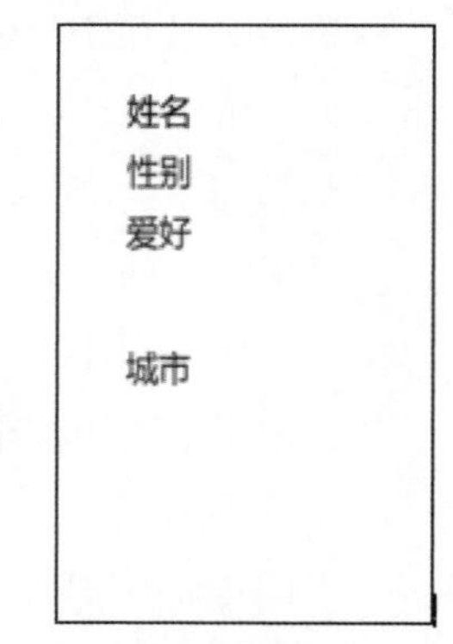

图 B.2

（2）添加表单

① 为“姓名”项添加表单（输入框）。在工具箱中单击输入框工具

，在图 B.2 中的“姓名”后面单击鼠标，即可在“姓名”后面添加一个输入框。选中输入框，在【属性】选项卡中将其命名为“姓名”，调整其位置，并在【属性】选项卡的【专有属性】中设置文字属性。由于“姓名”项是表单中必须填写的任务，所以要在【属性】选项卡的【必填项】选择框中选择“是”，如图 B.3 所示。

② 为“性别”项添加表单（单选框）。在工具箱中单击单选框工具，在图 B.2 中的“性别”后面单击鼠标，即可在“性别”后面添加一个单选框。选中单选框，在【属性】选项卡中将其命名为“性别”，调整其位置，并在【属性】选项卡中设置单选框文字的属性；在【标签】设置框中输入“男”和“女”，且两种性别各占一行，如图 B.4 所示。

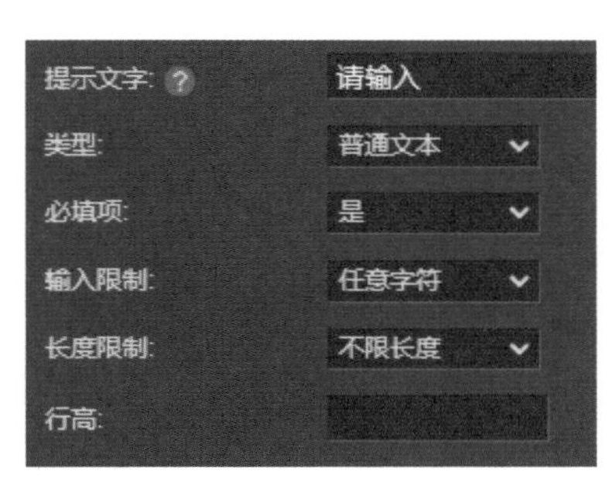

图 B.3

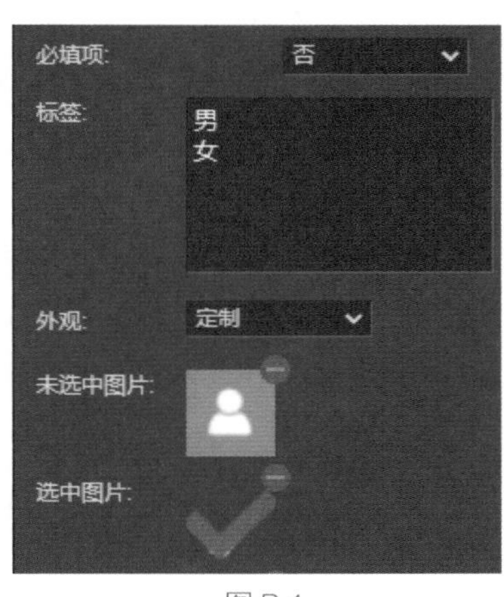

图 B.4

③ 为“爱好”项添加表单（多选框）。在工具箱中单击多选框工具，在图 B.2 中的“爱好”后面单击鼠标，即可在“爱好”后面添加一个多选框。选中多选框，在【属性】选项卡中将其命名为“爱好”，调整其位置，并在【属性】选项卡中设置多选框文字的属性。在【标签】设置框中输入“体育”“音乐”“游戏”，且 3 种爱好各占一行，如图 B.5 所示。

④ 为“城市”项添加表单（列表框）。在工具箱中单击列表框工具，在图 B.2 中的“城市”后面单击鼠标，即可在“城市”后面添加一个列表框。选中列表框，在【属性】选项卡中将其命名为“城市”，调整其位置，并在【属性】选项卡中设置文字的属性。在【提示文字】设置框中输入提示文字“请选择”；在【选项】设置框中输入“北京（BJ）”“上海（SH）”“广州（GZ）”“重庆（CQ）”，且 4 个城市各占一行，如图 B.6 所示。

提示：如图B.6所示，列表框工具的【选项】设置框中输入的内容后面需要有括号“（ ）”，且括号中必须填写内容。因为，括号中的内容是表单提交的值。

（3）编辑页面效果

调整各个表单框的大小、位置，以及表单框内文字的字体、字号、颜色等属性，并为舞台添加背景色，调整后的页面效果如图 B.7 所示。

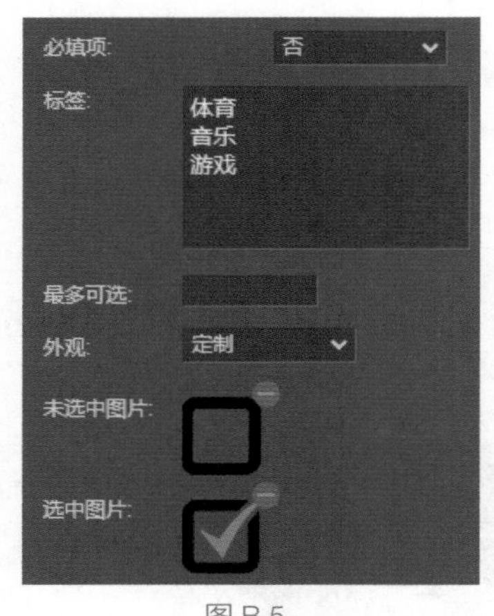

图 B.5

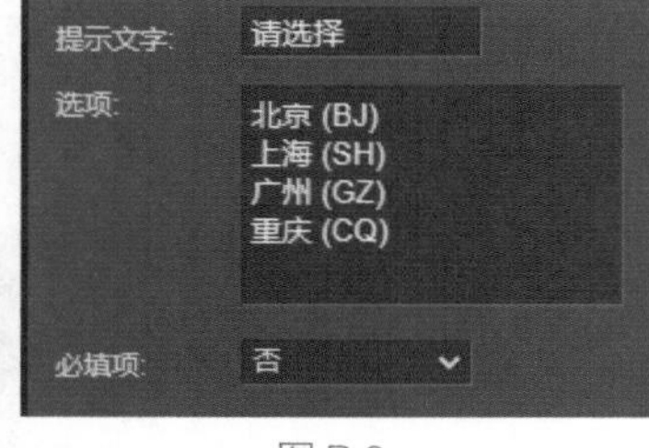

图 B.6

图 B.7

3. 制作“提交成功”提示页和“提交失败”提示页

在页面栏中添加两个页面，在第 2 页输入文字“提交成功”，在第 3 页输入文字“提交失败”。

4. 制作【提交】按钮并设置行为与触发条件及参数

① 在第 1 页输入文字“提交”，调整文字的字号、位置和颜色。

② 设置文字“提交”的行为与触发条件。选中文字，单击【添加 / 编辑行为】按钮，在弹出的【编辑行为】对话框中将行为设置为“提交表单”，将触发条件设置为“点击”，如图 B.8 所示。

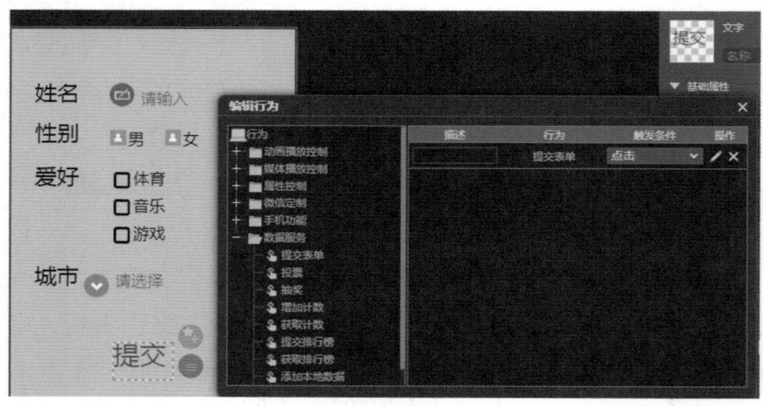

图 B.8

③ 设置参数。在【编辑行为】对话框中单击【编辑】按钮，在弹出的【参数】对话框中设置参数：选择【提交目标】，勾选【提交对象】，如图 B.9 所示；单击【操作成功后】设置项后面的【编辑】按钮，在【页号】设置框中输入“2”(提交成功页面)，如图 B.10 所示；单击【操作失败后】设置项后面的【编辑】按钮，在【页号】设置框中输入“3”(提交失败页面)，如图 B.11 所示。

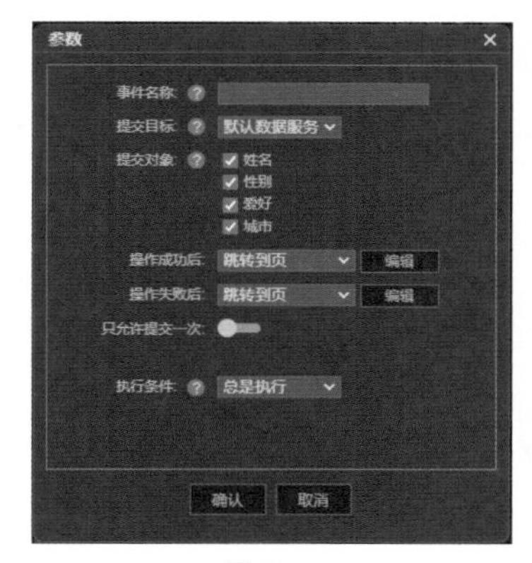

图 B.9

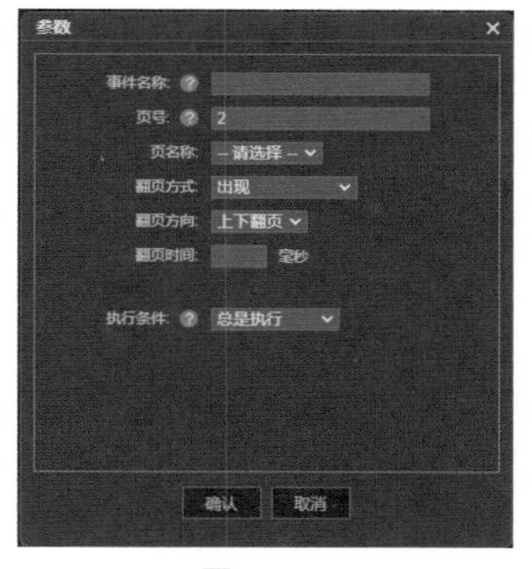

图 B.10

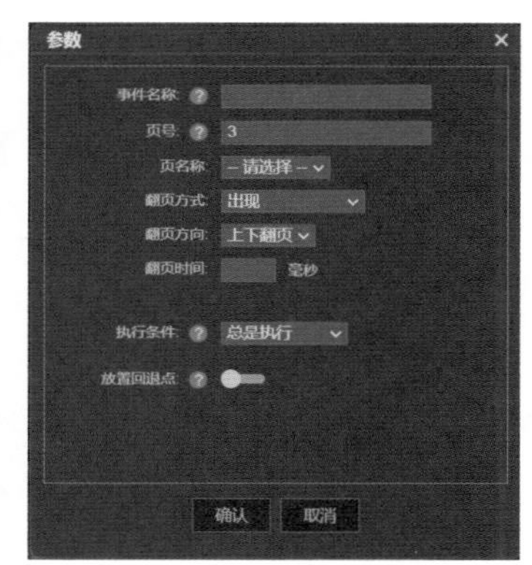

图 B.11

附录 C　数据统计——查看作品发布后的浏览次数等数据

表单的主要作用是收集数据。当 H5 作品发布成功，用户填写并提交了表单后，系统可以统计这些数据，发布者可以查看统计的数据。

查看数据

在工作台首页中单击【我的作品】按钮，进入作品管理页面，在此页面可以看到作品列表中的每个作品上都有一个浏览量按钮，在浏览量按钮后面的数字表示的是作品被浏览的次数，如图 C.1 所示。

将鼠标指针移至作品缩略图上便会显示出【数据】按钮，如图 C.2 所示。单击【数据】按钮，进入数据页面，页面中包含作品的统计数据、用户数据和内容分析，如图 C.3 所示。下面简要介绍其中常用到的统计数据和用户数据。

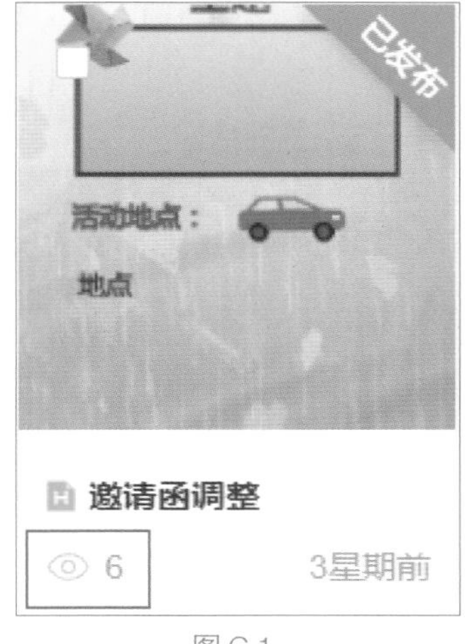

图 C.1

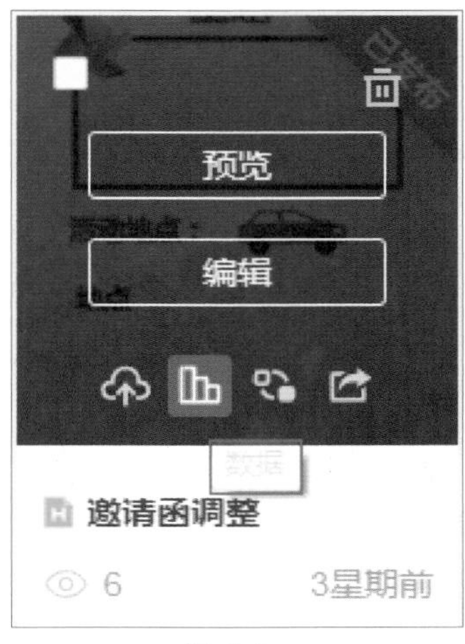

图 C.2

图 C.3

提示：单击浏览量按钮，也可以进入图C.3所示的数据页面。

（1）统计数据

单击【统计数据】选项卡，页面中会显示作品的浏览量、用户数、传播来源、传播层级等信息。

（2）用户数据

单击【用户数据】选项卡，即可选择查看作品的发布数据或测试数据，还可选择查看的数据类型，如表单、图片或音乐。

附录 D　编辑表单工具——制作个人联系方式表单

除了前面介绍的几个表单制作工具外，还有一个编辑表单工具，这个工具的操作方法简单、便捷。

1. 打开【编辑表单】对话框

单击工具箱中的表单工具按钮，弹出【编辑表单】对话框，如图 D.1 所示。

2. 编辑表单信息

在【编辑表单】对话框中，将【表单名称】填为“我的表单”,【提交方式】选为“GET”,【提交目标】选为“提交数据到后台”,【确认消息】填为“表单提交成功”,【背景颜色】选为蓝色,【字体颜色】选为白色,【字体大小】选为“12”，如图 D.1 所示。

3. 添加及预置表单项

① 添加第 1 个表单项（以“城市人口爱好”调查表中的“姓名”为例）。单击图 D.1 所示的【添加表单项】按钮，在弹出的【添加表单项】对话框中将表单项的【名称】填为“姓名”,【类型】选为“输入框”，并勾选【必填项】,【取值】填为“中文名”，然后单击【保存】按钮，如图 D.2 所示。

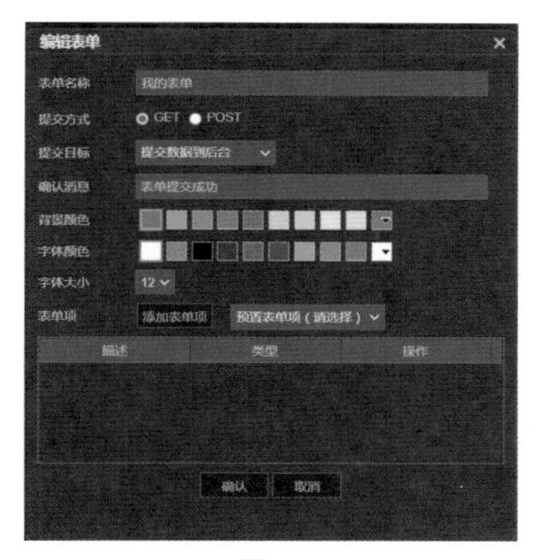

图 D.1

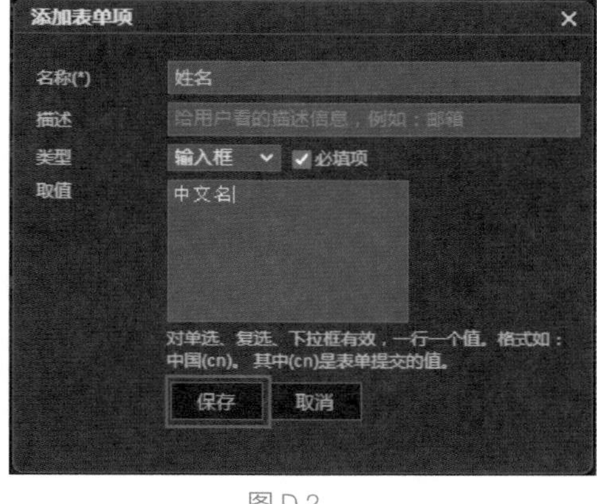

图 D.2

② 添加第 2 个表单项。添加完第 1 个表单项后，会自动返回【编辑表单】对话框，再次单击【添加表单项】按钮，可添加第 2 个表单项。

③ 预置表单项操作。单击【添加表单项】按钮后的【预置表单项（请选择）】按钮，弹出【预置表单项】下拉菜单，如图 D.3 所示。执行菜单中相应的命令，填写信息，然后单击【保存】按钮。

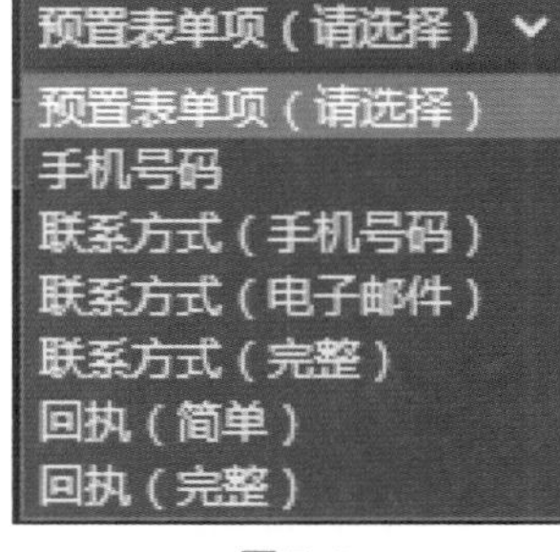

图 D.3

4. 保存并发布作品

将作品保存并发布后，打开作品的用户即可在表单中填入相应的信息。

附录 E 预置考题工具——制作计算机基础练习试卷

使用预置考题工具可以轻松制作多种类型的题目，如单选题、多选题、判断题、填空题和拖拽题（特型题）。预置考题工具中包括 7 个小工具，如图 E.1 所示。

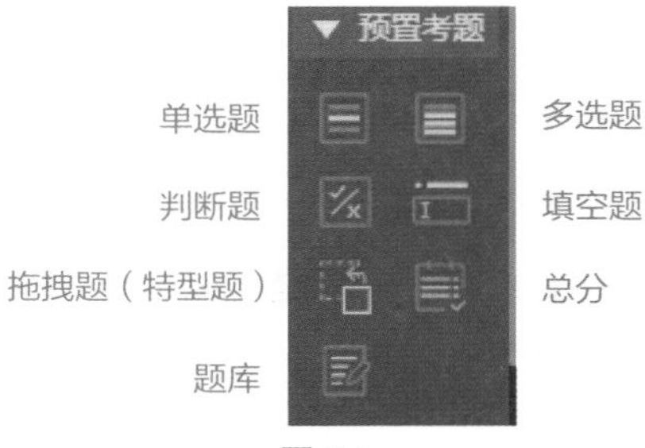

图 E.1

1. 测试题样题

现以一套计算机基础模拟练习题为例，讲解预置考题工具的使用方法。本例的模拟练习题的题型包括单选题、多选题、填空题和拖拽题 4 种题型。准备的题目和答案如下。

（1）单选题

依据计算机发展历史，计算机发展的第二阶段是（B）。

A. 晶体管　　B. 大规模和超大规模集成电路　　C. 电子管　　D. 集成电路

（2）多选题

第一代电子计算机的特点是（BCD）。

A. 可靠性高　　B. 耗电量大　　C. 寿命短　　D. 体积大

E. 数据处理能力强

（3）填空题

第一代电子计算机的特点是耗电量（大），体积（大）。

（4）拖拽题

请将与“输出设备”和“输入设备”对应的图片移至下图中的对应位置，如图 E.2 所示。

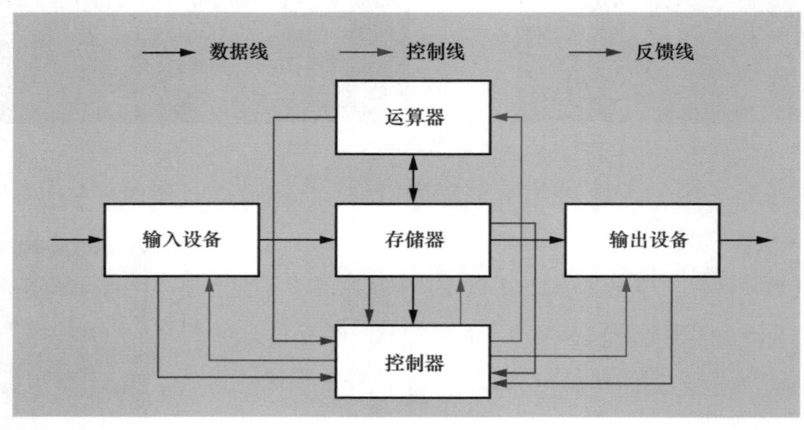

图 E.2

2. 利用预置考题工具制作模拟测试试卷

（1）新建作品

新建一个 H5 作品。

（2）制作单选题

① 单击工具箱中的单选题工具，鼠标指针在舞台上变为“+”状态，长按鼠标并拖动就会弹出【预置考题】填题卡，如图 E.3 所示。在填题卡中输入问题、选项、答题反馈和分数等内容后，单击正确选项前的圆点。

② 填题卡填写完成后，单击【确认】按钮，舞台上出现填写的单选题，如图 E.4 所示。图中舞台右上方的 4 个按钮分别是【显示回答正确信息】按钮、【显示回答错误信息】按钮、【显示解析信息】按钮、【编辑题目】按钮。

③ 修改填题卡内容。如果题目或答案填写错误，可以单击【编辑题目】按钮，在弹出的填题卡中对内容进行修改，确认无误后单击【确认】按钮，即可在舞台上看到修改后的题目。

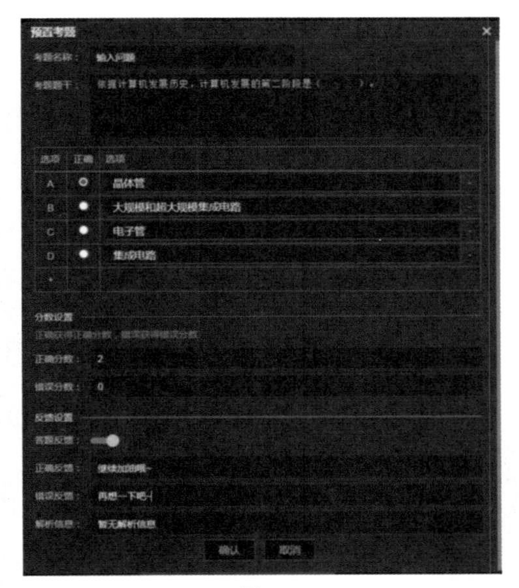

图 E.3

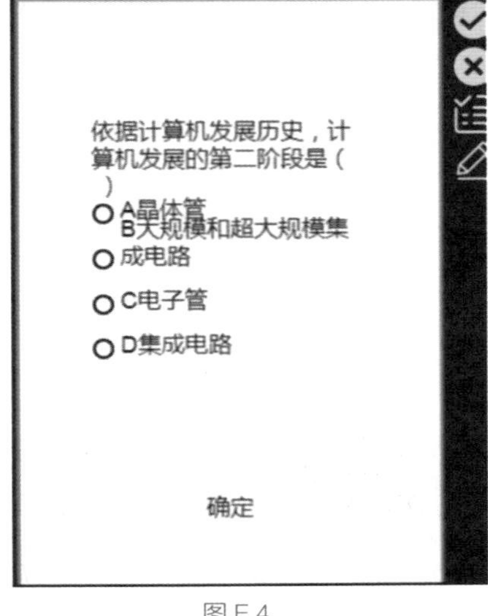

图 E.4

提示：在【预置考题】填题卡中，单选题的选项默认为4个，如果实际题目的选项超过4个，可单击第4个选项下面的“+”按钮，增加选项，在增加的选项中填写选项内容即可。

（3）制作多选题、填空题

分别单击工具箱中的多选题工具和填空题工具，鼠标指针在舞台上变为“+”状态，长按鼠标并拖动就会弹出【预置考题】填题卡，在填题卡中按提示填入内容即可。制作方式与单选题的制作方式相同。

（4）制作拖拽题

① 单击工具箱中的拖拽题工具，弹出【预置考题】填题卡，在【输入问题】下面的文本框中输入题干，如图 E.5 所示。单击填题卡下方的【确认】按钮，舞台上就会出现填写的题目，如图 E.6 所示。

② 将题目中的图片（见图 E.2）导入图 E.6 所示的页面中，调整图片的大小和位置，效果如图 E.7 所示。注意，一定不要让图片把页面中的【确定】和【解析】按钮遮住。

③ 设置“放置目标”。分别在题目图片中的“输入设备”框和“输出设备”框中绘制一个矩形，调整矩形大小，使其遮住两个框中的文字。在【属性】选项卡中设置矩形的填充颜色，将“输入设备”框中的矩形命名为“A”，将其作为输入设备“放置目标”；将“输出设备”框中的矩形命名为“B”，将其作为输出设备“放置目标”，设置结果如图 E.8 所示。

④ 设置“拖动元素”。将两张“拖动元素”图片（图 E.9 所示的输入设备图片和图 E.10 所示的输出设备图片）也导入图 E.6 所示的页面中，并调整图片的大小和位置，设置结果如图 E.8

所示。在【属性】选项卡中，将输入设备图片命名为“C”，将输出设备图片命名为“D”。

图 E.5

图 E.6

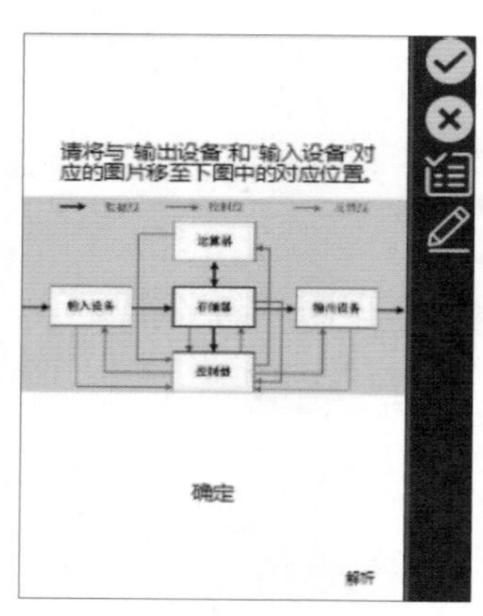

图 E.7

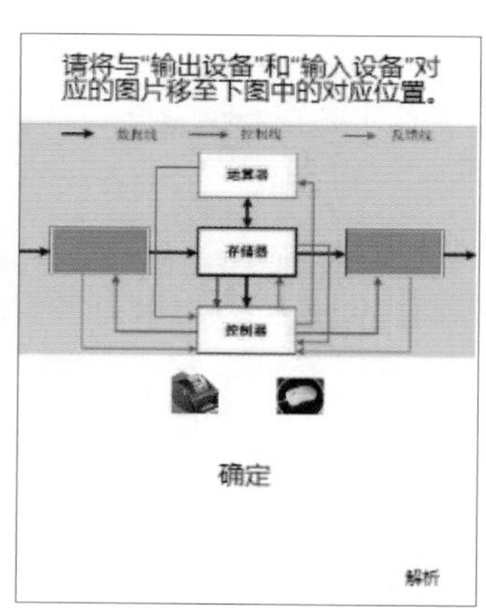

图 E.8

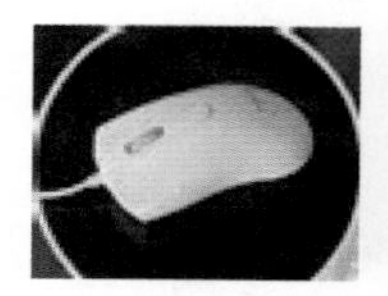

图 E.9

图 E.10

提示：一方面，在制作拖拽题的过程中，“拖动元素”图片在舞台上的大小要小于绘制的“放置目标”框，使“放置目标”框能够完全容纳“拖动元素”图片。另一方面，不要让图片把【确定】和【解析】按钮遮住。

⑤ 单击舞台右侧的【编辑题目】按钮，在弹出的填题卡中填写【选项】列表，拖动元素“C”对应放置目标“A”，拖动元素“D”对应放置目标“B”，如图 E.11 所示。

⑥ 在填题卡中设置答题反馈和分数，所有内容确认无误后单击【确认】按钮。

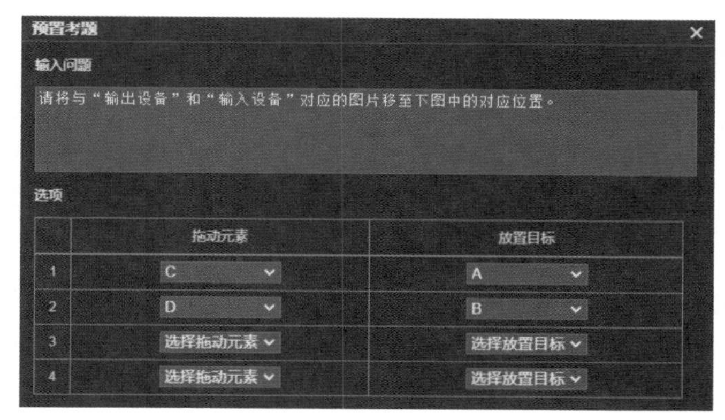

图 E.11

（5）设置测试结果反馈

在工具箱中单击总分工具，鼠标指针在舞台上变为“+”状态，长按鼠标并拖动，在弹出的【测试结果】对话框中设置测试结果反馈，如图 E.12 所示。设置完成后单击【确认】按钮，至此，拖拽题制作完成。

（6）预览并测试答题

在菜单栏中单击【预览】按钮，测试答题，测试结果如图 E.13 所示。

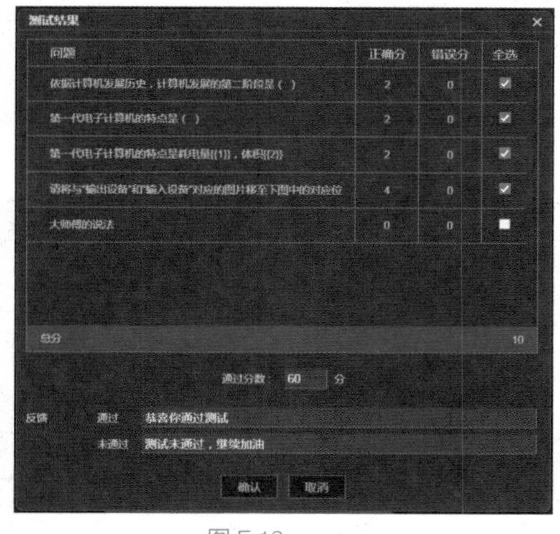

图 E.12

图 E.13

附录 F　陀螺仪控件——左右摇摆的孔明灯

利用陀螺仪工具可以制作外力感应交互效果，例如用户晃动手机可使页面中的物体按照设定的动作运动。利用陀螺仪工具制作的交互效果只限定于手机端体验，PC 端无法体验。陀螺仪工具的使用方法如下。

1. 添加物体“孔明灯”

在舞台上绘制一个粉色矩形（代替孔明灯），并将其命名为“孔明灯”。

2. 添加陀螺仪

单击工具箱中的陀螺仪工具，将鼠标指针移至舞台上，单击鼠标左键，陀螺仪被添加到舞台上。舞台上会出现陀螺仪工具图标和一串数字，如图 F.1 所示，系统为陀螺仪自动命名为“陀螺仪 1”。

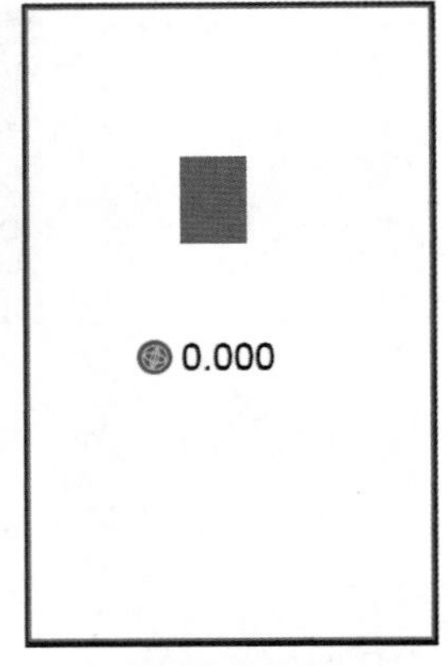

图 F.1

3. 选择旋转类型

陀螺仪的旋转类型包括“绕 X 轴旋转角”“绕 Y 轴旋转角”和“绕 Z 轴旋转角”。其中，“绕 X 轴旋转角”和“绕 Y 轴旋转角”的角度设置范围为“–180° ~ 180° ”，“绕 Z 轴旋转角”的角度设置范围为“0° ~ 360° ”。选中“陀螺仪 1”，在【属性】选项卡中将“陀螺仪 1”的【类型】项设置为“绕 Y 轴旋转角”，如图 F.2 所示。

4. 设置陀螺仪的行为与触发条件

陀螺仪的行为与触发条件的设置结果如图 F.3 所示，第 1 ~ 3 行的参数设置分别如图 F.4、图 F.5 和图 F.6 所示。

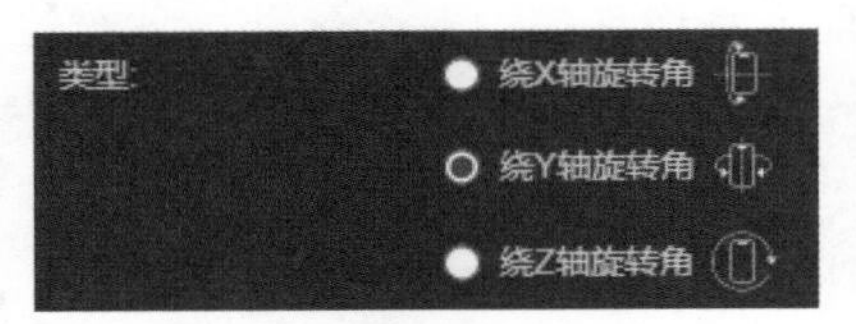

图 F.2

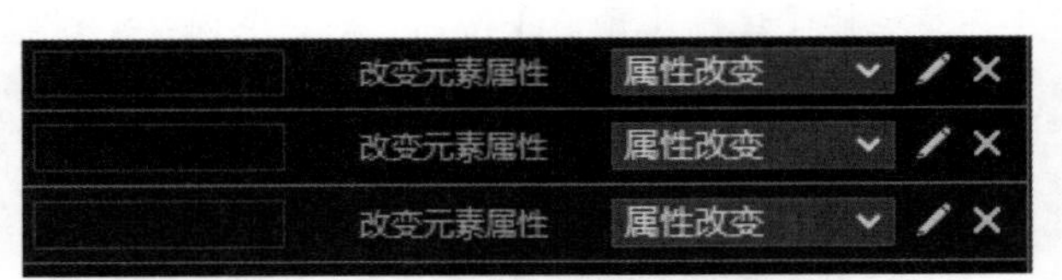

图 F.3

图 F.4

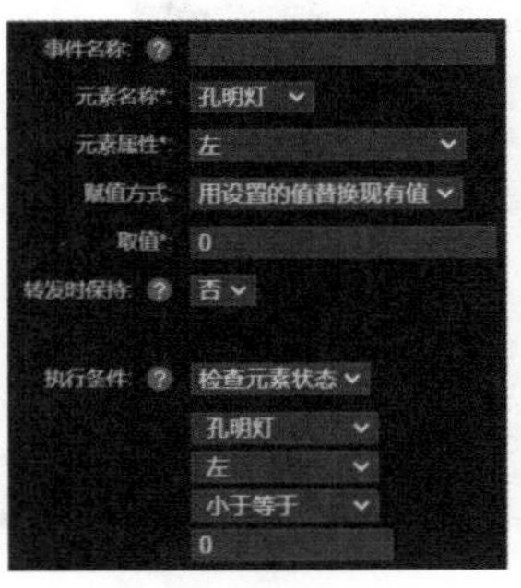

图 F.5

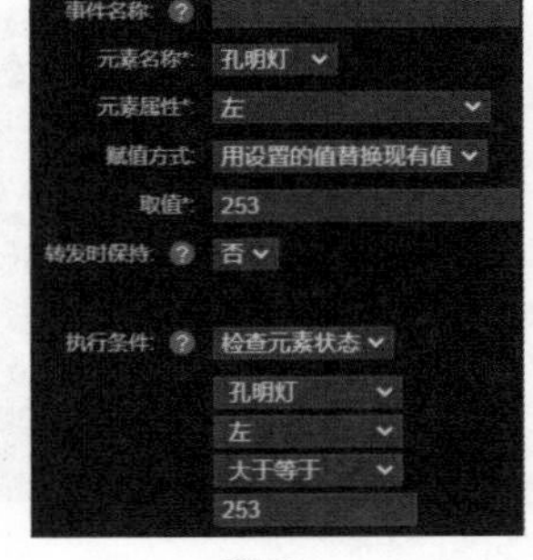

图 F.6

① 图 F.4 所示的参数设置规定了孔明灯在页面上与舞台左侧的距离，该距离随陀螺仪定位的数值变化而变化。

② 图 F.5 和图 F.6 分别限制了孔明灯左右摇摆的最大范围，即孔明灯摇摆时，距舞台左侧不能小于 0 像素，不能大于 253 像素。

提示：陀螺仪“绕X轴旋转角”和“绕Z轴旋转角”的设置方法与上述方法相同。可以对同一个物体进行多种不同的陀螺仪旋转设置。如果需要制作出陀螺仪上升效果，可先制作出孔明灯左右摆动的元件，然后调用元件，在舞台上制作元件上升的帧动画。

附录 G　点赞控件——为你更喜欢的车点赞

点赞是 H5 作品中很常见的功能，利用点赞工具可以制作竞选、评比等类型的作品。

1. 制作基本页面

① 新建一个 H5 作品，添加背景图片，输入文字“为你更喜欢的车点赞”，导入黑色轿车图片和白色轿车图片到舞台上。

② 添加点赞按钮。单击工具箱中的点赞工具，然后将鼠标指针移至舞台上，按住鼠标左键拖曳，确定点赞按钮的尺寸后，松开鼠标左键，在舞台上会出现一个爱心图案，爱心图案上方的数字即为点赞的数量，至此，点赞按钮添加完成。本例需要添加两个点赞按钮。

③ 将两个点赞按钮分别命名为“黑色轿车”“白色轿车”。

基本页面制作效果如图 G.1 所示。

2. 设置点赞按钮属性

选中点赞按钮，在【属性】选项卡中设置其属性，如图 G.2 所示。

图 G.1

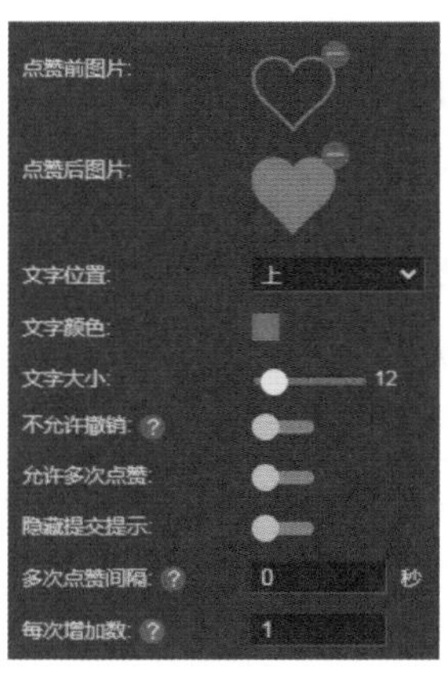

图 G.2

3. 预览并发布作品

预览并发布作品，作品发布成功后便可进行点赞操作。

提示：在舞台上添加点赞按钮后，系统默认的点赞按钮图标如图G.2所示。作品发布后，系统自动累加用户的点赞数量。本例中，总点赞数显示在点赞按钮的上方。

4. 提取点赞数量

如果需要提取点赞数量，可通过如下操作完成。以提取黑色轿车的点赞数量为例。

① 在舞台上添加一个文本框，在文本框中输入数值“0”，并将文本框命名为“提取数据”。

② 选中以“黑色轿车”命名的点赞按钮，设置其行为，如图 G.3 所示，参数设置如图 G.4 所示。

图 G.3

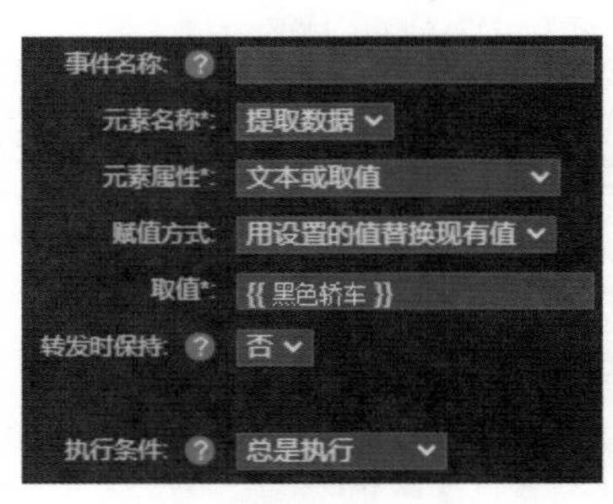

图 G.4

执行结果是文本框中显示出黑色轿车的点赞数量。

附录 H　排行榜控件——成绩排名

利用排行榜工具制作排行榜功能页面需要的操作步骤包括基础页面和数据制作、排行榜规则设置、提交数据、获取数据。下面以成绩排名为例，介绍利用排行榜工具制作排行榜功能页面。其中，基础页面和数据制作需要用两个页面或两帧完成，本例采用制作两个页面的方法完成。第 1 页包括数据输入与【提交数据】按钮的制作与行为设置，以及排行榜规则设置等，制作效果如图 H.1 所示。第 2 页包括显示排行榜与获取排行数据装置的制作与行为设置，制作效果如图 H.2 所示。

图 H.1

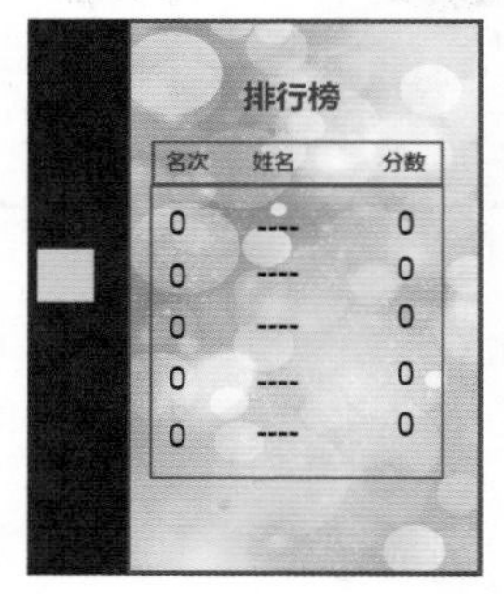

图 H.2

1. 第 1 页基本页面的制作

第 1 页的制作过程如下。

① 在舞台上添加两个输入框。并将两个输入框上下排列。

② 第 1 个输入框用于输入姓名，所以将该输入框命名为“输入姓名”，在其后面添加一个文本框，用户可在文本框中输入“姓名”，并将该文本框命名为“姓名”。

③ 第 2 个输入框用于输入成绩，所以将该输入框命名为“输入成绩”，在其后面添加一个文本框，用户可在文本框中输入“成绩”，并将该文本框命名为“成绩”。

④ 关联设置。关联的目的是使文本框的内容与输入框的内容相同。选中文本框“姓名”，在【属性】选项卡中将其设置为与输入框“输入姓名”相关联，如图 H.3 所示。选中文本框“成绩”，在【属性】选项卡中将其设置为与输入框“输入成绩”相关联，如图 H.4 所示。

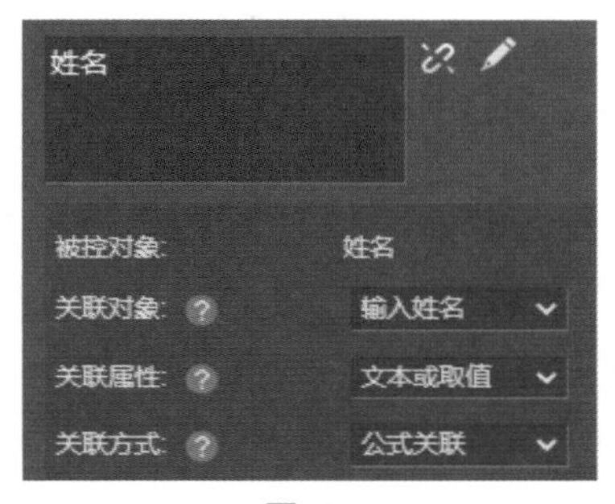

图 H.3

图 H.4

2. 为第 1 页添加排行榜工具，设置排行规则

单击工具箱控件中的排行榜工具，鼠标指针变为“+”形状，按住鼠标左键，在舞台上拖动，舞台上将弹出【排行榜】对话框，在对话框中设置【上榜数目】为“3”、【上榜分数】为“80”，即只有成绩排名前三，并且成绩高于 80 分的人才能上榜，将【分数规则】设置为“降序”，设置结果如图 H.5 所示。设置结束后，单击【确认】按钮，舞台上将出现排行榜控件操作按钮。双击排行榜控件操作按钮，将再次弹出【排行榜】对话框。

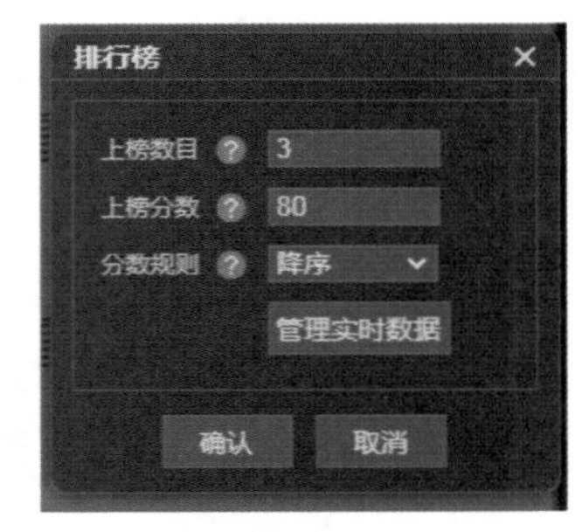

图 H.5

3. 第 1 页【提交数据】按钮的制作与行为设置

在第 1 页中输入文字“提交数据”，调整文字的字号、位置和颜色。选中文字，单击【添加 / 编辑行为】按钮，在弹出的【编辑行为】对话框中设置其行为，在【编辑行为】对话框中单击【编辑】按钮，在弹出的【参数】对话框中设置参数，设置结果如图 H.6 和图 H.7 所示。图 H.7 中，“排行榜 1”是系统默认的排行榜控件名称。这里需要强调的是，图 H.7 中【分数】后面设置的是文本框“成绩”，【名称】后面设置的是文本框“姓名”。这就是为什么要在第 1 页添加“姓名”文本框、“成绩”文本框，以及将姓名和成绩分别与输入框“输入姓名”“输入成绩”相关联的原因。由于本例中没有设置头像，所以可不进行设置。

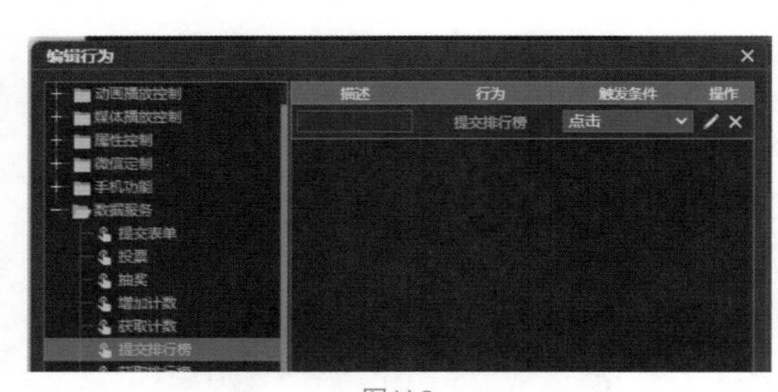

图 H.6

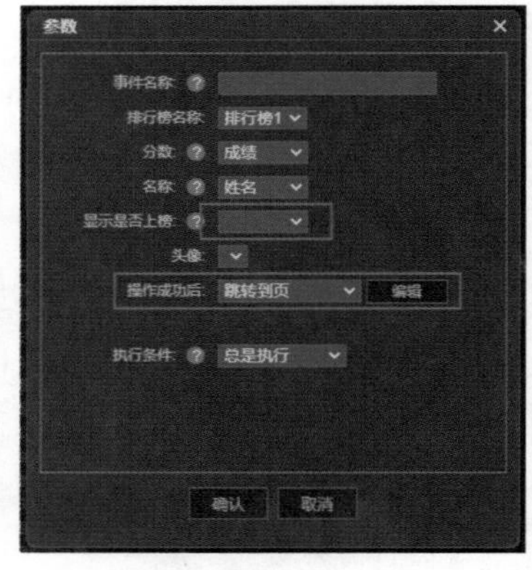

图 H.7

4. 第 2 页排行榜数据表的制作

第 2 页制作的排行榜数据表中的内容包括名次（文本框，输入初始内容为“0”，命名顺序为 M#1、M#2、M#3…）、姓名（文本框，输入初始内容为“----”，命名顺序为 X#1、X#2、X#3…）、分数（文本框，输入初始内容为“0”，命名顺序为 F#1、F#2、F#3…）这 3 项内容，如图 H.2 所示。其中，“姓名”和“分数”的命名要与第 1 页文本框的“姓名”和“成绩”区分开，以免混淆。本例中，数据表列出了 5 条数据，但实际上，只能显示出 3 条数据，这是因为【上榜数目】设置的是“3”。

5. 第 2 页排行榜获取数据装置的制作

在第 2 页的舞台外绘制一个图形（见图 H.2 的左侧），为其设置的行为与触发条件及参数如图 H.8 和图 H.9 所示。

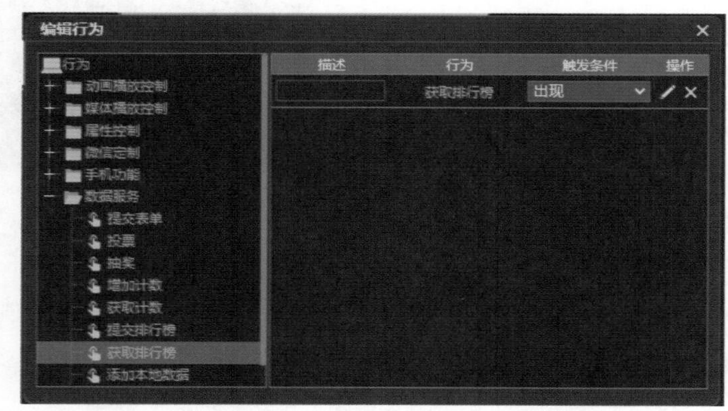

图 H.8

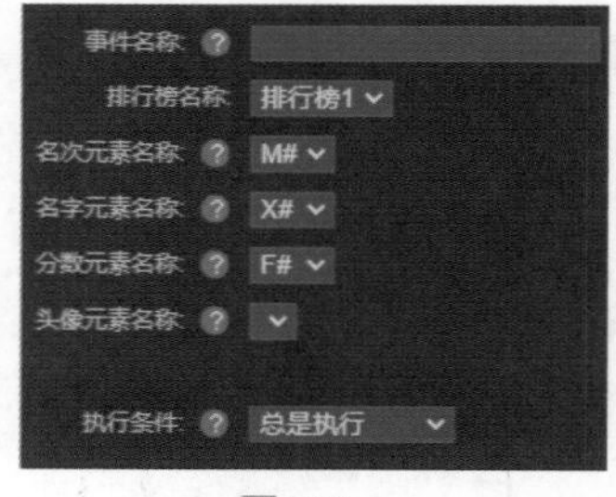

图 H.9

6. 其他

图 H.7 中有【显示是否上榜】和【操作成功后】两个选项，利用这两个选项，可以制作更多的效果，这里不对其进行介绍，感兴趣的读者可自行尝试。

附录I 投票控件——为你喜欢的颜色投票

利用投票工具制作投票页面，首先要确定投票对象，之后确定投票规则，然后进行制作。制作的内容主要包括制作页面、填写投票规则到投票控件中，以及设置行为。下面将以“为你喜欢的颜色投票”为例来介绍利用投票工具制作投票页面的方法和过程。

1. 制作页面

在页面中制作的内容主要包括标题、投票结果、投票对象（文字或图片）、投票按钮、是否投票提示、投票规则说明和投票控件操作按钮等。“为你喜欢的颜色投票”的投票页面制作效果如图 I.1 所示。

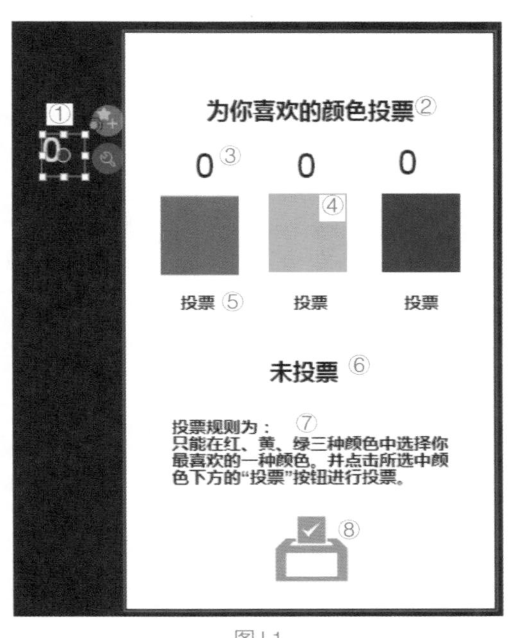

图 I.1

①判断是否投票装置、②标题、③投票结果、④投票对象、⑤投票按钮、⑥是否投票提示、⑦投票规则说明、⑧投票控件操作按钮

① 判断是否投票装置制作。在舞台外用文本工具添加一个文本框，将该文本框命名为“判断”，并在文本框中输入初始值“0”。系统默认用户未投票时的数值为“0”，投票一次数值增加“1”。

② 标题制作。单击工具箱中的文本工具，添加一个文本框，在文本框中输入文字“为你喜欢的颜色投票”。

③ 投票结果制作。在每个投票对象的上方制作文本框，并输入初始值“0”。

④ 投票对象制作。绘制 3 个矩形，分别填充红色、黄色、绿色这 3 种颜色。

⑤ 投票按钮制作。在每个投票对象的下方用文本工具添加一个文本框，并在文本框中输入文字“投票”。

⑥ 是否投票提示制作。用文本工具添加一个文本框，初始信息输入“未投票”，将该文本框命名为“投票状态”。

⑦ 投票规则说明制作。用文本工具添加一个文本框，在文本框中输入投票规则文字。

⑧ 投票控件操作按钮制作。单击工具箱中的投票工具，鼠标指针变为“+”形状，将鼠标指针移至舞台上并单击，舞台上将弹出【投票数据设置】对话框。

2. 填写投票规则到投票控件中

① 双击舞台上的投票控件操作按钮，弹出【投票数据设置】对话框，按投票规则设置投票数据。本例中，投票对象为红色、黄色、绿色。所以，【投票对象】也填写为“红色，黄色，绿色”。其中，投票对象之间用“，”分割，这是系统规则。

② 管理实时数据是用于调整投票数据的。

③ 输入投票的开始时间和结束时间。

④ 最大投票数是指允许给几个投票对象投票。本例规定只允许为一个颜色投票，所以设置【最大投票数】为“1”。

⑤ 投票间隔是指在【最大投票数】大于 1 的情况下，允许投票的时间间隔。本例中，每个用户的投票对象只有一个，因此这里将【投票间隔】设置为“0”。投票数据的设置结果如图 I.2 所示。

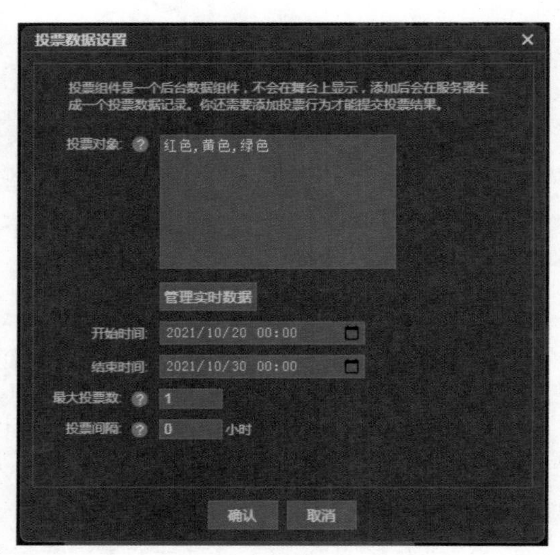

图 I.2

提示：系统默认的是一个用户只能为一个作品投一次票。

3. 设置行为

（1）设置是否投票的行为

选中“投票状态”文本框，为其添加行为，设置结果如图 I.3 所示，其含义是当文本框“判断”的值为“1”时，将文本框“投票状态”中的内容改为“已投票”。

（2）设置【投票】按钮的行为

以设置红色矩形下面的【投票】按钮为例来介绍设置【投票】按钮的行为，设置结果如图 I.4 所示。

①【投票组件】项中的“投票 1”是系统默认的投票控件操作按钮名称。

②【投票对象】中的“红色”是指投票控件操作按钮中投票的对象是“红色”。

③【显示结果对象】中的“红结果”是红色矩形上面文本框的名字。

④【显示是否投票】项后面的“判断”是将投票信息“1”传到“判断”文本框中。

按相同的方法设置黄色和绿色矩形下面【投票】按钮的行为。

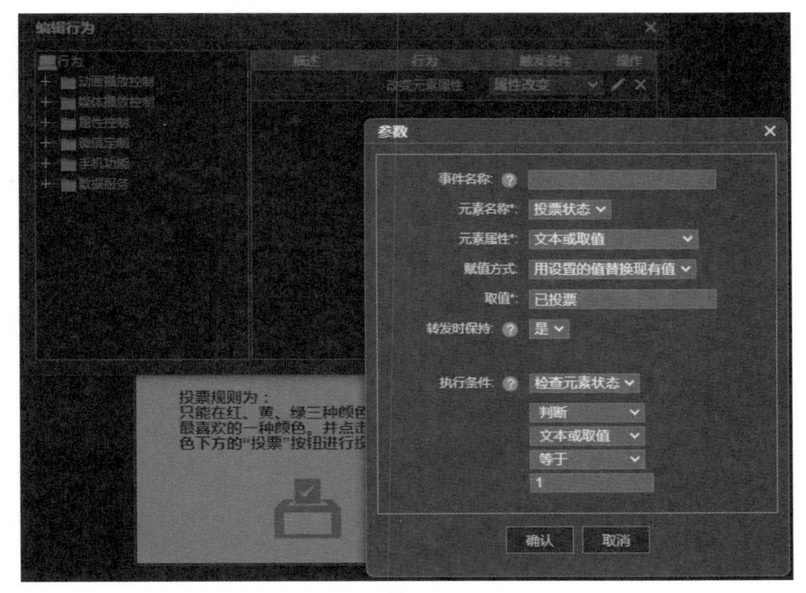

图 I.3

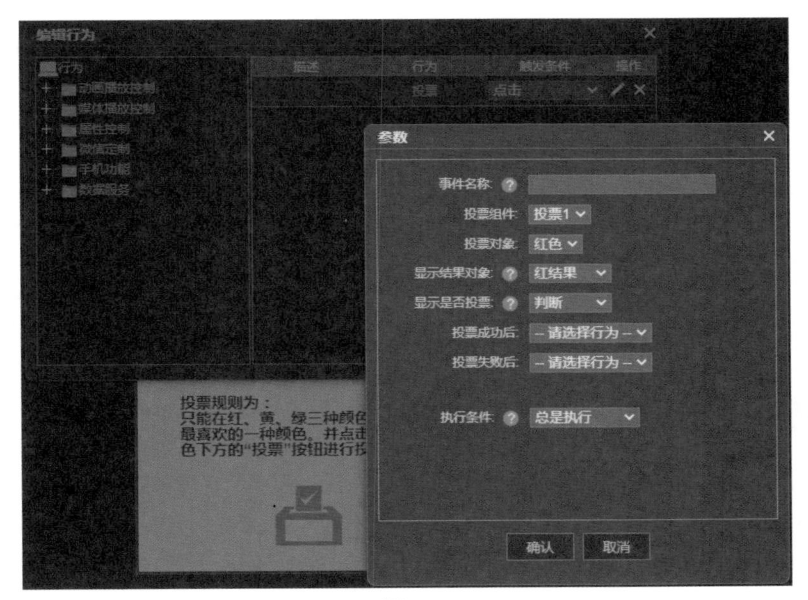

图 I.4

4. 预览及投票

① 预览作品，然后单击黄色矩形下面的【投票】按钮，黄色矩形上面的“0”变为“1”，页面上的“未投票”变为“已投票”，如图 I.5 所示。

② 已经投票后，再次单击任何一个【投票】按钮，页面上都会出现图 I.6 所示的提示。

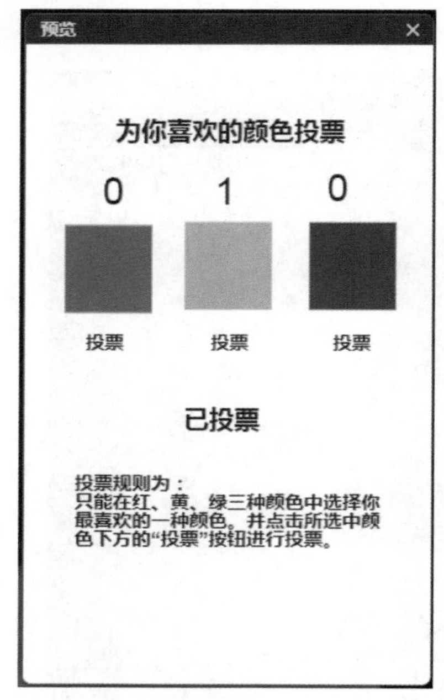

图 I.5

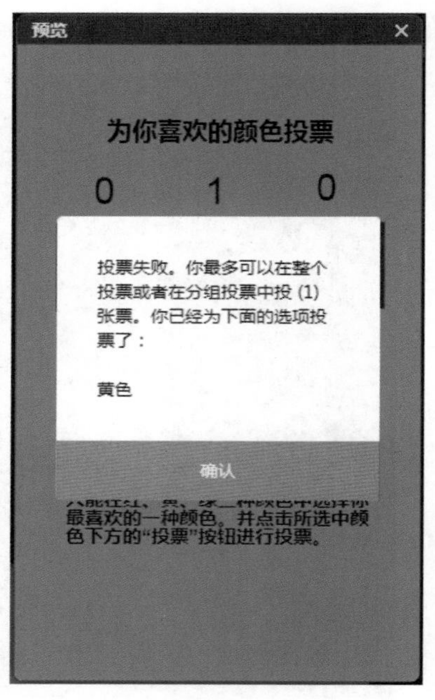

图 I.6

附录 J 抽奖控件——促销活动抽奖

制作抽奖页面需要完成 5 项工作。第 1 项是制订抽奖方案，如抽奖时间区间、奖品等级、各等级奖品的名称和数量、允许抽奖的次数（每个用户抽多少次）、抽奖间隔时间等。第 2 项是添加抽奖工具图标到页面上，按所指定的抽奖方案进行抽奖设置。第 3 项是设计和制作抽奖页面，抽奖页面内容至少应该包括获奖的基本信息、抽奖操作按钮。第 4 项就是制作提交用户数据页面，其中，要提供获奖用户的基本信息，如联系方式（电话号码）等。第 5 项是为【抽奖】按钮添加行为。下面将通过具体实例来介绍利用抽奖工具制作抽奖页面的方法和过程。

1. 抽奖工具介绍

在介绍如何制作抽奖页面之前，先介绍一下抽奖工具。

（1）【抽奖设置】对话框

新建一个页面，单击工具箱控件工具中的抽奖工具，鼠标指针变为“+”形状，将鼠标指针移至舞台上并单击，舞台上将弹出【抽奖设置】对话框，如图 J.1 所示。单击对话框中的【关闭】按钮，舞台上将出现抽奖控件操作按钮。将抽奖控件操作按钮命名为“抽”，双击抽奖控件操作按钮，会再次弹出【抽奖设置】对话框。

从图 J.1 中可以看出，需要在该对话框中设置抽奖的【开始时间】【结束时间】【活动期间抽奖次数】【再次抽奖等待时间】【抽奖模式】【奖项设置】【领奖码】等信息。其中，【活动期间抽奖次数】是指每个用户可以抽奖的次数；【再次抽奖等待时间】是在设置了多次抽奖后，每次抽奖间隔的最短时间；【奖项设置】处需要按系统规则输入奖项；【领奖码】用于系统后台管理。

图 J.1

（2）抽奖模式与奖项设置

① 抽奖模式。【抽奖模式】包括“固定奖品数量”“即抽即中”“均匀分布”和“自定义概率”这 4 种模式。其中，“即抽即中”是指以一个固定的概率抽取设置的奖品，概率与奖品数量有关，每一次抽奖都有可以中奖的概率，直至所有奖项分发完毕。“均匀分布”是指在抽奖时间内自动调整中奖概率，确保奖品尽可能在活动期间内均匀发放。

② 奖项设置。以设置 3 个奖项（即 1、2、3 这 3 个等级的奖项）为例说明奖项设置的方法，设置结果如图 J.2 所示。其中，单击【新增奖项】按钮一次可新增一行奖项，奖项的第 1 行为未中奖项，单击奖项后的【删除】按钮，可删除该奖项。

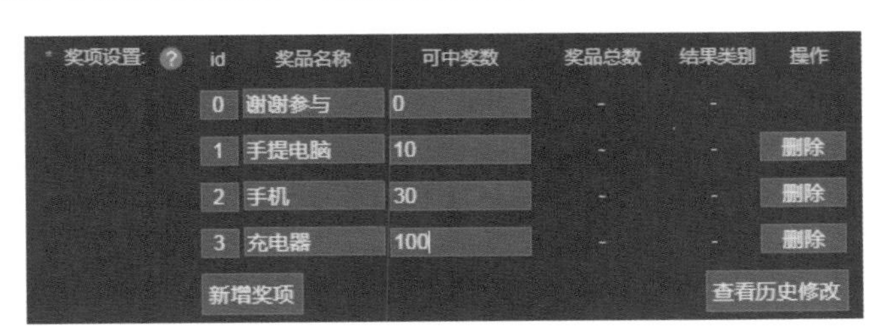

图 J.2

2. 制订抽奖方案

将抽奖时间设置为“2021/10/8 22:00”至“2021/10/28 22:00”，【活动期间抽奖次数】规定为“10”次，【再次抽奖等待时间】规定为“60”秒，【抽奖模式】确定为“固定奖品数量”，具体设置如图 J.3 所示。

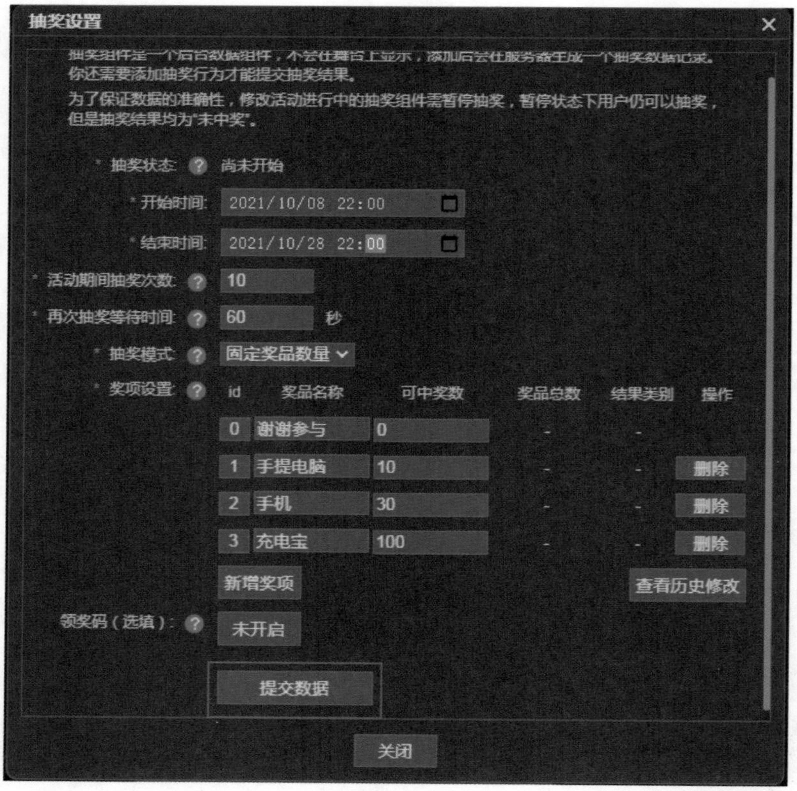

图 J.3

3. 添加抽奖工具图标到页面完成抽奖设置

参照上述抽奖工具的操作方式介绍，完成抽奖设置，设置结果如图 J.3 所示。抽奖设置完成后，单击【提交数据】按钮，即可将抽奖工具图标添加到页面。

4. 抽奖页面制作

（1）制作输入显示信息

本例中页面只显示“获奖情况”“奖品名称”和“剩余次数”这 3 项数据，如图 J.4 所示。其中，“获奖情况”“奖品名称”“剩余次数”是用作提示的文本。等级（命名为“等级”）、名称（命名为“名称”）、次数（命名为“次数”）是用于显示抽奖结果信息的文本，在对【抽奖】按钮进行行为设置时需要用到。

（2）制作【抽奖】按钮

在舞台上制作一个【抽奖】按钮，并将其命名为“抽奖”，如图 J.4 所示。

5. 提交用户数据页面制作

（1）页面制作

提交用户数据页面制作效果如图 J.5 所示。其中，将姓名输入框命名为“姓名”，将电话号码输入框命名为“电话”，将【提交】按钮命名为“提交”。

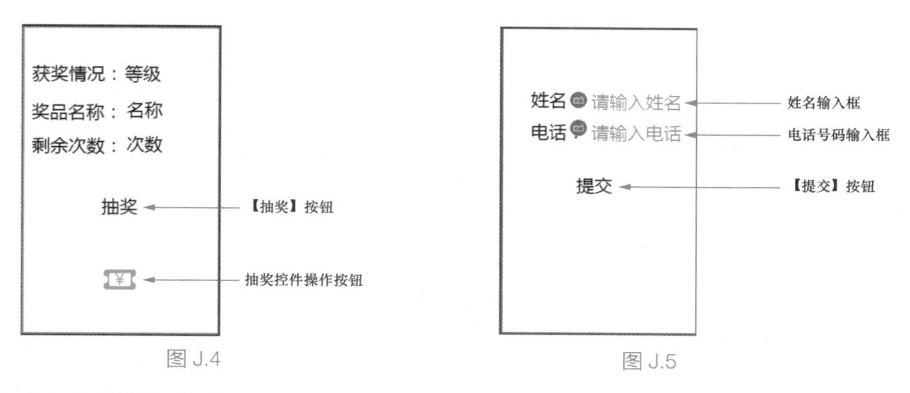

图 J.4　　图 J.5

（2）【提交】按钮行为设置

【提交】按钮行为设置的结果如图 J.6 和图 J.7 所示。其中，图 J.7 中只勾选本例需要的数据参数即可。

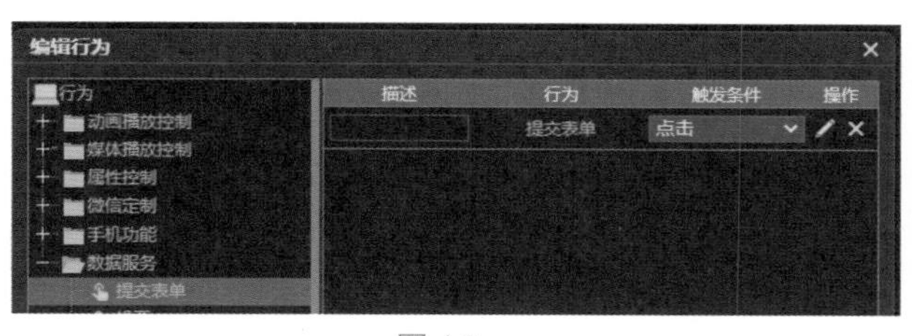

图 J.6

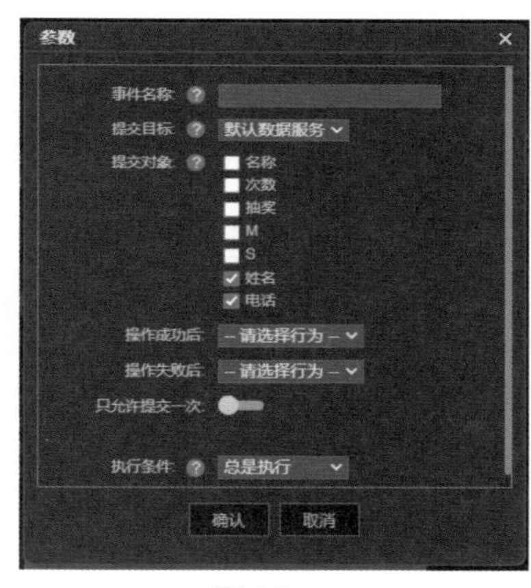

图 J.7

6. 为【抽奖】按钮设置行为与触发条件

为【抽奖】按钮设置行为与触发条件，如图 J.8 所示，参数设置的结果如图 J.9 所示。图 J.8 中行为与触发条件的设置方法：在【编辑行为】对话框选中“数据服务”项，单击【抽奖】按钮，将触发条件设置为“点击”。参数设置中包括【抽奖组件】【显示抽奖结果类别】【显示奖品名称】【显示领奖码】【显示剩余抽奖次数】【绑定表单提交】，以及【中奖后行为】【未中奖行为】等设置项。

本例中，获奖显示页面只包括【显示抽奖结果类别】【显示奖品名称】【显示剩余抽奖次数】，所以仅设置需要的内容即可。图 J.9 中的抽奖组件“抽”是添加到页面中的抽奖工具的名称。系统默认的抽奖工具的名称是“抽奖 1”“抽奖 2”等。

7. 其他

用户可在图 J.8 中设置行为，也可在图 J.4 中添加跳转按钮，以决定获奖或未获奖后抽奖者需要执行的操作。

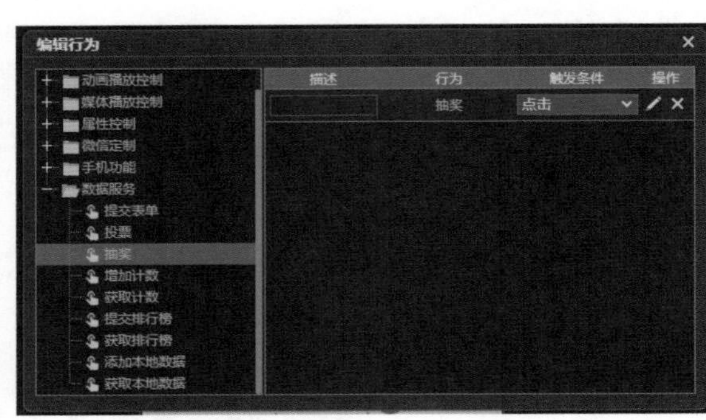

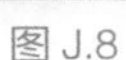

图 J.8

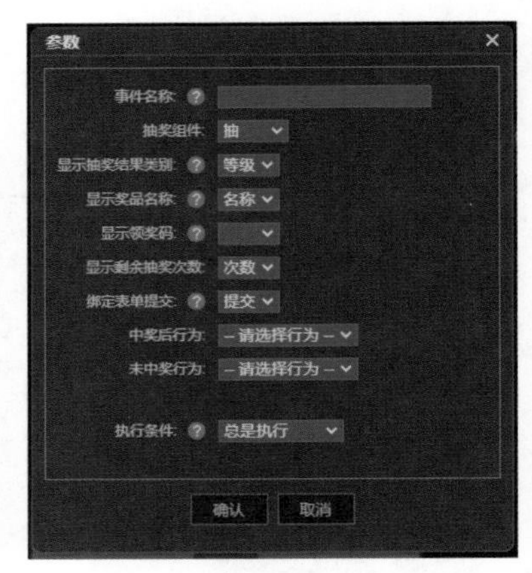

图 J.9

8. 保存和预览

保存并预览作品，如图 J.10 所示。单击页面中的【抽奖】按钮，页面显示出图 J.11 所示的获奖信息。

图 J.10

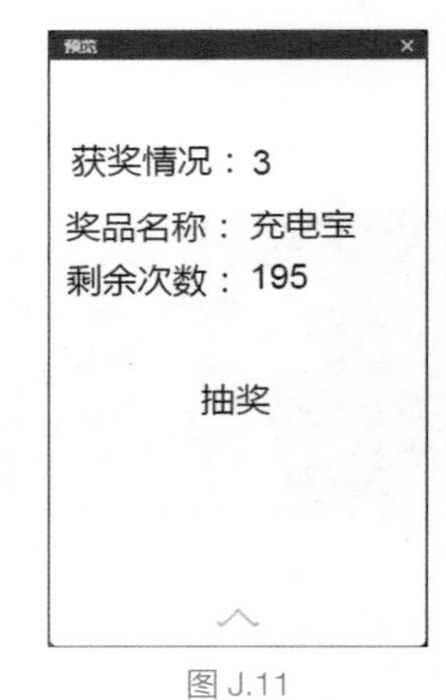

图 J.11

附录 K　虚拟现实工具——文化古街“国子监街”

使用虚拟现实工具可对全景图像进行处理，进而产生虚拟立体效果。利用虚拟现实工具可以实现全景 360 度和全景 720 度的视觉效果。再结合手机本身的陀螺仪控制，就可实现 VR 视觉效果。由于虚拟现实效果制作的方法和过程比较复杂，因此单独进行介绍。

要实现虚拟现实效果，要求图像必须是全景图像，图像尺寸比例要求横向与纵向的比为 2∶1 或 6∶1。下面将通过具体实例来介绍虚拟现实效果的制作方法和过程。

在制作虚拟现实效果之前必须准备好素材，这里准备了两张横向与纵向比为 2∶1 的图片、场景缩略图和一段视频，如图 K.1 所示。

国子监街图片

场景图片

场景缩略图

热点播放视频

图 K.1

1. 制作虚拟场景

（1）新建作品并建立虚拟现实播放区

① 新建一个 H5。

② 建立虚拟现实播放区。单击工具箱中的虚拟现实工具，鼠标指针变成“+”状态。在舞台上按住鼠标左键拖曳，即可建立虚拟现实播放区，效果如图 K.2 所示。

（2）导入全景虚拟场景

① 松开鼠标左键后，舞台上弹出【导入全景虚拟场景】对话框，如图 K.3 所示。

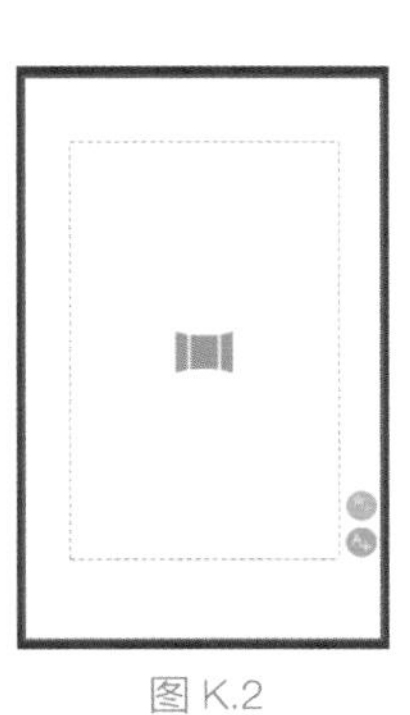

图 K.2

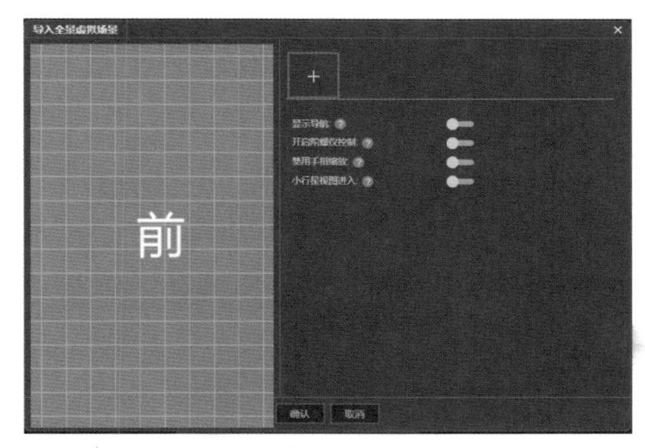

图 K.3

② 单击【导入全景虚拟场景】对话框中的添加场景按钮，弹出【素材库】对话框，导入虚拟现实场景图片。这里导入的是国子监街图片及场景 1 图片，如图 K.4 所示。

图 K.4

提示：如果关闭【导入全景虚拟场景】对话框后，需要再次调出该对话框，可在舞台上的虚拟现实场景中双击鼠标，或者在舞台上选中虚拟现实场景，单击【属性】选项卡最下方的【虚拟现实参数】设置项右侧的【编辑】按钮。

（3）编辑虚拟现实参数

① 在【导入全景虚拟场景】对话框中选中第 1 个场景的缩略图，然后单击【场景】选项卡。选项卡中的【标题】设置框用于场景命名，默认的标题名称为“场景 1”，在【标题】设置框中输入标题可重新命名，本例重新命名为“国子监街”，如图 K.4 所示。

② 分别单击图 K.4 中【图片 / 视频】【预览图片】【缩略图】后面的图片可重新选择图片替换当前的图片。

提示：在【导入全景虚拟场景】对话框中，将鼠标指针移至【场景】选项卡上方的缩略图上，会出现删除图标，单击删除图标可将该场景图片删除，如图K.5所示。

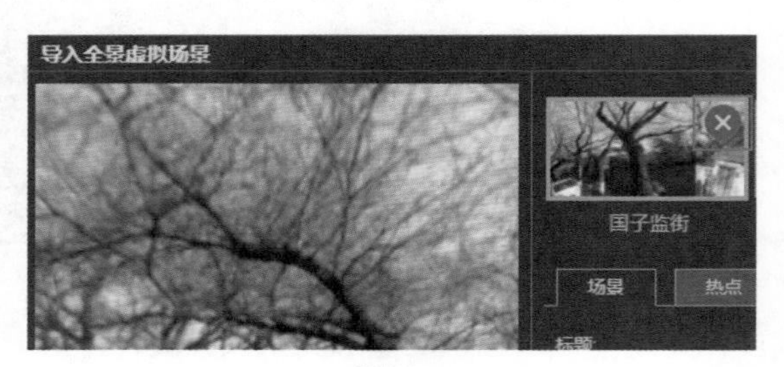

图 K.5

③ 调整虚拟现实播放区。调整虚拟现实播放区尺寸的方法与调整图片尺寸的方法相同。

④ 在【导入全景虚拟场景】对话框中，有【显示导航】【开启陀螺仪控制】【禁用手指缩放】

和【小行星视图进入】几个设置项，它们都默认为关闭状态。本例中，开启了【显示导航】和【开启陀螺仪控制】两项，如图 K.4 所示。

⑤ 将上述参数设置好后，单击【导入全景虚拟场景】对话框下方的【确认】按钮，即可完成设置。预览作品后可以看到页面中显示出导航栏，如图 K.6 所示。其中，导航栏从左到右按钮的功能分别是向前切换场景、显示所有场景、放大场景、隐藏导航和向后切换场景。

2. 添加热点和编辑热点参数

（1）添加热点

① 打开【导入全景虚拟场景】对话框，单击【热点】选项卡，如图 K.7 所示。

② 单击图 K.7 中的“+”。

图 K.6

③ 将鼠标指针移至虚拟场景中需要添加热点的位置，双击鼠标即可。

图 K.7

（2）编辑热点参数

选中热点（图 K.7 中选中的是热点 2）后，可更换热点图标的样式和尺寸，并为热点添加行为，如“跳转到页”“跳转到帧”等。

3. 虚拟现实应用与任务训练

（1）虚拟现实应用

室内虚拟场景的应用非常广泛，如博物馆内景介绍、室内设计效果展示、展览介绍等。通过创作“室内虚拟场景”，以加深对虚拟场景设计与应用的认识和理解，熟练掌握虚拟场景的制作方法和过程。

（2）任务训练

① 拍摄一张室内全景照片，并处理成横向与纵向比为 2∶1 或 6∶1 的尺寸。

② 照片中至少包括 3 种常见的物件，如收音机或音乐播放器、电脑、台灯（落地灯）等，用于添加热点。

③ 利用热点技术制作：点击电脑屏幕后，播放电脑中“正在播放的视频”，因此需要准备一段视频。

④ 利用热点技术制作：点击室内场景中的台灯（落地灯）的开关，室内的台灯（落地灯）附近要变得明亮，为此需要准备一张满足这个要求的图片，图片场景与虚拟场景要一致。

⑤ 点击收音机或音乐播放器，可播放音乐或关闭音乐，即用收音机或音乐播放器作为控制音乐播放与关闭的按钮。

附录L 连线控件——识别车辆行进标志

连线控件的应用非常广泛，这里以对车辆行进标志进行识别为例，来介绍连线控件的基本使用方法。

1. 制作基本页面

在舞台上输入文字，导入车辆行进标志图片，如图L.1所示。

在【属性】选项卡中将标志命名为“M#1”，将标志命名为“M#2”，将标志命名为“M#3”。

2. 添加连线

① 添加连线1。单击工具箱中的连线工具，在舞台上拖曳出一条短线，如图L.2所示。

② 在【属性】选项卡的连线【专有属性】中，单击【停靠位置】选项后的下拉按钮，在弹出的下拉菜单中选中“M#3”选项，如图L.3所示，然后单击选项后的“+”。

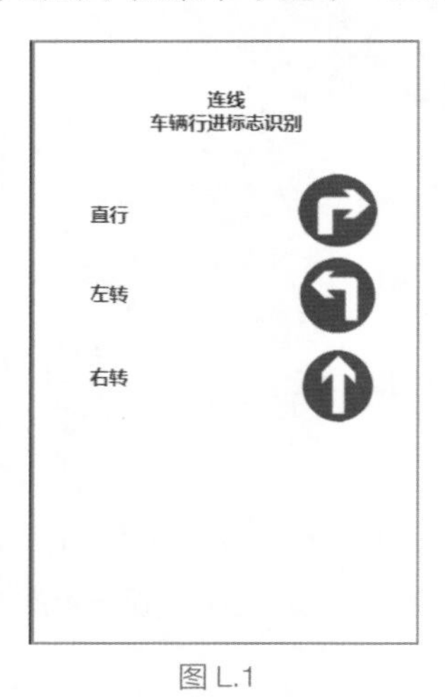

图L.1

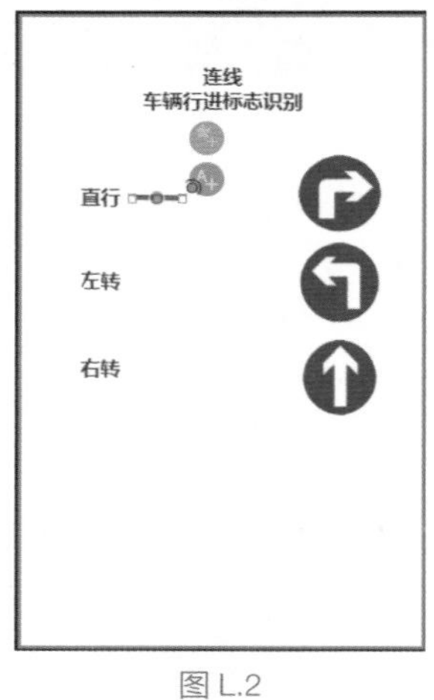

图L.2

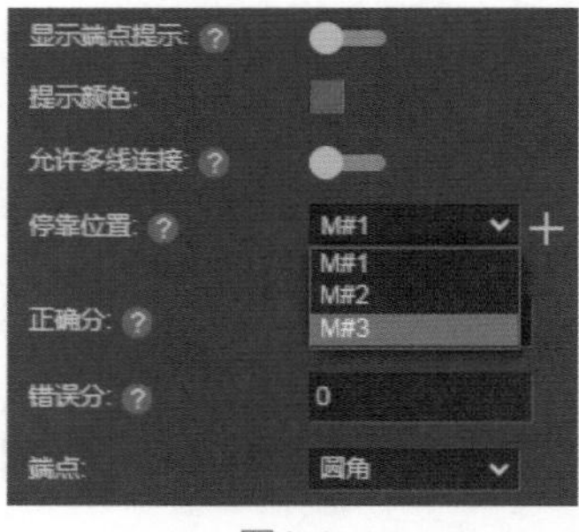

图L.3

③ 按添加连线1的方法，依次添加连线2和连线3。将连线2的【停靠位置】设置为“M#2”，将连线3的【停靠位置】设置为“M#1”。页面的制作效果如图L.4所示。

3. 保存并预览

保存并预览作品，然后拖曳连线，结果如图L.5所示。

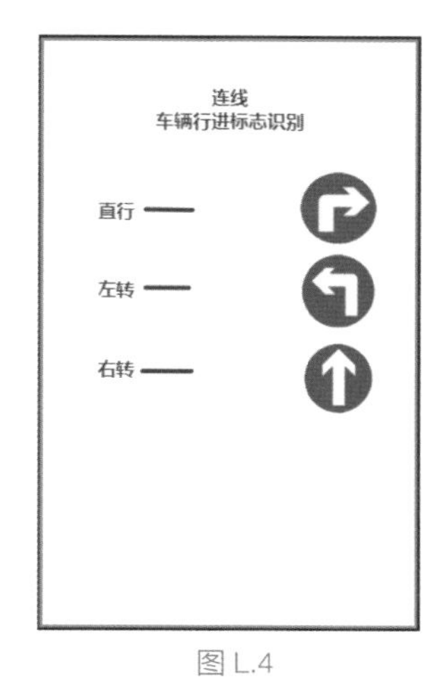

图 L.4

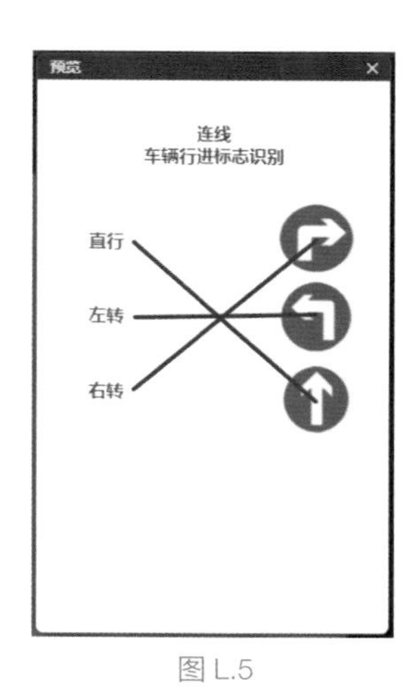

图 L.5

提示：可以开启图L.3中的【允许多线连接】开关。系统提供的连线端点有圆角、方角、尖角这3种形式。